普通高等教育"十三五"规划教材

金属材料工程概论

（第2版）

刘宗昌　任慧平　等编著

北　京

冶金工业出版社

2020

内 容 提 要

本书共分 15 章,主要内容包括材料在国民经济中的地位、金属材料导论、金属材料生产及加工、金属结构材料、不锈钢和耐热钢、金属耐磨材料、金属功能材料、亚稳态材料、铸铁、有色金属及合金、非金属材料、金属材料系统、材料科学理论知识概要、金属固态相变理论概要以及材料科学的中心内容和学习方法等。

本书可作为高等院校金属材料工程、塑性成型及控制等相关专业的教材(配有教学课件),也可供从事材料学研究、材料加工、铸锻焊、热处理等行业的科研人员以及工程技术人员阅读或参考。

图书在版编目(CIP)数据

金属材料工程概论/刘宗昌,任慧平等编著.—2 版.—北京:冶金工业出版社,2018.1(2020.10 重印)

普通高等教育"十三五"规划教材

ISBN 978-7-5024-7670-0

Ⅰ.①金…　Ⅱ.①刘…　②任…　Ⅲ.①金属材料—高等学校—教材　Ⅳ.①TG14

中国版本图书馆 CIP 数据核字(2017)第 300854 号

出 版 人　苏长永
地　　址　北京市东城区嵩祝院北巷 39 号　邮编　100009　电话　(010)64027926
网　　址　www.cnmip.com.cn　电子信箱　yjcbs@cnmip.com.cn
策划编辑　张 卫　责任编辑　俞跃春　杜婷婷　美术编辑　彭子赫
版式设计　孙跃红　责任校对　李 娜　责任印制　李玉山
ISBN 978-7-5024-7670-0
冶金工业出版社出版发行;各地新华书店经销;北京虎彩文化传播有限公司印刷
2007 年 2 月第 1 版,2018 年 1 月第 2 版,2020 年 10 月第 3 次印刷
787mm×1092mm　1/16;16.25 印张;389 千字;239 页
42.00 元
冶金工业出版社　投稿电话　(010)64027932　投稿信箱　tougao@cnmip.com.cn
冶金工业出版社营销中心　电话　(010)64044283　传真　(010)64027893
冶金工业出版社天猫旗舰店　yjgycbs.tmall.com
(本书如有印装质量问题,本社营销中心负责退换)

编 委 会

读者扫描二维码获得本书增值服务

第 2 版前言

（教学安排）

材料对社会、经济及科学技术活动的影响范围广，带动作用强，既是支撑国民经济发展的基础产业，更是人类社会进步、社会文明程度的重要标志。

新材料是发展高新技术的基础和先导，世界各国纷纷将新材料研究开发列为 21 世纪优先发展的关键领域之一。我国十分重视发展材料工业，特别是新材料产业和材料科学技术，已经建立了较为完整和规模庞大的材料工业体系。目前，钢铁、有色金属、合成纤维等材料的产量均达到了世界前列，我国早已成为世界第一产钢大国，我国常用 10 种有色金属产量截至 2016 年已连续 15 年居世界第一。材料行业已成为我国国民经济高速、稳定发展的保障，也奠定了我国成为世界材料大国的地位。近年来，我国材料产业和材料工程以惊人的速度发展，取得了辉煌的成就。

21 世纪科技发展的主要方向之一是新材料的研制和应用。新材料的研究，是人类对物质性质认识和应用向更深层次的进军。新材料行业作为新兴产业的重要组成部分已纳入国家战略性新兴产业发展规划，引领产业转型和升级。

本书是为金属材料工程专业、成型及控制专业编写的入门课程教材，安排在大学一年级讲授。本课程的前修课程是普通物理、普通化学等基础知识，后续课程为物理化学、材料科学基础（或金属学）等专业基础理论课程和专业课。本书主要介绍了材料专业的研究范畴、材料的发展和生产应用、该专业涉及的科学领域和行业概况、在社会和国民经济中的地位和作用；论述了材料科学与工程方面的基本知识，涉及的领域十分广泛，内容丰富、全面而概括。通过本书的学习，学生将对材料科学与工程专业有一个总体的了解和初步的认识，认识该专业的重要性，励志学习研究材料科学。并且，本书与时俱进地增加了新材料、新工艺、新理论，以适应 21 世纪教学改革和创新的需求。

本书采用通俗的讲解方法进行教学，从材料应用历史讲起，注重材料的发展、应用现状，着眼于 21 世纪的未来，建立"传承文明，开拓创新"的意识。在本书的讲授过程中，教师可根据各校专业特点对内容进行适当增减。

本书具体编写分工为：第 1、2、12~15 章由刘宗昌编写；第 3、7、8 章由任慧平编写；第 4 章由范秀凤编写；第 5 章由郑州经济管理干部学院郝少祥编写。第 6、11 章由冯佃臣编写；第 9、10 章由段宝玉编写。刘宗昌负责全书的统稿。参加材料研究和教学实践的还有赵莉萍、王海燕、计云萍、李一鸣、霍文霞等。

本书配套教学课件及扩展阅读读者可在冶金工业出版社官网（http：//www. cnmip. com. cn）输入书名搜索资源并下载，也可扫描书中各章二维码获取。

由于编者水平所限，书中不妥之处，敬请读者批评指正。

内蒙古科技大学　**刘宗昌**

2017 年 7 月 20 日

第1版前言

材料对社会、经济及科学技术活动的影响面大、带动作用强，既是支撑国民经济发展的基础，更是人类社会进步、社会文明程度的重要标志。

新材料是发展高新技术的基础和先导，世界各国纷纷将新材料研究开发列为21世纪优先发展的关键领域之一。我国十分重视发展材料工业，特别是新材料产业和材料科学技术。已经建立了较为完整的材料工业体系。目前，钢铁、有色金属、合成纤维等材料的产量均达到了世界前列，我国已经成为世界第一产钢大国。材料行业已成为我国国民经济高速、稳定发展的保障，也奠定了我国成为世界材料大国的地位。近年来，我国材料产业和工程迅猛发展，取得了辉煌成就。

本书是为金属材料工程专业和塑性成形及控制专业编写的入门课程教材，课程安排在大学一年级第2学期讲授，30学时，是近年来教学改革增设的一门新课，其前修课程是普通物理、普通化学等基础知识，后续课程为物理化学、金属学等专业基础理论课程和专业课。通过本课程的学习，学生将对材料科学与工程专业有一个总的了解和初步的认识。本书主要介绍了材料科学与工程专业的研究范畴、材料的生产应用及发展、本专业涉及的科学领域和行业概况及在社会和国民经济中的地位和作用，涉及领域广泛，叙述了新知识、新材料、新数据、新概念、新工艺，内容丰富而全面。各章均列有复习思考题。本书内容也可供从事材料学研究、材料加工、铸锻焊、热处理等行业的工程技术人员参考。

本书涉及的知识面较宽，采用通俗的讲解方法，从应用历史讲起，注重材料的研究、应用现状，着眼于21世纪的未来，力图建立"传承文明，开拓创新"的意识。

本书第1、2、11、12、13章由内蒙古科技大学刘宗昌撰写；第3、7、8、10章由内蒙古科技大学任慧平撰写；第4、5、6、9章由郑州经济管理干部学院郝少祥撰写。刘宗昌教授负责全书的总成。

在本书编写过程中，参考了许多专著、教科书、论文等文献，在此向这些文献的作者表示感谢！

本书是一部新教材，需要在教学实践中不断完善和改进，欢迎读者提出宝贵意见。

刘宗昌

2006 年 8 月 18 日

目　　录

材料在国民经济中的地位

（本章课件及扩展阅读）

1.1　材料是人类文明大厦的基石

人类社会发展的历史证明，材料是人类生存和发展、征服自然和改造自然的物质基础，也是人类社会现代文明的重要支柱。纵观人类利用材料的历史，可以清楚地看到，每一种重要的新材料的发现和应用，都把人类支配自然的能力提高到一个新的水平。材料科学技术的每一次重大突破，都会引起生产技术的革命，大大加速社会发展的进程，并给社会生产和人们生活带来巨大的变化。

在遥远的古代，我们的祖先是以石器为主要工具的，他们在寻找石器的过程中认识了金、铜、铁等金属，最早应用的是天然金属，如天然金、天然铜、陨铁。在烧陶生产中发展了冶铜术，开创了冶金技术[1]。公元前 5000 年，人类进入青铜器时代。公元前 1200 年左右，人类进入了铁器时代。人类最早发现和使用的铁是陨铁。陨铁的主要成分是 Fe，大约含质量分数为 4% ~ 26% 的 Ni。最早的陨铁器具是公元前 4000 年使用的铁珠，还有匕首，出土于埃及。

1972 年，河北省出土商代铁刃青铜钺（公元前 14 世纪）。其铁刃是用陨铁加热锻打的。

由于铁具具有更好的性能，到公元前 1000 年，铁具比铜具更加普遍。农具、武器已经普遍应用铁具，标志着进入铁器时代。

开始使用的是铸铁，后来制钢工业迅速发展，成为 18 世纪产业革命的重要内容和物质基础。

图 1-1 所示为从石器时代到铜器时代再发展到铁器时代所使用的器件举例。

石器时代

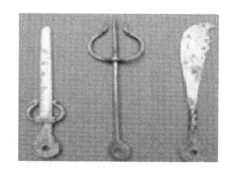

铜器时代

铁器时代

图 1-1　从石器时代到铁器时代

　　材料对社会、经济及科学技术活动的影响面大、带动作用强，既是支撑国民经济发展的基础产业，也是当代科技创新的前沿，更是人类社会进步的里程碑，是社会文明程度的重要标志。图 1-2 示意地描述了从史前至今材料的发展历程及在国民经济中的作用，纵坐标表示材料在社会中的相对重要性；横坐标表示了不对称年度。可见，金属材料在 20 世纪前后及 21 世纪的重要性。

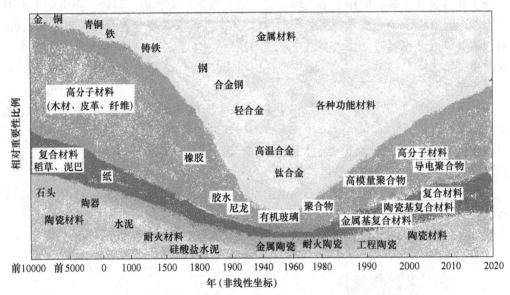

图 1-2　人类社会各年代材料的相对重要性比较示意图

　　20 世纪后期，基础科学、工程技术的进步，材料科学技术取得了一系列创新的突破，新材料大批涌现，应用领域和规模不断扩大，已经成为当代极富活力的高新技术产业。科学技术突飞猛进、日新月异，作为"发明之母"和"产业粮食"的新材料研制更是异常活跃，出现了一个"材料革命"的新时代。

　　人类社会发展的历史证明，材料是人类生存和发展、征服自然和改造自然的物质基础，是现代工业、农业、国防建设的基础材料，是人类社会文明的重要支柱。当今国际社会公认，材料、能源、信息技术和生物工程是现代文明社会的四大支柱[2,3]，如图 1-3 所示。

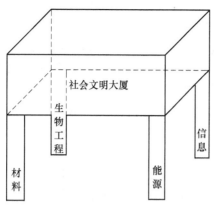

图 1-3　支撑社会文明大厦的四大支柱

从现代科学技术发展史中可以看到，每一项重大的新技术发现，往往都有赖于新材料的发展。对国民经济和现代科学技术具有重要作用的半导体材料就是一个明显的例证。半导体材料的出现对电子工业的发展具有极大的推动作用。以电子计算机为例，自 1946 年世界上第一台真空管电子计算机问世以来，由于锗、硅等半导体材料和晶体管等半导体器件的相继研制成功和广泛应用，计算机技术获得了极其迅速的发展，在短短 40 多年里，经历了一代代产品更新。1967 年大规模集成电路问世导致微型计算机的出现，现在一台微型计算机的功能和世界第一台大型电子管计算机相当，但运算速度快了几百倍，体积仅为原来的三十万分之一，重量仅为六万分之一。当前，几个原子层厚的半导体材料以及其他新型光电子材料的研究进展，将加速整个信息技术革命的进程，在这类材料基础上发展起来的光电子技术，将代表 21 世纪新兴工业的特色。

所谓材料，是指人类能用来制作有用物件的物质。所谓新材料，主要是指最近发展或正在发展之中的具有比传统材料更为优异的性能的一类材料。目前世界上传统材料已有几十万种，而新材料的品种正以每年大约 5% 的速度在增长。世界上现有 800 多万种人工合成的化合物，而且还在每年以 25 万种的速度递增，其中相当一部分有发展成为新材料的潜力。

世界各国对材料的分类不尽相同，但就大的类别来说，可以分为金属材料、无机非金属材料、有机高分子材料及复合材料四大类。从材料应用对象来看，可分为信息材料、能源材料、建筑材料、生物材料、航空航天材料等多种类别。

国际上关于材料科学与工程的战略研究表明，它是高技术发展的一个关键，而且对国计民生、国家安全以及增强国家在国际市场上的竞争力都有重要影响。

材料是科学技术、国民经济发展的基础。随着科学技术发展，人们在传统材料的基础上，根据现代科技的研究成果，开发出新材料。新材料按组分为金属材料、无机非金属材料（如陶瓷、砷化镓半导体等）、有机高分子材料、先进复合材料四大类。按材料性能分为结构材料和功能材料。结构材料主要是利用材料的力学和理化性能，以满足高强度、高刚度、高硬度、耐高温、耐磨、耐蚀、抗辐照等性能要求；功能材料主要是利用材料具有的电、磁、声、光热等效应，以实现某种功能，如半导体材料、磁性材料、光敏材料、热敏材料、隐身材料和制造原子弹、氢弹的核材料等。新材料在国防建设上作用重大。例如，超纯硅、砷化镓研制成功，导致大规模和超大规模集成电路的诞生，使计算机运算速度从每秒几十万次提高到每秒百亿次以上；航空发动机材料的工作温度每提高 100℃，推力可增大 24%；隐身材料能吸收电磁波或降低武器装备的红外辐射，使敌方探测系统难以发现等。21 世纪科技发展的主要方向之一是新材料的研制和应用。新材料的研究，是人类对物质性质的认识和应用向更深层次的进军。

根据美国商务部 1990 年发表的《新兴技术：技术经济机会调查》报告预测，到 2000 年，全世界 12 项新兴技术（即超导体、先进半导体器件、数字显示、高密度数据存储、高性能计算机、光电子、人工智能、柔性制造、传感器、生物、医疗器械、新材料）的世界市场总营业额将达到 10000 亿美元，其中新材料将达到 4000 亿美元，约占 40%。对于 20 世纪 90 年代新材料的发展，日本野村综合研究所提出了高功能化、超高性能化、复合化和智能化的方向。日本通产省对到 2000 年新材料的需求和增长率进行了调查和预测，1987 年日本新材料的市场规模平均年增长率为 10% 左右。

新材料是科学技术的摇篮。我国一贯重视新材料的研究和发展，从而保证了"两弹一星"等尖端技术的顺利发展。中国高技术研究发展计划于 1986 年开始列项论证，1987 年全面实施，新材料属于重点研究发展领域之一，命名为"关键新材料和现代材料科学技术"，其基本任务是为各相关领域提供关键新材料并促进我国现代材料科学技术的发展。除中长期的高技术计划外，我国新材料的研究发展工作有为高技术产业化服务的火炬计划、为企业服务的星火计划，有针对国民经济建设开展的新材料攻关计划，还有为国防建设开展的新材料研发。新材料应用于国民经济的方方面面，如图 1-4 所示的装备中需要大量新材料。图 1-5 为我国辽宁舰航母战斗群一角。

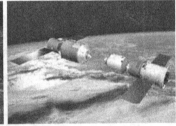

图 1-4　航母、高铁、宇宙飞船

图 1-5　我国的第一艘航母辽宁舰

通过多年来的努力，我国新材料的研究、发展和产业化的工作已经取得了长足的进步，一大批新材料填补了国内空白，其中有些已达到国际先进水平。例如信息材料方面，我国的无机非线性光学晶体已达到国际领先水平，一批性能优异的"中国牌"晶体，如三硼酸锂、偏硼酸钡、高掺镁铌酸锂以及有机晶体磷酸精氨酸等已经推向国际市场。在能源材料方面，结合我国富有的稀土资源而研究发展的新型贮氢材料，在实验室条件下成功地应用于镍氢电池的制造，力争形成国际市场。在高性能金属材料方面，我国继美国、原联邦德国等少数国家之后已经成功地建成了年产百吨级的非晶合金中试线，可喷制带宽为100mm 的非晶薄带卷材，为非晶合金铁芯变压器取代硅钢片变压器打下了良好的基础。在先进陶瓷方面我国也取得了令人瞩目的成绩，1990 年我国研制成功的无水冷陶瓷发动机装在 45 座的大客车中完成了上海至北京往返 3500km 的道路试车。我国在先进复合材料的研制方面也已取得显著进步，各种高性能材料正在逐步替代进口产品。我国正在新材料的主要领域积极跟踪国际先进水平，努力创新，充分发挥本国资源和人才方面的优势，逐步形成具有中国特色的新材料体系。

金属材料仍然是国民经济中应用最多的基础材料，1949 年我国产钢 15.8 万吨，只相当于现在全国几个小时的产量。从 1996 年起连续 4 年超过 1 亿吨，钢产量和钢材产量跃居世界第一，成为世界第一产钢大国。2007 年 4.9 亿吨，2013 年 7.79 亿吨，2015 年中国粗钢产量为 8.03 亿吨。在改革开放的 30 多年中钢铁材料极大地促进了我国经济的腾飞。

我国要继续维持第一产钢大国的地位，同时不断增加品种和提高质量，使其在国民经济和国防建设中发挥基石作用，材料研究人员和工程技术人员任重道远。

1.2　材料的发展

材料是当代社会经济发展的物质基础，也是制造业发展的基础和重要保障。进入 21 世纪以来，随着经济在全球的发展，随着中国的崛起，现代制造业的中心向中国转移。今天，中国的制造业直接创造国民生产总值的 30% 以上，约占全国工业生产的 80%。我国虽然已经是世界制造业大国。从世界银行统计数据来看，作为曾经的世界工厂，美国自 1895 年直到 2010 年，在制造业第一的"宝座"上稳坐了 115 年。而从 2010 年起，中国制造业总产值不仅超过美国，而且几乎等于美日德三国之和，达到俄罗斯的 13 倍。目前中国制造业占 GDP 的 36.9%。中国 2013 年生铁产量世界第一，钢产量超过第 2 至第 20 名国家产量之总和。2013 年中国研发人员总数达到 353.3 万人，超过美国，居世界第一位。

材料是人类赖以生存和发展的物质基础。近年来，以信息、生物、能源和新材料为代表的高新技术及其产业的迅猛发展，深刻地影响着各国的政治、经济、军事和文化，高技术产业已经成为世界经济发展的新动力，其发展水平和规模决定了一个国家在世界经济中的地位和国际竞争力。

新材料是发展高技术的基础和先导，世界各国纷纷将新材料研究开发列为 21 世纪优先发展的关键领域之一。我国十分重视发展材料工业，特别是新材料产业和材料科学技术，并且取得了辉煌的成就。新中国成立以来，经过几代人的不懈努力，我国已经建立了较为完整的规模庞大的材料工业体系，钢铁、建材、有色金属、合成纤维等材料的产量均到达了世界前列，我国已经成为世界第一产钢大国。我国国民经济的高速稳定的发展保障，奠定了我国成为世界材料大国的地位[2]。

新材料是指那些新出现或正在发展中的、有别于传统材料改性、具有传统材料所不具备的优异性能和特殊功能的材料。目前，一般按应用领域和研究性质把新材料分为电子信息材料、新能源材料、纳米材料、先进复合材料、先进陶瓷材料、生态环境材料、新型功能材料（含高温超导材料、磁性材料、金刚石薄膜、功能高分子材料等）、生物医用材料、高性能结构材料、智能材料、新型建筑及化工新材料等。

随着信息产业、生物产业、航空航天、核技术等新兴高技术产业的发展和传统材料的高技术化，新材料产业蓬勃发展。据保守估算，现今世界上各种新材料市场规模每年已超过4000多亿元，由新材料带动而产生的新产品和新技术则是更大的市场，新材料产业已是21世纪初发展最快的高新技术产业之一。

金属、陶瓷、高分子三大工程材料的发展历史可以追溯到上万年前的远古时代，但作为现代科学技术的基础，它们却只有数百年乃至近百年的历史。自古以来三大工程材料的发展历程梗概如图1-2所示，可见各种材料在不同的社会历史阶段所占的重要性比例不同。19世纪以后，金属材料的比重越来越大；20世纪，金属材料在国民经济中的重要性最大，用量最多。

1.2.1 金属材料

远在一万年前，人类已开始使用金属材料。从图1-2可见，人类最早应用的金属材料是金、铜。人类在自然界中取得自然金，对自然金进行加工。自然金来自天然金块和沙金。中国出土的金制品多为饰物，如金珥、金箔等。远古人类使用的铜为天然铜，铁是天然铁——陨铁，是"天赐"的金属。我国出土铜器主要是刀、锥等工具。我国商周出土的7件陨铁制品有经过锻造的痕迹。1972年河北出土的铁刃铜钺，在铁刃中含有镍的层状组织确认是含镍较高的陨铁锻造而成的。

春秋战国时期在我国出现了冶铁术，可以制作更加锋利的兵器。传统的冶铁术无法满足市场的需求，1868年我国相继建成一些炼铁厂和炼钢厂，为市场提供了铸铁和钢材。世界上钢铁材料的大量生产，大大促进了社会经济的发展。

直到20世纪中叶，在材料工业中金属材料一直占绝对优势。近半个世纪以来，随着高分子材料（尤其是合成高分子材料）、无机非金属材料（尤其是先进陶瓷材料），以及各种先进复合材料的发展，金属材料的绝对主导地位才逐渐被其他材料所部分取代。但是，在可以预见的将来，金属材料仍将占据材料工业的主导地位，这种情况在中国等发展中国家尤其如此。这是因为金属材料（例如钢铁）工业已经具有了一整套相当成熟的生产技术和庞大的生产能力，并且质量稳定，供应方便，在性能价格比上也占有一定优势，在相当长的时期内，金属材料的资源也是有保证的。当然，最重要和根本的原因还在于金属材料具有其他材料体系所不能完全取代的独特性质和使用性能，例如：金属有比高分子材料高得多的模量，有比陶瓷高得多的韧性以及具有磁性和导电性等优异的物理性能。并且在陶瓷材料和高分子材料日新月异的发展过程中，金属材料也在不断地推陈出新，许多新兴金属材料应运而生。例如，传统的钢铁材料正在不断提高质量、降低成本、扩大品种规格，在冶炼、浇铸、加工和热处理等工艺上不断革新，出现了如炉外精炼、连铸连轧、控制轧制等新工艺技术，微合金钢、低合金高强度钢、双相钢等新钢种不断涌现。在有色金属及合金方面则出现了高纯高韧铝合金、高强高模铝锂合金、高温铝合金，先进的高强、高韧和高温钛合金，先进的镍基、铁镍铬基高温合金，铜合金、难熔金属合金及稀贵金属合金等。除此之外还涌现了其他许多新型高性能金属材料，如快速冷凝金属非晶和微晶材料、纳米金属材料、有序金属间化合物、定向凝固柱晶和单晶合金等。新型金属功能材料，如磁性材料中的钕铁硼稀土永磁合金及非晶态软磁合金、形状记忆合金、新型铁氧体及超细金属隐身材料、贮氢材料及活性生物医用材料等也正在向着高功能化和多功能化方向发展。

我国新一代钢铁材料发展方向是高纯净度，高均匀性，超细晶粒。日本"超级钢铁材料"计划目标是：在不增加合金元素的前提下，将普通高强度合金钢的强度提高一倍（由400MPa 提高到800MPa），而且可以焊接，焊后不降低强度。研究耐海水腐蚀的新钢种，使其寿命延长一倍。超临界耐热锅炉钢板，服役条件：650℃，350 个大气压，拟采用铁素体耐热钢。发展 1500MPa 的超高强度钢，克服延迟断裂，提高疲劳强度。

我国钢铁发展方向应当是在保证产量的同时，大力提高钢铁材料的质量，做到高质量、多品种。

1.2.2　陶瓷材料

陶瓷材料是人类最早利用自然界所提供的原料制造而成的材料，旧石器时代的先民们只会采集天然石料加工成器皿和工件，经历了漫长的发展和演变过程。我国的陶瓷出现在距今 7000~10000 年以前，是世界上出现陶瓷最早的国家之一。早期陶瓷大多经历 750~1000℃温度的烧结，使泥坯中的石英、云母、长石等在高温下发生转变而成为陶瓷。以黏土、石英、长石等矿物原料配制而成的瓷器登上了历史的舞台。我国早期的陶瓷工艺远远领先于世界其他地区。

从陶器发展到瓷器，是陶瓷发展史上的第一次重大飞跃。由于低熔点的长石和黏土等成分配合，在焙烧过程中形成了流动性很好的液相。冷却后成为玻璃态，形成釉，使瓷器更加坚硬、致密和不透水。从传统陶瓷到先进陶瓷，是陶瓷发展史上的第二次重大飞跃，这一过程始于 20 世纪四五十年代，目前仍在不断发展。当然，传统陶瓷和先进陶瓷之间并无绝对的界线，但二者在原材料、制备工艺、产品显微结构等许多方面确有相当的差别。从先进陶瓷发展到纳米陶瓷将是陶瓷发展史上的第三次重大飞跃，陶瓷科学家还需在诸如纳米粉体的制备、成型、烧结等许多方面进行艰苦的工作，预期在 21 世纪初，陶瓷科学在这一方面将取得重大突破。

陶瓷材料已经发展为结构陶瓷、工具陶瓷、功能陶瓷、精细陶瓷、电子陶瓷、生物陶瓷等。先进陶瓷按性能大体上分为先进结构陶瓷和先进功能陶瓷。

1.2.3　高分子材料

高分子材料按来源分为天然高分子材料和合成高分子材料。人类活动与高分子（或称聚合物）有着密切的关系。在漫长的岁月里，无论是人类用于充饥的淀粉或蛋白质，还是御寒用的皮、毛、丝、麻、棉，都是天然的高分子材料，就连人体本身，基本上也是由各种生物高分子构成的。大约在 20 世纪 20 年代中期，科学技术的发展使科学家们有可能用物理化学和胶体化学的方法去研究天然和实验室合成的高分子物质的结构。德国物理化学家斯陶丁格经过近 10 年的研究认为，高分子物质是由具有相同化学结构的单体，经过化学反应（聚合）将化学键连接在一起的大分子化合物。高分子或聚合物一词即源于此。1928 年当斯陶丁格在德国物理和胶体化学年会上宣布这一观点时，却遭到多数同行反对而未被承认。但真理是在斯陶丁格这一边，经过两年的实验验证，1930 年斯陶丁格再次在德国物理和胶体化学年会上阐明他的高分子概念观点时，他成功了。至此，历经 10 余载的争论，科学的高分子概念才得以确立。为表扬斯陶丁格的功绩，瑞典皇家科学院授予他1953 年诺贝尔化学奖。

从 1930 年高分子科学概念建立至今已有 80 多年，由于高分子材料具有许多优良性能，适合工业和人民生活各方面的需要，而且它的原料丰富，适合现代化生产，经济效益显著，而且不受地域、气候的限制，因而高分子材料工业取得了突飞猛进的发展。目前世界上合成高分子材料的年产量已近 2 亿吨。如今高分子材料已经不再是金属、木、棉、麻、天然橡胶等传统材料的代用品，而是国民经济和国防建设中的基础材料之一。与此同时，高分子科学的三大组成部分——高分子化学、高分子物理和高分子工程也已日趋成熟。

高分子是由碳、氢、氧、氮、硅、硫等元素组成的分子量足够高的有机化合物。之所以称为高分子，就是因为它的分子量高。常用高分子材料的分子量在几百到几百万之间，高分子量对化合物性质的影响就是使它具有了一定的强度，从而可以作为材料使用。这也是高分子化合物不同于一般化合物之处。又因为高分子化合物一般具有长链结构，每个分子都好像一条长长的线，许多分子如集在一起，就成了一个扯不开的线团，这就是高分子化合物具有较高强度，可以作为结构材料使用的根本原因。另一方面，人们还可以通过各种手段，用物理的或化学的方法，或者使高分子与其他物质相互作用后产生物理变化或化学变化，从而使高分子化合物成为能完成特殊功能的功能高分子材料。

高分子材料包括塑料、橡胶、纤维、薄膜、胶粘剂和涂料等，其中被称为现代高分子三大合成材料的塑料、合成纤维、合成橡胶已经成为国家建设和人民日常生活必不可少的重要材料。

1.2.4　新材料研究与发展趋势

1.2.4.1　新材料的发展

A　复合材料

复合材料创新包括复合材料的技术发展、工艺发展、产品发展和应用，具体要抓住树脂基体发展创新、增强材料发展创新、生产工艺发展创新和产品应用发展创新。

开发能源、交通用复合材料市场。一是清洁、可再生能源用复合材料，包括风力发电用复合材料、烟气脱硫装置用复合材料、输变电设备用复合材料和天然气、氢气高压容器。二是汽车、城市轨道交通用复合材料，包括汽车车身、构架和车体外覆盖件，轨道交通车体、车门、座椅、电缆槽、电缆架、格栅、电器箱等。三是民航客机用复合材料，主要为碳纤维复合材料。热塑性复合材料约占 10%，主要产品为机翼部件、垂直尾翼、机头罩等。中国未来将形成民航客机的大产业，复合材料可建成新产业与之相配套。四是船艇用复合材料，主要为游艇和渔船，游艇作为高级娱乐耐用消费品在欧美有很大市场，由于中国鱼类资源的减少，渔船虽发展缓慢，但复合材料特有的优点仍有发展的空间。

B 超导材料

有些材料当温度下降至某一临界温度时，其电阻完全消失，这种现象称为超导电性，具有这种现象的材料称为超导材料。超导体的另外一个特征是：当电阻消失时，磁感应将不能通过超导体，这种现象称为抗磁性。一般金属（例如铜）的电阻率随温度的下降而逐渐减小，当温度接近于0K时，其电阻达到某一值。而1919年荷兰科学家昂内斯用液氦冷却水银，当温度下降到4.2K（即-269℃）时，发现水银的电阻完全消失。超导电性和抗磁性是超导体的两个重要特性。使超导体电阻为零的温度称为临界温度（TC）。超导材料研究的难题是突破"温度障碍"，即寻找高温超导材料。

超导材料最诱人的应用是发电、输电和储能。利用超导材料制作超导发电机的线圈磁体，可以将发电机的磁场强度提高到5万~6万Gs（$1Gs \triangleq 10^{-4}T$），而且几乎没有能量损失，与常规发电机相比，超导发电机的单机容量提高5~10倍，发电效率提高50%；超导输电线和超导变压器可以把电力几乎无损耗地输送给用户，据统计，铜或铝导线输电，约有15%的电能损耗在输电线上，在中国每年的电力损失达1000多亿度，若改为超导输电，节省的电能相当于新建数十个大型发电厂；超导磁悬浮列车的工作原理是利用超导材料的抗磁性，将超导材料置于永久磁体（或磁场）的上方，由于超导的抗磁性，磁体的磁力线不能穿过超导体，磁体（或磁场）和超导体之间会产生排斥力，使超导体悬浮在上方。利用这种磁悬浮效应可以制作高速超导磁悬浮列车，如上海浦东国际机场的高速列车；用于超导计算机，高速计算机要求在集成电路芯片上的元件和连接线密集排列，但密集排列的电路在工作时会产生大量的热量，若利用电阻接近于零的超导材料制作连接线或超微发热的超导器件，则不存在散热问题，可使计算机的速度大大提高。

C 能源材料

能源材料主要有太阳能电池材料、储氢材料、固体氧化物电池材料等。太阳能电池材料是新能源材料，IBM公司研制的多层复合太阳能电池，转换率高达40%。氢是无污染、高效的理想能源，氢的利用关键是氢的储存与运输，美国能源部在全部氢能研究经费中，大约有50%用于储氢技术。氢对一般材料会产生腐蚀，造成氢脆及其渗漏，在运输中也易爆炸，储氢材料的储氢方式是能与氢结合形成氢化物，当需要时加热放氢，放完后又可以继续充氢的材料。储氢材料多为金属化合物，如$LaNi_5H$、$Ti_{1.2}Mn_{1.6}H_3$等。

D 智能材料

智能材料是继天然材料、合成高分子材料、人工设计材料之后的第四代材料，是现代高技术新材料发展的重要方向之一。国外在智能材料的研发方面取得很多技术突破，如英国宇航公司的导线传感器，用于测试飞机蒙皮上的应变与温度情况。英国开发出一种快速反应形状记忆合金，寿命期具有百万次循环，且输出功率高，以它做制动器时，反应时间仅为10min。形状记忆合金已成功应用于卫星天线、医学等领域。

E 磁性材料

磁性材料可分为软磁材料和硬磁材料两类。软磁材料是指那些易于磁化并可反复磁化的材料，但当磁场去除后，磁性即随之消失。这类材料的特性标志是：磁导率（$\mu = B/H$）高，即在磁场中很容易被磁化，并很快达到高的磁化强度；但当磁场消失时，其剩磁很小。这种材料在电子技术中广泛应用于高频技术，如磁芯、磁头、存储器磁芯，在强电技术中可用于制作变压器、开关继电器等。常用的软磁体有铁硅合金、铁镍合金、非晶金属。典型代表材料为坡莫合金（Permalloy），其成分（质量分数）为9%Ni-21%Fe，坡莫合金具有高的磁导率（磁导率μ为铁硅合金的10~20倍）、低的损耗，并且在弱磁场中具有高的磁导率和低的矫顽力，广泛用于电讯工业、电子计算机和控制系统方面，是重要的电子材料。非晶金属具有非常优良的磁性能，它们已用于低能耗的变压器、磁性传感器、记录磁头等。

永磁材料（硬磁材料）经磁化后，去除外磁场仍保留磁性，其性能特点是具有高剩磁、高矫顽力。利用此特性可制造永久磁铁，可把它作为磁源，如常见的指南针、仪表、微电机、电动机、录音机、电话及医疗等方面。永磁材料包括铁氧体和金属永磁材料两类。高性能永磁材料的品种有铝镍钴（Al-Ni-Co）和铁铬钴（Fe-Cr-Co）。稀土永磁，如较早的稀土钴（Re-Co）合金（主要品种有利用粉末冶金技术制成的$SmCo_5$和Sm_2Co_{17}）广泛采用的钕铁硼（Nd-Fe-B）稀土永磁，铌铁硼磁体不仅性能优，而且不含稀缺元素钴，所以成为高性能永磁材料的代表，已用于高性能扬声器、电子水表、核磁共振仪、微电机、汽车启动电机等。

　　F　纳米材料

纳米本是一个尺度，纳米科学技术是一个融科学前沿的高技术于一体的完整体系，它的基本涵义是在纳米尺寸范围内认识和改造自然，通过直接操作和安排原子、分子创新物质。纳米科技主要包括纳米体系物理学、纳米化学、纳米材料学、纳米生物学、纳米电子学、纳米加工学、纳米力学7个方面。纳米材料是纳米科技领域中最富活力、研究内涵十分丰富的科学分支。用纳米来命名材料是20世纪80年代，纳米材料是指由纳米颗粒构成的固体材料，其中纳米颗粒的尺寸最多不超过100nm。纳米材料的制备与合成技术是当前主要的研究方向，虽然在样品的合成上取得了一些进展，但至今仍不能制备出大量的块状样品，因此研究纳米材料的制备对其应用起着至关重要的作用。

例如纳米铁材料，是由6nm的铁晶体压制而成的，较之普通铁强度提高12倍，硬度提高2~3个数量级，利用纳米铁材料，可以制造出高强度和高韧性的特殊钢材。对于高熔点难成形的金属，只要将其加工成纳米粉末，即可在较低的温度下将其熔化，制成耐高温的元件，用于研制新一代高速发动机中承受超高温的材料。

1.2.4.2　新材料的发展趋势

（1）新材料的研发与生产、应用成一体化的趋势。新材料从实验室的研究与开发、工程化中试验证到最终投入市场实现规模产业。现代材料科学与工程强调使用行为导向的研究，强调合成与加工制备过程的研究，以加速研究到应用的进程。另外，多学科的交叉已成为促进材料科学发展、新材料研发的重要趋向。

（2）从深入微观层次有目标地发现和开发新材料。进入21世纪，人类正处在新一轮科技革命浪潮的前沿，开始从原子水平设计和制造材料与器件，纳米技术打开了具有定义新型材料和器件的大门，可以预料将会产生更多更新的材料与器件，其中人工构造材料将是最具有潜力的进展领域，特别是信息功能材料、生物功能材料和结构—功能型新材料将是新材料的重要发展方向，将会产生实质性重大突破。

（3）世界各国越来越重视国家对材料研发工作的组织和领导。由于材料在国民经济和国防建设中的先导作用的战略地位，加上新材料开发具有风险性和长期性的特点，国家仍将是主要的支持者和投资者，都把先进材料的研发列入国家预算，并纷纷研究和制定相关的重大发展规划的战略决策，同时积极鼓励产学研结合，发挥政府的宏观组织与引导作用。

大力促进新材料产业化是我国高技术产业发展的重要内容。我国历来高度重视新材料的研究开发，以新材料创新体系建设与高新技术产业化为重点，我国新材料研发和产业化队伍不断扩大，取得了显著的发展。

1.3　高技术新材料的研发

20世纪40年代以来，在新的科学技术成就推动下，出现了一批对基础产业和军事工业产生重要影响的高技术和新技术。这些高新技术对材料提出了一些特殊性能要求，如要求超高压、超高温、超低温、高耐磨以及微重力等十分苛刻的特殊性能，是一些传统基础材料所不能满足的。于是，在传统材料工业的基础上，出现了研制、开发有特种性能新材料的新领域。种类繁多的新材料在信息、航空、航天、武器装备，乃至人们日常生活器具制造等方面，都发挥了重要作用，它标志着人类的物质文明已进入新的发展时期。在国际经济势力的较量中，发达国家乃至发展中国家都竞相在高技术新材料领域夺取制高点[2,3]。

美国政府历年都在其"国家关键技术计划"中，将发展新材料技术列为国家重点研究领域，在经费支持上予以倾斜。除每年的"国家关键技术计划"外，美国政府还根据需要，临时补列追加计划，且这种投入往往还更大。例如美国《商业周刊》将纳米科技列为21世纪可能取得重要突破的三个领域之一（其他两个领域为生命科学与生物工程技术以及从外星球获取能源的技术）。从1999年开始，美国政府已正式决定把纳米科技研究列入21世纪前10年必须重点投入的11个关键领域之一。2000年2月时任总统克林顿宣布联邦政府将以4.95亿美元优先实施"国家纳米科技计划（NNI）"。美国国家科技委员会还为此专门成立了由多部门专家组成的"纳米科技与工程技术小组（IWGN）"，统筹指导协调全美纳米材料与技术的研究开发工作。

德国于20世纪90年代公布的跨世纪项目为：研制超轻型结构材料，加大纳米结构新材料的研究与开发、材料设计与数学建模、口腔生物相容材料、用于创新性制造加工系统的新材料以及多功能集成性新材料的开发等。德国也已将纳米材料与技术列为21世纪科技创新的战略领域，重点扶持。

日本一直非常重视新材料及相关技术的发展，相继制定了一系列新材料研究开发计划。例如，在1996年制订的"关于今后材料科学技术研究开发的重点领域"中，选题强调瞄准突破性新材料的研究开发工作，将其视为提高日本国力的重要步骤。选定的重点领域是新型超导材料、特种先进功能材料、新一代高性能长寿命结构材料（如超级钢计划）以及仿生材料和环境保护材料等。

发展新材料是当代国际材料业关注的热点。我国在国家科技攻关计划、"863"计划、"火炬"计划、"973"计划和国家自然科学基金资助项目中，对于发展新材料均给予了重点支持，并且取得了可喜的成果。

目前，国内外高技术新材料取得了一系列成就，简述如下。

1.3.1　信息材料

1.3.1.1　集成电路材料

单晶硅目前占半导体材料的95%左右，20世纪80年代单晶硅尺寸为直径203.2mm，现已达254mm，大大提高了集成度，但还不适应发展需求。利用分子束外延技术制造超晶格是当前最活跃的领域，利用这种技术，可使集成电路超小型化和多功能化。此外发展了化合物半导体，如砷化镓GaAs，它具有高效率、低能耗、高速度集成电路的性能。

1.3.1.2　信息存储材料

过去存储以磁记录为主，其中包括Fe_2O_3-Fe_3O_4、CO-Fe_2O_3、CrO_2等。20世纪50年代开始研究金属膜记录材料。目前发展出沉积在有机膜上的Co、CoNi、CoNiCr等溅射连续膜及CoCr/NiFe垂直记录膜，其密度都超过了铁氧体粉记录膜。

近年来光存储和光磁存储发展很快，这些材料不仅密度高、寿命长，而且保真度高。磁光材料最初为稀土与过渡族金属非晶态薄膜，如GdCo，近年来三元合金如GdTbFe和CoTbFe有更好的效果。我国要建立自己的高性能磁头产业，必须突破薄膜制造，开发面高密度$1\sim10Gb/in^2$的硬磁盘介质。

此外，可擦重写光盘目前又主要分为用稀土-过渡金属（RE-TM）合金为记录介质而制成的磁光盘和用多元半导体元素为记录介质而制成的相变光盘。

1.3.1.3　光通信材料

光通信材料以近几年来得到快速发展的光导纤维为主。光通信就是由电信号通过半导体激光器变为光信号，而后通过光导纤维做长距离传输，最后再由光信号变为电信号为人接收。光传输损耗小、输送量大、距离长，其他方式传输则需要中间放大。传输质量完全取决于光导纤维的材质，较早的光导纤维是高纯石英加上少量掺杂（如P、Ce），近期的光导纤维光损耗已降到$0.01\sim0.001dB/km$。新研制的新型氟化玻璃有可能实现$3\times10^{-4}dB/km$的低损耗，这样即使很长距离传输也无需中间放大。

1.3.1.4　传感器与敏感材料

传感器是控制系统的耳目，而敏感材料又是传感器的基础。外界条件的变化，如声、光、电、热、磁力和各种气氛的变化可能引起材料发生变化，这就发展了敏感材料。

目前这方面很多是陶瓷材料，如：热敏材料，一般采用金属氟化物的烧结，形成负温度系数热敏电阻，其灵敏度可达$10^{-6}℃$；湿度敏感材料ZrO-Cr_2O_3系陶瓷；气体敏感材料SnO_2用于可燃气体的检测；V_2O_3加微量银制成薄膜，可测1×10^{-6}（1ppm）的NO_2；压力传感器是利用陶瓷的压电效应，$BaTiO_3$、$PbTiO_3$等都对压力的变化很敏感。目前发展的趋势是多功能化，即一个敏感器上具有多重功能。

1.3.2　能源材料

凡是涉及能源的产生、转化、输送与存储等方面的材料都是能源材料。

1.3.2.1　高临界温度超导材料

1911年发现超导现象，在相当长的时间内没有突破，一直没有突破液氦温度（4K），如NbTi和Nb_3Sn等。1986年4月瑞士科学家发现更高温度（30K）的LaBaCuO系超导体，受到全世界的重视。1992 年我国研究成功最高临界温度为 127.5K 的 Ti 系超导材料。但当前的氧化物高温超导作为实用材料还存在很大差距，主要是制造工艺、稳定性和高电流密度等问题还没有完全解决。

1.3.2.2 永磁材料

磁性材料主要用于信息产业，如信息存储、控制元件等。现代永磁材料钕铁硼（$Fe_{14}Nd_2B$）在制造永磁电极、磁性轴承、耳机及微波装置等方面有十分重要的用途。目前最好的磁性材料 Co_5Sm 将被它代替。为了探索更好的稀土永磁合金，最近又出现了钐铁氮系永磁合金（$Fe_{17}Sm_2N_{3~8}$），它有较高的居里点。

1.3.2.3 太阳能转化技术

据估计地球表面每年从太阳获得的能量折算为电能达 $6×10^{17}kW·h$，比全球年耗总量大 10000 倍。利用太阳能的关键是光电转换材料，它必须高效、长寿、价廉。当前最高效的是 GaAs（转换效率达 20%），但价格太高，难以普及。目前多晶硅又在抬头，效率在 10% 以上，相对价不高，稳定性较好。

1.3.2.4 有机分离膜

当前大多数化工合成和分离都是在高温高压下进行的，工艺和装备复杂，又耗能。近年来利用膜的不同孔径把不同物质分开，从而达到节能的目的，目前已实现工业化。如合成氮气中的氢（5%）可通过分离膜而回到流程中再利用。海水淡化也可利用分离膜把盐水分开。当前更热门的是氮氧分离，氧的富集可以提高燃效，如氧达 40%（体积分数）时，燃烧效率可提高 30%。目前还研究分离膜兼有催化的功能，从而可以实现化学合成与组分分离同时进行。

1.3.2.5 环境材料

材料科学是与环境、能源密切相关的科学技术。在材料的提取、制备、生产以及制品的使用与废弃过程中，常需消耗大量的资源和能源，并排放出废气、废水、废渣，污染人类生存的环境。1988 年，日本人提出了环境调和型材料的概念，简称为环境材料。开发环境相容的新材料及其制品，并对现有材料进行环境协调性改进，是环境材料研究的主要内容。目前环境材料在完善各种材料的 LCA 评价体系的基础上，还研究了天然材料的开发（如多孔性人工木材）、可回收材料的设计和开发（如金属材料）、超高性能材料的开发（如超纯净钢）。

在常规材料中也有许多与能源有关的材料科学问题，如为了提高动力机械的热效率，很大程度上依赖于材料性能的改善，提高材料的耐热温度和绝热材料的绝热能力就是途径之一，工程陶瓷在该领域研究较多。为了节能，发展运动机械的轻量化技术已被充分重视，这就促进发展了高比强度和高比刚度的新材料。

1.3.3 生物材料和智能材料

生物材料是指用于生物体的材料。这类材料自 20 世纪 60 年代开始发展，已形成很大产业，美国近年来的销售值已超过 500 亿美元，而且每年以 13% 的速度递增。它所包括范围很广，如人工器官、生物传感器、血液制品、药物输送机构、外科材料等。生物材料一般要求十分严格，必须无毒、不产生过敏反应、与生物组织相容性好、不致癌、不产生血凝或血溶、在生物体内不分解或产生沉淀等。

常用生物材料有金属（钛、不锈钢、钴铬钼合金）、陶瓷（氧化铝、铝酸钙、生物玻璃）、碳素材料及多种高分子材料和各种复合材料。

到目前为止，除了神经系统外，几乎各种器官都能做出来，而且有好的生物功能，如人工肌肉与人工心脏的伸缩功能、人工肾脏的选择渗透功能、人工血液的输氧功能以及人工脾脏的生物活性物质分泌功能等，这些多数是有机高分子材料，如聚乙烯等。

从能源观点来看，生物体系有极高的效率；从信息处理系统来看，人的耳、眼能量感度和舌、鼻的物质感度都是人工传感器的百万倍以上，人脑的存储量也大大高于现代计算机。因此，生物材料这一研究领域的深度和广度目前尚不可预测。

受生物的启发，近年来又提出了智能材料的设想，所谓智能材料就是对材料的工作环境可进行判断并产生相应的反应，从而使材料性能与服役要求相适应；类似人手在劳动过程中产生老茧，高锰钢在受到冲击载荷之后表面变硬，从而成为绝好的保险柜、坦克、拖拉机履带材料；有的生物具有自愈合功能，材料也可产生自愈合，或者在应力作用下裂纹尖端产生松弛作用而阻止裂纹生长；形状记忆合金也是一种智能材料；另一种智能材料具有预报材料损伤情况的功能，从而提高材料的使用安全程度，它通过材料中埋入传感器，用光纤连接，进行监控，以做到最合理地使用材料。

1.3.4　结构材料

这类材料的应用范围面广量大，也是大多数材料科学工作者所应接触的主要对象。该领域中研究主要围绕以下三个方面开展：

（1）材料的深度加工，就是利用少量材料发挥更大作用（如铸造和热处理新技术等）。

（2）通过研究材料在使用过程中的损伤机理，找出提高材料性能的途径和改进设计思想以延长使用寿命，因此研究在不同环境和受力条件下材料的断裂、疲劳、腐蚀、老化等都是一个长期的任务。

（3）根据材料的性能特点，发展合理的设计方法，以弥补高性能材料的某些缺点，如陶瓷材料如何通过改进设计方法，改善其脆性大、性能分散度高的缺陷，使其他性能优势得以发挥，就是一个重要的研究课题。下面介绍当前结构材料发展的特点。

1.3.4.1　金属材料仍然有很强的生命力

钢铁材料仍占最大比重，铝材因密度小、易成型而得到广泛应用，因此与铝材相关的各种加工技术发展较快。近年来发展了一种 Al-Li 合金（Li 的质量分数 2%～3%），具有高的比强度和比刚度，比常用铝合金提高 20%～24%以上，用这种铝合金代替一般合金，每架大型客机可减重 5t 左右。

钛合金具有高的比强度、耐腐蚀、无磁性等特点，但成本较高。

20 世纪 90 年代高温合金和中间化合物也有了突破性发展，航空发动机中用得较多的高温合金是 Ni 基和 Ni-Cr 基合金，受到本身的限制，已无大发展，人们转而研究 Ni-Al 系合金中的两个化合物：Ni_3Al（面心）和 NiAl（体心），它们的熔点较高，前者 1390℃，后者 1640℃，但脆性较严重。近年来，在 Ni_3Al 中加入了质量分数为 0.002%～0.005%的 B，使其室温的拉伸塑性从 0 提高到 40%，这使中间化合物的研究成了热点。

1.3.4.2　工程陶瓷材料

工程陶瓷主要指 Si_3N_4、SiC、Al_2O_3 等，它们的主要特点是膨胀系数小、抗热震性能好、高温强度高、耐腐蚀、抗氧化、密度小（$2.7\sim3.2g/cm^3$）、硬度高、耐磨性好，从而有更高的比强度和比刚度，且有丰富的资源。但其致命弱点就是脆性。另一问题就是价格太高，缺乏竞争能力。目前的研究主要集中在提高陶瓷韧度方面，开展的工作有：通过引入缺陷，使裂纹的传播受到阻碍；通过与韧性较好的材料复合，改善材料显微结构，如晶粒度与杂质控制等、用纳米级原材料来制备陶瓷等。

1.3.4.3　复合材料的发展

目前，复合材料已经得到显著的发展，主要有：

（1）用高分子纤维和碳纤维强化的树脂材料。

（2）金属基复合材料。一般轻金属的模量低，强度也不高，因此采用无机纤维或碳纤维来强化，关键点是强化和基体间的相容性。

（3）陶瓷基复合材料。陶瓷的关键问题是脆性，复合的目的除了提高强度和工作温度，重点是改善韧度。

（4）碳—碳复合材料。碳在所有材料中承受温度的能力是最高的，一般在 3000℃ 以上，而且在一定温度范围内，随温度的提高而强度增加，但是块状材料由于各向异性，在高速加热过程中容易产生炸裂，因而采用碳纤维的多向编织，而后黏结碳化，成为碳—碳复合材料，这是当前高温复合材料的发展重点。

（5）材料的表面涂层与改性。通过各类具有特殊性能的防护材料的开发和新型表面涂装技术的研究，使得材料通过表面复合得到高性能，使材料在腐蚀介质、高温、摩擦磨损环境下的使用寿命明显延长。

（6）功能梯度材料。为了满足航空航天、核工业等重要需求，分别采用粉末冶金法、自蔓延高温技术、离心铸造、表面涂覆等研制了一系列梯度材料，如 Si_3N_4/不锈钢、ZrO_2/Ni、Al_2O_3/Ti、TiB_2/Cu、TiC/Ni 等功能梯度材料。

1.3.5　加快新材料的研发

应以满足国家的经济发展、改善生活品质以及国防需求等为目标发展新材料。例如，我国是以煤炭为主要燃料的国家，大量使用煤炭给环境带来了严重污染。当人类直接利用太阳能的技术获得突破后，太阳能将有可能大幅度地改变人类的能源结构。因此，太阳能材料的开发成为大规模使用太阳能的前提和基础。同样，氢能源的利用也有大量的高科技课题。

信息技术已渗透到人类的经济、生活及国防等方方面面。可以说，人类已全面进入信息时代。除数据和文字外，还有声音和图像。作为信息的载体，材料科学和技术是当之无愧的基础和先导。信息材料的生产制造水平是信息技术竞争的一个重要方面。

生物材料技术对提高人类生活品质具有重要影响。除在医疗卫生方面有广泛应用外，某些具有生物功能的材料及其制品对人类社会的进步已起到关键的作用。而且，人类社会趋势越来越老龄化，对生物医用材料的需求越来越大。

发展高科技新材料不应该走过去发展基础材料的"先发展后治理"的老路，要积极开发低能耗生产的新工艺，提高资源的有效利用率。鼓励清洁生产工艺，开发"零排放"流程，积极推进 ISO1-4000 系列环境管理国际认证标准，确保生产与环保的协调发展。

1.4　我国钢铁材料的发展成就

半个世纪以来，我国钢铁材料工业经历了两个发展阶段。第一阶段是计划经济时期（1949~1978 年）。一切努力都是为了增加生产，满足需求，形成了多层次、多种规模、多种技术和装备水平的格局。工艺流程上学习前苏联模式，即以平炉、模铸、初轧和小规模间断式轧机或部分速度较低的连轧机组成的流程。到 1978 年，钢产量由 1949 年的 15.8 万吨发展到 3178 万吨。第二阶段是改革开放后的市场经济时期（1978 年以后）。这一时期，不仅加快了钢铁产量发展速度，而且钢铁界越来越多的人认识到我国钢铁工业与先进产钢国家的差距，逐步实施了从吨位扩张到结构优化的转移，尽可能地采用合理的流程和先进的工艺技术与装备。特别是 20 世纪 90 年代以来，全行业重视了工艺流程的连续化、自动化和节能降耗，加强管理，大大缩小了与先进国家的差距，使产品质量、工艺装备、技术经济指标发生了飞跃，我国钢铁工业取得了令人瞩目的成就。

1.4.1　钢产量跃居世界第一

1949 年全国产钢 15.8 万吨，只相当于现在全国半天的产量。1978 年我国钢产量达到 3178 万吨。1989 年钢产量超过 6000 万吨，从 1996 年起连续 4 年超过 1 亿吨，成品钢材也于 1998 年突破 1 亿吨，钢产量和钢材产量都跃居世界第一。

图 1-6 为 1949~2013 年我国钢铁产量的增长情况。改革开放前，钢产量虽稳步上升，但上升的幅度较小；改革开放后，上升幅度较大。1949~1978 年，30 年间钢产量增加了 3162 万吨；从 1979~1989 年的 10 年间，钢产量增加了近 3000 万吨；1989~1999 年的 10

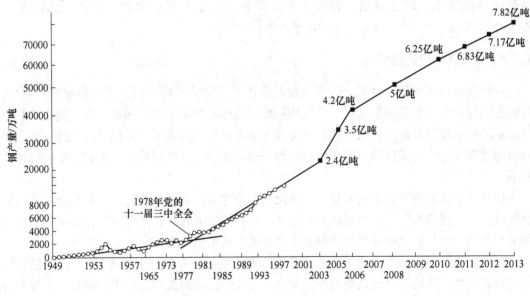

图 1-6　1949~2013 年我国的钢产量

年间，钢产量增加了 6000 余万吨。基本解决了长期以来钢铁产品供不应求的矛盾，这是一个伟大的成就（2005 年钢产量已经突破 3 亿吨）。从 6000 万吨增长到 1 亿吨钢，美国经过 13 年，日本经过 6 年，中国为 7 年，增长速度相当于日本。钢产量占世界产量的比重也从 1949 年的 0.1%上升到 1999 年的 15.8%，反映了我国综合国力的提升。

据报道，2013 年我国钢产量确定为 7.82 亿吨，2014 年为 8.1 亿吨。全世界各国钢产量总计 13 亿吨。其中日本 1.1 亿吨，美国 0.87 亿吨，俄罗斯 0.69 亿吨，德国 0.42 亿吨，印度 0.81 亿吨，韩国 0.66 亿吨，巴西 0.34 亿吨，乌克兰 0.32 亿吨。我国是遥遥领先，为第一产钢大国。

1.4.2　发展目标

根据我国确定的国民经济发展目标、发展速度以及考虑中国与世界先进产钢国家的差距，中国有可能在 21 世纪 20 年代发展成为世界钢铁强国。钢铁强国的主要标志是钢铁工业具有很强的市场竞争力。集中体现是：有一批工艺装备先进、低成本、高效率并能达到国际同类产品实物质量水平的现代化生产作业线；有一批高技术含量、高附加值的产品主要由国内生产并可以批量出口，具有国际竞争力；钢铁企业的劳动生产率有大幅度提高并接近国际水平；大部分钢铁企业将改造成为资源优化配置和有效利用，以及环境优美的清洁工厂。

在"科学技术是第一生产力"的作用日益增强的 21 世纪，我国钢铁工业要进一步转变增强方式，不应再在数量上求发展，而要重点抓品种质量、成本效益和环境保护，提高国际竞争力。控制钢产量，提高市场占有率。

改善产品结构，提高实物质量水平。加大钢铁材料新产品开发力度。开发高速铁路用钢轨、造船及海上钻井平台用高强度钢板、石油开采超深井用高强度级别及耐酸性介质腐蚀钢管等一批新产品。进一步调整工业装备结构，降低能耗，保护环境，提高劳动生产率。

提高产品性能，稳定质量。用钢部门反映最多的问题是钢材性能、质量不稳定。质量差是许多用户把钢材供应转向进口钢材的原因之一。钢材品种质量不适应相关行业产品升级换代的要求，如建筑钢、家用电器用钢、输油管线钢、H 型钢等产品的开发需要极大的努力。提高我国钢材的品种和质量是当务之急。

开发超级钢。在理论研究和试验的基础上开发出一批新一代超级钢。使三类用量最大的钢材，即碳素钢、低合金钢、合金结构钢的强度和寿命翻一番。技术途径是提高钢的纯净度，改善钢的均匀性、细化钢的晶粒度和改善组织结构。

1.5　材料的划分

采用定义和划分这两种逻辑方法，可以分别明确"材料"这个概念的内涵和外延。依据人们的意愿，可采用不同的判据，将材料划分为若干类，或叫做分类[3]。

1.5.1　依据材料的来源划分

依据材料的来源可将材料分为：（1）天然材料；（2）人造材料。

目前大量使用的天然材料只有石料、木材、橡胶等，并且用量也在减少，因为用于生产木材、橡胶、棉花等的土地，可用于生产更多的粮食。铁道上的枕木已逐渐被钢筋水泥的轨枕代替。人造橡胶在代替天然橡胶，化学纤维代替了部分棉纤维。在人类服装的生产中，人造化学纤维的比重越来越大。

1.5.2　依据生产及使用情况划分

依据生产及使用情况可将材料分为：（1）传统材料——多年来大量生产，并已积累了丰富的应用经验的材料；（2）先进材料——具有优异性能，正在开发及试生产的材料。

按照逻辑上的"有无"、"是非"将材料分为无机材料和有机材料、金属材料和非金属材料。

对于金属材料还可进一步划分为钢铁材料和非铁材料或者有色金属材料。

1.5.3　依据实用的重要性"破类"划分

依据实用的重要性可将材料划分为三类：（1）金属材料；（2）陶瓷材料；（3）高分子材料。

实质上，这种划分可以认为是按结合键标准划分的，因为这三种材料的主要结合键分别是金属键、离子键及共价键。这种具有实质性的划分，可以较好地从本质上理解这几类材料性能的差别。

金属材料，尤其是钢铁材料仍然是国民经济中应用最多的基础材料，我国已经成为世界第一产钢大国。

1.5.4　依据对材料的主要性能要求划分

确定材料定义的内涵中，具有久远意义的是性能。

习惯上，将材料划分为：（1）结构材料——力学性能为主要的性能；（2）功能材料——物理性能为主要的性能。

在这里，将力学性能与物理性能并列，已经是破类的划分，因为力学本应是物理的一部分，只是力学已经发展到可以独立时才与物理并列。而以力学性能为主要性能的结构材料，由于用量大、经济效益高，也发展到可与功能材料并列。

1.5.5　用途最广和用量最大的金属结构材料——钢

钢中碳含量对于钢的各项性能起了几乎是决定性的作用。

由于焊接、加工等原因，建筑钢的碳含量（质量分数）一般在0.2%以下；调质钢由于需要淬火—回火的调质热处理，因而最常用的碳含量（质量分数）约为0.2%~0.4%；弹簧钢在弹性范围内使用，可以使用高碳来提高强度，故一般的碳含量（质量分数）约为0.6%~0.7%。在不锈钢中，为了提高耐蚀性，一般使用低碳钢 $[w(C) \leqslant 0.20\%]$ 或超低碳钢 $[w(C) \leqslant 0.03\%]$；如需要用调质热处理来提高强度，则碳含量（质量分数）约在0.2%~0.4%范围内；要获得高硬度和耐磨性，则碳含量（质量分数）可以高达1.0%左右。工具钢与不锈钢恰好相反：一般使用高碳钢，碳含量（质量分数）在0.4%~1.0%范围内；热作工具钢由于在工作中反复加热和冷却，碳含量较低；而高耐磨性的工具钢碳含量（质量分数）可以高达约 2.5%。耐热钢却与不锈钢相似：一般使用 $w(C) \leqslant 0.2\%$ 的低碳钢；至于使用温度不高、或者使用时间不长、或者需要耐磨性，则使用含碳量（质量分数）在 $0.2\% \sim 0.4\%$ 范围内的中碳钢。为了提高淬透性、耐磨性、耐蚀性、耐热性等，则常常加入合金元素，冶炼成合金钢[4]。

1.5.6　非铁金属及其合金的选用

当钢不能满足性能的要求时，必然要选用非铁金属及其合金。在结构材料中，如密度及比强度是主要考虑的因素时，便需要使用轻金属及其合金，例如镁、铝、钛及其合金等；当化学稳定性或导电性是重要的性能要求时，就要选用铝或铜合金。在耐蚀材料中，如不锈钢不再能耐蚀时，便需要考虑应用镍基合金、铜基合金、钛基合金及铂族金属等。当耐热性要求更高而耐热钢不能满足要求时，便需要选用镍基、钴基合金或难熔金属铌、钽、钼、钨等。工具材料只有在比较特殊的情况下才会使用非铁合金，例如铍青铜可以用作不起火花的工具以及高导电性及无铁磁性的耐磨部件。

当金属材料不能满足性能要求时，还可以考虑使用非金属材料，非金属材料一般都较耐蚀合金稳定。非金属材料的导热性、导电性极低，而陶瓷型的非金属材料一般又很脆，在许多情况下是难以代替金属材料的。金属材料及非金属材料之间的金属化合物及金属陶瓷，切削工具用的硬质合金，加热用的热电元件 SiC、MoSi，便属于这一类材料。

对于金属材料的分类方法，贯彻了以大量使用的钢为中心的指导思想，突出了碳在钢中所起的作用，指出了每类材料的主要性能以及各类材料间的关系。正是由于这些特点，对于给定成分的金属材料便很难肯定是属于哪一类材料，它们常常可以属于两类或三类。例如：1Cr13 不锈钢既是耐蚀又是耐热合金；9Cr17 既是耐蚀又是耐磨材料；铝合金既是轻的结构材料又是耐蚀材料；钛合金是结构、耐蚀和耐热材料；铍青铜既是弹簧材料，又具备很好的耐蚀性，并且可以用为不起火花的工具材料；中碳的热作工具钢近年来已发展为超高强度结构钢，并且可以作为耐热钢，用于航空工业的蒙皮材料。这类实例是极其繁多的。正是由于这些重复性，才可以看出各类材料的联系，并且可以根据这种联系和具体要求来选择和发展金属材料和非金属材料。

复习思考题

1-1　什么是材料，材料在现代文明中的支柱作用体现在哪些方面？
1-2　了解金属、陶瓷、高分子三大工程材料的发展。
1-3　了解高技术新材料的研究简况。
1-4　了解材料的分类方法和材料的种类。

参 考 文 献

[1] 华觉明，等. 世界冶金发展史 [M]. 北京：科学技术文献出版社，1985.
[2] 宋健，惠永正. 现代科学技术基础知识 [M]. 北京：科学出版社，1994.
[3] 肖纪美. 材料的应用及发展 [M]. 北京：宇航出版社，1988.
[4] 崔崑. 钢的成分、组织与性能 [M]. 北京：科学出版社，2013.

2 金属材料导论

2.1 材料简史及金属科学

在所有应用材料中，凡由金属元素或以金属元素为主而形成的，并具有一般金属特性的材料统称为金属材料，它是材料的一大类，是人类社会发展的极为重要的物质基础之一。

金属科学是关于金属材料方面的一门学科，它与金属材料的创造、发明和发展是密切相关的，两者是相互促进相辅相成的，都是千百年来，广大劳动人民和科学工作者密切合作，经过生产实践和科学实验，反复总结提高而逐步发展和完善起来的，都是人类生产活动的产物，是劳动的结晶。

2.1.1 金属材料应用简史

人类和自然斗争的历史大致可分为两大时代：石器时代和金属时代，而金属时代又分为铜器时代和铁器时代。它标志着人类生产大发展的三个飞跃阶段，也是记载着人类文化进展的三个里程碑。人类由石器时代进入金属时代是以青铜的创造和应用作为重要标志的；由铜器时代进入铁器时代是以铸铁（或生铁）的熔炼和应用而开始的；而由铸铁到炼钢，则又是一个较大的飞跃。青铜曾对古代文明起过非常重要的作用，而钢铁又在近代文明中占据着特别重要的位置。历史事实表明，自从钢铁的冶炼和应用兴起以后，人类社会生产和科学技术的发展便日益紧密地和钢铁逐步联系在一起，并以前所未有的增长速度迅猛向前发展[1,2]。

进入 20 世纪以后，这种关系表现得更为突出。钢铁的发展促进了科学技术的发展，而科学技术的发展，反回来又促进了钢铁和其他有色金属材料的发展。20 世纪 50 年代以后，尽管有人认为已开始进入原子或电子时代，各种尖端技术相继涌现，各个生产领域不断革新，但是金属材料的发展不是慢了，而是更迅速地又进入了一个大发展的新阶段，各种新型金属材料也随之大量出现。到目前为止，全世界金属材料的总年产量（包括钢、铸铁和有色金属材料）已高达数十亿吨以上，质量和品种的发展也相当快。由此可见，一个国家或一个历史时期，金属材料产量的多少、发展速度的大小以及质量的高低已经成了衡量其生产水平和科学技术发达程度的重要标志之一[3]。

我国金属材料的发展，据考证早在商朝（公元前 1652~前 1066 年）初期即已出现高度的青铜文化，可见铜器时代至少应在夏朝就已开始了。图 2-1 是战国早期的编钟，1977年在湖北随县出土，由 65 件青铜编钟组成的庞大乐器，它高超的铸造技术和良好的音乐性能改写了世界音乐史，被中外专家称为"稀世珍宝"。

春秋（公元前 722~前 481 年）时已能熔炼铸铁，到战国（公元前 403~前 221 年）

时，铸铁的生产和应用已显著扩大，所谓白口铁、展性铸铁、麻口铁相继出现。图 2-2 所示为汉代的铁镢头，是一种农具，说明秦汉时期已经在农业生产中使用铁器。

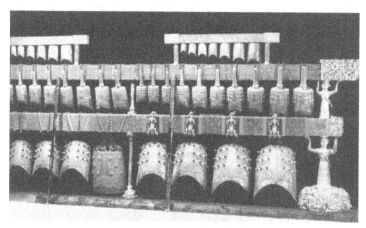

图 2-1　战国时代的铜钟（1977 年湖北出土）

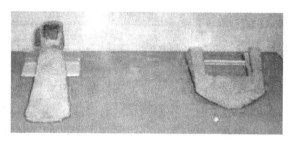

图 2-2　汉代的农具——铁镢头（公元前 202 年）

随后发展到由铸铁而炼钢，并相继开始采用各种热处理方法：退火、淬火、正火和渗碳等来改善钢和铸铁的性能。图 2-3 是苏州博物馆馆藏的吴王夫差剑，全长 58.3cm，身宽 5cm，格宽 5.5cm，茎长 9.4cm。时隔 2500 年，它依然寒光逼人。上面有一层蓝色薄锈，刃锋极其锋利。藏家曾经做过实验，他们把一张 A4 纸放在桌上，没有任何人去按住白纸的情况下，剑刃只在纸上轻轻划过，纸便立刻被割成了两半。

图 2-3　吴王夫差剑

进入铁器时代以后，由于大多数钢的铸造组织脆性都很大，不适合承受冲击力，必须经过锻造及热处理来改善其组织性能，锻造不但可以使组织细致化，还可除去组织中的杂质，所以开始出现锻冶钢铁兵器。图2-4为古代造剑作坊图。《百越先贤志》载：春秋时期，欧冶子于龙泉秦溪山麓冶剑，"凿茨山，泄其溪，取山中铁英，作剑三枚：曰'龙渊'、'泰阿'、'工布'"，开创了我国用铁制造刀剑兵器的先河。

图2-4　古代造剑作坊

西汉时，钢和铸铁的冶炼技术已大大提高，产量、质量和应用得到空前的发展。后经近一千五六百年，直到明朝（1368~1661年），特别是中间又经过所谓盛唐时代的大发展后，钢铁生产一直在世界遥遥领先。与此同时，铜合金也由青铜而发展到黄铜和白铜，并以此而闻名于世，其他金属材料也有了相应的发展。由此可见，我国古代劳动人民，无论在早期金属材料的启蒙时代，或在钢铁发展的初期和中期，都曾有过辉煌的成就，对人类做出了巨大的贡献。只是到了18世纪，特别是19世纪以后，由于腐朽的封建统治，加之帝国主义的侵略和剥削掠夺，才使我国在金属材料方面逐步落在他国之后，当时我国钢铁的年产量，即使按历史最高水平计也仅几十万吨。

新中国成立后，生产大发展，钢和其他金属材料也随之而发展起来。到21世纪初，我国已经一跃而成为世界第一产钢大国。

2.1.2　金属科学的产生和发展

金属学是关于金属材料——金属和合金的科学，它的中心内容是研究金属和合金的成分、结构、组织和性能以及它们之间的相互关系和变化规律。目的在于利用这些关系和规律来指导科学研究和生产实践，以便更充分有效地发挥现有金属材料的潜力，并进而创制新的金属材料。金属学基本上是一门应用科学，也是一门偏重于实验的科学。

我国古代劳动人民和科学工作者在有关金属学早期知识的积累方面有很大的贡献，这从目前已发现的大量古代金属遗物中即可以看到。例如，精致的冶炼、铸造、锻造和焊接技术，以及惊人的热处理和化学热处理——渗碳工艺等，它表明当时已相当准确地掌握了金属材料的许多工艺性能和使用性能，并应用于生产实践中。另一方面从现存的许多古籍中还可以找到有力的文字证据，除了零星记载外，还有不少系统的文献，其中最著名的有先秦时代的《考工记》、宋代沈括的《梦溪笔谈》以及明代宋应星的《天工开物》等。它们都属于举世公认的、世界上最早或较早的有系统的技术著作。其中也记载着关于金属材料的冶炼、铸造、焊接、热处理等工艺方面，以及成分、性能和用途方面的珍贵资料，即使今天读起来，也令中外人士惊叹不已。例如，2000 多年前的《考工记》中关于六种铜合金——青铜的成分配比、性能和用途方面的论述，与现代青铜几近完全一致；500 多年前的《天工开物》中关于锉刀的制造、翻修和热处理工艺方面的论述也和今日相差无几。

据《中国冶金简史》考证，早在商朝即开始采用退火方法来处理金箔，到战国时，已多方面应用各种热处理方法于钢铁了。铸铁的柔化热处理技术比之西方要早约 2300 年。所有这些，生动地说明了我国古代劳动人民和科学工作者的巨大成就和智慧[4]。但是不幸，由于前面所讲到的同样理由，我国在现代金属科学和技术方面的发展上落后了。新中国成立后，随着金属材料和其他科学技术的发展，金属科学也得到了发展。

金属学在欧美大多称为物理冶金，是由早期的金相学与物理化学以及材料力学等科学相结合而发展起来的一门独立科学，它是 20 世纪的科学产物。事实上，早在人类创制和应用金属材料的初期，就已开始积累有关金属材料的性能、成分、加工处理和质量检验等方面的知识，并逐步探索其相互间的联系和规律。例如，关于质量检验方面，最早人们是通过辨别声响、观察擦划条痕、表面色泽和断口状况等简单方法来判别金属材料的性能和质量的，以后进而采用腐蚀的方法以观察表面或断面所出现的纹理，并逐渐将它和金属材料的制造、加工及热处理等方法联系起来，探索其中规律，用以改进生产工艺。这些实验和鉴别金属材料的方法虽较原始，但对金属材料的发展曾起过重要的作用，而且其中有的至今仍不失为金属学的基本内容之一。但是，古代的金属材料知识仅仅存在于经验这一层面上，并没有上升为科学，它还不能说明金属的内在本质及其变化规律。

19 世纪以后，进而将显微镜应用到金属材料的检验和研究上，观察金属内部的组织状态，并结合物理化学分析法逐步揭开了金属材料内部的一些秘密，开始迈向了现代金属科学的新领域，形成了金相学[5]。

进入 20 世纪，特别是 20 年代发明了 X 射线衍射技术，应用于金属材料结构的研究；50 年代后电子显微镜在材料研究中获得应用；20 世纪后半叶发展和应用了场离子显微镜，以及电子探针、扫描电子显微镜、扫描隧道显微镜等新设备和技术，空前扩大了有关金属材料方面的研究领域，使金属材料由宏观到微观直至原子组态方面，甚至电子结构方面的秘密及其和性能方面的关系和变化规律几乎都初步直接揭示出来，其中不少已达到定量的程度，金属学理论更趋于完善，成为真正意义上的材料科学。

改革开放以来，无论是在教育或科学研究方面，也无论是在理论或实际应用方面，金属科学都已取得了巨大的成绩，创新了许多新理论、新工艺。我国的金属材料的生产、应用和材料科学理论等各方面的研究均取得辉煌的成就，已经赶上或超过世界先进水平。

2.2 金属材料的一般特性

金属材料，尤其是钢铁材料，之所以能够对人类文明发挥重要的作用，一方面是由于它本身具有比其他材料远为优越的综合性能，诸如物理性能、化学性能、力学性能、工艺性能，因而能够适应生产、国防、科学技术和人民生活各方面所提出的不同的要求；另一方面，是由于它那始终蕴藏着的在性能方面以及数量和质量方面的巨大潜在能力，可供随时挖掘，因而能够随着日益增长着的名目繁多的要求，而不断地更新和发展。

　　现代科学技术和工农业生产以及人民日常生活对金属材料性能方面所提出的要求，尽管名目繁多，但是归纳起来大致可分为两大类[6]：一类是工艺性能，另一类是使用性能。使用性能在于保证能不能应用的问题，而工艺性能则在于能不能保证生产和制作的问题。

2.2.1　工艺性能

　　金属材料从冶炼到制造器件使用以前，需要经过铸造、压力加工、机械加工、热处理以及铆焊等一系列的工艺过程，它能否适应这些工艺过程中的要求，以及适应的程度如何，是决定它能否进行生产或如何进行生产的重要因素。金属材料所具有的那种能够适应实际生产工艺要求的能力统称工艺性能，例如铸造性、锻造性、深冲性、弯曲性、切削性、焊接性、淬透性等。这类性能虽然是金属材料本身所固有的，但是如何测试和表达它呢，它的物理实质又是什么呢？这是个相当复杂的问题，因为这类性能往往是由几种参量（包括物理的、化学的、力学的）综合作用所决定的。例如，所谓铸造性能既与金属的熔点、黏度以及液态和固态的膨胀系数有关，又和液态与其周围介质的化学作用以及由此而产生的化合产物的物理性质相联系，企求用单一的物理参量来表示是相当困难的，也是十分繁杂的。于是，工程上用特定的所谓流动性、填充性、凝固收缩性、热裂性等综合起来表示铸造性能。其他工艺性能，也作类似的处理。

　　为了进行预测或比较，并为了方便起见，工程上多采用模拟实验的方法，即模拟实际生产条件而设计出一套实验装置，测出所规定的一套数值指标，用来作为判别工艺性能的规定标准。通常所说的工艺性能，即指这些数值指标。严格说，它只能在一定程度上或近似地反映材料本身在具体生产流程中所表现的实际工艺性能，但由于具有实用价值，而且测试比较方便，所以被广泛采用。

2.2.2　使用性能

　　金属材料制作成工件后，在使用过程中，则要求它能适应或抵抗作用到它上面的各种外界作用。随构件和使用条件的不同，这些外界作用是相当复杂的，既有质的区别，又有量的不同。它包括诸如各种力学、化学、辐射、电磁场以及冷热——温度的作用等。这些作用有强有弱，有大有小，有单一的，也有复合的。例如，作为结构材料，当然一般都首先要求能够分别或同时承受各种动力学或静力学的作用，但随使用条件不同，又会附加抵抗其他作用的要求，例如：大气下要求抗大气腐蚀；航海中要求抗海水腐蚀；化工上要求抗各种化学介质的腐蚀；电机上要求抵抗或顺应电磁场的作用；原子能工业则要求抗辐射作用；空间技术则要求耐高温或耐低温的性能等。金属材料满足这些要求的能力，合起来统称使用性能，分别称力学性能、抗腐蚀性能（或化学性能）、电磁性能、耐热性能等。

　　这些性能大部分可以和材料的一些基本物理量直接地联系起来，但工业上为了使用的方便，也大多是采用模拟实验指标来表示。例如由拉伸试验测出的所谓屈服强度、抗拉强度、延伸率、面缩率，由冲击试验测得的所谓韧性值，由裂口试样测得的所谓断裂韧性等即属于此，这意味着这些指标和实际有一定距离。因此，改进现有的测试技术和创造新的测试技术，以更方便更准确地由实验室的小试样反映金属材料的各种构件在使用过程中的实际性能，也是发挥材料潜力的另一个重要领域。

2.2.3 工艺性能和使用性能的联系

工艺性能和使用性能是既有联系又不相同的两类性能，尽管它们都是金属材料本身蕴藏着的，但由于目的不同，这两类性能上的好与坏或高与低，有时是一致的，有时却是互相矛盾的。例如，一些要求高强度或高硬度的材料常常会给压力加工、机械加工等工艺带来不少困难，如高硬度的材料难以切削加工。因此，一方面需要改进加工工具和加工制作方法，同时提高材料的工艺性能；另一方面使材料性能方面能具有多变性或多重性以提高其使用性能。大部分钢铁材料和一部分有色金属材料已在一定程度上具有这方面的许多特点，这也是金属材料的可贵之处。由此可见，工艺性能和使用性能之间的这对矛盾的解决过程，也是一个促进金属材料发展的过程。

工艺性能和使用性能的不断改善和创新，是金属材料发展进程中的显著特征，也是将来发展的重要内容。它的潜在能力仍然是很大的，有待于我们进一步去挖掘和发挥。例如，利用完整的金属晶体（金属胡须）或金属玻璃（非晶态金属）有可能使金属材料的强度提高几倍，甚至几十、几百或几千倍以上。新材料不断涌现，如纳米材料、功能材料、梯度材料、环境材料、复合材料等。

2.3 决定金属材料性能的基本因素

金属材料在性能方面所表现出的多样性、多变性和特殊性，使它具有远比其他材料较为优越的性能，这种优越性是其固有的内在因素在一定外在条件下的综合反映。内在因素首先应从原子结构的特点以及原子间的相互作用说起；其次要探讨金属材料内部原子总体的组合状态。因此，决定金属材料性能的基本因素是化学成分和组织结构。金属科学是研究其化学成分、组织结构和性能之间的关系以及变化规律的科学[7]。

2.3.1 化学成分

金属是一种具有光泽（即对可见光强烈反射）、富有延展性、容易导电、导热等性质的物质。金属的上述特质都跟金属晶体内含有自由电子有关。

组成金属材料的主要元素是金属元素，正如化学上所讲过的，金属作为元素的一大类来说，它的原子结构具有区别于其他元素的一些共性（外层电子较少），这个共性决定了金属原子间结合键的特点，而结合键的特点，又在一定程度上决定了内部原子集合体的结构特征。金属材料内部原子间的结合主要依靠金属键，它几乎贯穿在所有金属材料之中，这就是金属材料有别于其他材料的根本原因。

不同金属材料之间的差别只是量上的不同，而不是质上的差别（当然不同金属元素之间也有性质上的差别），否则它就不属于金属材料了。所以金属材料之间性能上的相对差别，归根到底是量上的差异所引起的。而这个量上的差异，若在给定外界条件下，主要是受材料的化学成分制约的，例如，铝、铜、铁之间性质迥然不同，钢和铸铁之间性能差别也很大。

2.3.2 组织结构

同一化学成分，甚至同一结构的材料，组织状态不同时，其某些性能仍然可以在一个相当大的范围内发生显著变化。例如，共析碳素钢同样获得珠光体组织，但是珠光体的片间距不同，有粗片状珠光体、细珠光体、极细珠光体，三者强度相差很大。又如，同一化学成分的某种钢的不同制件，其硬度之差可以达到这样的程度，以致可以用一个切削另一个，这就是受"组织"和"结构"的因素所控制的。它实质上也是原子集合体内部存在状态不同的一种表现。由此可见，化学成分、原子集合体的结构以及内部组织状态是决定金属材料性能的内在基本因素，金属材料性能方面的多变性，也正是通过这三个内在因素的多变性而表现出来的。

在金属学中，组织这个概念是指用肉眼或借助于各种不同放大倍数的显微镜所观察到的金属材料内部的情景[8]。习惯上用放大几十倍的放大镜或用肉眼所观察到的组织，称为低倍组织或宏观组织；用放大100~2000倍的显微镜所观察到的组织，称为高倍组织或金相显微组织；用放大几千倍到几十万倍电子显微镜（以下简称电镜）所观察到的组织，称为电镜显微组织或精细组织结构。

为了初步建立组织的概念，先观察几张金相组织照片[9]。图2-5是纯铁退火状态的组织照片。灰白色区域为铁素体晶粒，黑色曲折的线条为铁素体晶粒边界，称其为晶界。每个晶粒的相邻的晶粒边界数目不等，最少的为3个，个别大晶粒相邻的晶粒数可以多达10个以上。每3条晶界相交于一点。可见，纯铁是单一的铁素体组织，由许多等轴状的铁素体晶粒组成。

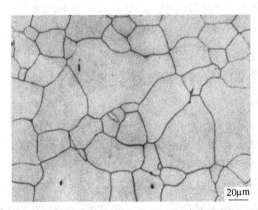

图2-5　纯钢的铁素体组织（苦味酸酒精溶液侵蚀），OM

图2-6为1Cr18Ni9Ti钢室温的奥氏体组织，是由单一的晶粒组成的，具有面心立方结构。

很久以来，组织就是金相学的主要研究对象。金相学发展为金属学后，组织仍然是金属学的重要组成部分。金属组织形态是多种多样、非常复杂的，上面的两幅照片仅仅是单相组织，比较简单一些，有的组织形貌较为复杂，或极为复杂。图2-7是共析钢的珠光体组织照片，具有片层状形貌。它由铁素体片和渗碳体片相间组成。

仔细观察分析发现，组织具有一个共同的较普遍的特征，即它是由许多好像生物学上的细胞似的小单元所组成的。组织形态的复杂性是由于这些小单元的形状、大小、相对数

图 2-6 钢中的奥氏体组织，OM

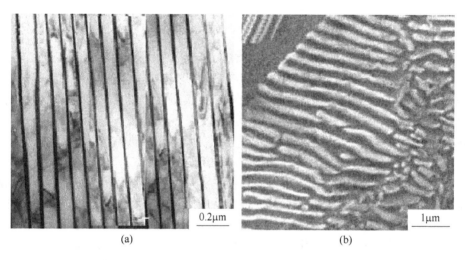

(a)   (b)

图 2-7 共析钢珠光体组织
（a）TEM；（b）SEM

量和相对分布不同而产生的。这些小单元的成分和结构也可以不相同。金属学中称这些小单元为晶粒，它是组织的基本组成单位，各晶粒之间通过其界面相互紧密结合在一起，这些界面称为晶界（其中有的称为相界）。简单的组织是由单一的、形状较规则的晶粒所组成的，如图 2-5、图 2-6 是这种组织的典型照片。而图 2-7 则复杂一点，它是两相呈片状的晶体结合在一起的。

总之，组织一词的含义包括晶粒的大小、形状、种类以及各种晶粒之间的相对数量和相对分布。进一步分析表明，每个晶粒内部，事实上也不是单一的，即使最简单的组织也往往如此，它是由更细小的单元所组成的。人们称这些更细小的单元为"亚晶粒"或"亚晶"，其含意是晶粒中的晶粒。亚晶之间有亚晶界；亚晶的形状、大小和相对分布也随条件的不同而变化，人们将这些内容归于"亚组织"一词中，意即组织中的组织。

X 射线分析表明，一个完整的晶粒或亚晶内部（事实上，它们大多含有各种缺陷）是由同类的原子，或不同比例的异类原子，按一定规律结合在一起的，并可用严格的几何图案来表达出来。随成分或其他条件的不同，代表原子组成规律的这种几何图案可以是多种多样的，关于它的形式、分类和组成等问题是晶体学所研究的主要内容，所以金属学中用"晶体结构"这个词来概括它，简称"结构"[10]。严格说，"结构"是指原子集合体中各原子的具体组合状态。如上边提到的铁素体具有体心立方晶格，如图 2-8 所示，黑点表示金属原子。

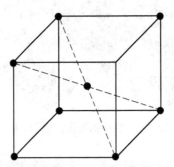

图 2-8　体心立方晶格示意图

成分、结构和组织三者既相互区别，又相互渗透，并分别在不同程度上相互制约着，它们的综合作用决定了金属材料的性能。当各种外界条件（如温度、压力和其他物理化学作用等）影响到内在因素时，才会对金属材料产生实质性的效应，也即是才会影响或改变金属材料的性能。

各种性能受内在三因素的控制作用，其程度或大小是不同的。不言而喻，化学成分应当是基础，只有在这个基础上，才能谈到结构和组织的作用。

当化学成分一定时，金属材料的某些性能主要是由结构类型所控制的。有些性能对结构的变化，特别是组织的变化很不敏感，以致从应用角度来看，几乎可以忽略不计。将这类性能列为对结构组织不敏感（或弱敏感）的性能。金属材料的密度、弹性模量、热膨胀、热传导、电阻（金属）、电化学位、热电性、磁性、光反射等即属于这类。其中有的对成分的变化也不大敏感，例如，一般工业用钢，无论碳钢或低合金钢，其弹性模量大致稳定在 215745MN/m^2（22000kg/mm^2）左右；普通黄铜，即使合金元素锌由 0 增至 40%，它的弹性模量的变化也仅 5%~6%而已。

金属材料的另一类性能，对组织结构的变化反映很敏感，称它为对组织结构敏感的性能，属于这一类性能的有屈服强度、抗拉强度、断裂强度、硬度、韧性、延伸率、面缩率、滞弹性、蠕变等。正是在这些性能上，组织和结构才能显示出作用来。正因为如此，组织结构才受到高度重视，而成为金属材料学的重要内容。

2.4　常用力学性能指标

机械零件和工程构件在使用过程中，要承受各种载荷以及温度和化学介质的作用。因此，作为工程材料应具备良好的物理、化学、力学性能和良好的加工工艺性能。

在工程材料的各种性能中，强度、塑性、韧性、硬度等力学性能最为重要。材料在外力作用下所反映出来的性能称为力学性能，也称为机械性能。合理的力学性能指标，为零件的正确设计、合理选材、工艺路线制定提供了主要依据。

2.4.1 强度与塑性

2.4.1.1 强度

材料在外力作用下抵抗变形和断裂的能力称为强度。根据外力的作用方式，有多种强度指标，如抗拉强度、抗压强度、抗弯强度、抗剪强度等[11]。

测定金属材料强度最基本的方法是拉伸试验。试样通常为光滑圆柱状，其两端放在拉伸试验机的夹头内夹紧，然后缓慢而均匀地施加轴向拉力，如图 2-9 所示。随拉力的增大，试样开始被拉长，直至断裂为止。自动记录装置将负荷-伸长过程绘出拉伸曲线图。

在应力-应变曲线上，OA 段为弹性阶段，其变形称为弹性变形。当应力超过 A 点时，试样除了弹性变形外，还产生塑性变形。在 BC 段，应力几乎不增加，但应变继续增加，称为屈服阶段。CD 段称为大量塑性变形阶段。在此阶段，因产生加工硬化，欲使试样继续变形必须加大载荷。DE 段称为局部变形阶段。D 点以后，试样产生"颈缩"，应力明显下降，试样迅速伸长，直至正点断裂。

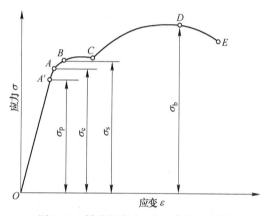

图 2-9　低碳钢应力-应变曲线示意图

A　屈服强度（屈服极限）

在应力-应变曲线上，B 点应力 σ_s 称为屈服强度或屈服极限，现用 R_e（单位 MPa）表示。有些塑性材料没有明显屈服现象发生，这时应用试样标距长度产生 0.2% 塑性变形对应的应力值作为屈服强度，以 $\sigma_{0.2}$ 表示，称为名义（或条件）屈服强度。

屈服强度表明材料抵抗微量塑性变形的能力，其值越高，抵抗塑性变形的能力就越强。在一般情况下，材料不允许产生塑性变形，故屈服强度是零部件设计的主要依据。

B　抗拉强度（强度极限）

D 点应力 σ_b 称为抗拉强度，现在用 R_m（单位 MPa）表示。抗拉强度表明了材料抵抗断裂的能力，也是零部件设计和评定材料时的重要强度指标。例如，对于脆性材料，由于拉伸时没有屈服现象，则用抗拉强度指标作为设计依据。

2.4.1.2 塑性

材料断裂前产生塑性变形的能力称为塑性。

材料常用塑性指标有两个：一是伸长率 δ，现在用 A 表示（单位%）；另一个是断面收缩率 ψ，现在用 Z 表示（单位%）。

伸长率的数值和试样标距长度有关，标准圆形试样有长试样（$l_0 = 10d_0$，d_0 为试样直径）和短试样（$l_0 = 5d_0$）两种，测出的伸长率分别用方 δ_{10}（或 δ）和 δ_5 表示。

断面收缩率的数值不受试样尺寸影响，所以用 ψ 表示塑性更接近材料的真实应变。ψ 或 δ 越大，表示材料的塑性越好。良好的塑性是材料进行压力加工的必要条件。

2.4.2　弹性与刚度

在图 2-9 曲线上，A 点的应力 σ_e 称为弹性极限；A' 点的应力 σ_p 称为比例极限。由于 A 点与 A' 点很接近，一般不作区分。材料在弹性范围内，应力与应变的比值 σ/ε 在曲线上表现为 OA 的斜率，称为弹性模量 E，单位为 MPa（MN/m^2）。弹性模量用来表示材料的刚度，主要取决于材料的本性，与合金化、热处理、冷变形强化关系不大。金属材料的 E 值随温度的升高而逐渐降低。

机械零件一般都要求有较好的刚度，在工作中不允许产生过量的弹性变形，否则将不能保证精度要求，提高零件刚度的方法是增加横截面积或改变截面形状。

同金属材料相比，工程塑料的弹性模量是比较低的，一般只有金属的 1/10。

2.4.3　冲击韧性

韧性是在冲击负荷作用下，材料抵抗变形和断裂的能力。通常用冲击韧性 a_k 来度量。a_k 是冲击试样在摆锤冲击试验机上一次冲击试验时，单位横截面上所消耗的冲击功，其单位为 J/cm^2 或 kJ/m^2。

a_k 值越大，表示材料的韧性越好。a_k 值对材料的缺陷（如晶粒大小、夹杂物等）十分敏感，其大小不仅取决于材料本身，而且还随试样尺寸、形状及试验温度的不同而变化。

在设计零件时，不能片面追求高的 a_k 值，a_k 值过高，必然要降低强度，从而导致零件在使用过程中因强度不足而早期失效。

2.4.4　硬度

材料表面局部区域抵抗更硬物体压入的能力称为硬度。硬度是衡量材料软硬程度的力学性能指标。硬度越高，表示材料抵抗局部塑性变形的能力越大。在一般情况下，硬度越高耐磨性就越好。

硬度试验方法比较简单，又无损于零件，而且，塑性材料的硬度与强度之间存在着一定的对应关系，例如，低碳钢：$\sigma_b = 3.6HB$；高碳钢：$\sigma_b = 3.4HB$。

硬度试验在生产中广为应用，特别是在零件图纸上，已成为一项重要技术指标。

硬度测定方法有压入法和刻划法两种。静载荷压入法可测定布氏硬度（HB）、洛氏硬度（HR）、维氏硬度（HV）、显微硬度（HM）等；动载压入法可测定肖氏硬度（HS）；陶瓷材料常用克氏（Knoop）显微硬度（HK）和莫氏硬度（刻划法）。

2.4.5　疲劳极限

材料在交变应力作用下发生断裂的现象称为疲劳。在规定次数（钢铁材料为 10^7 次；

有色金属材料为 10^8 次）交变载荷作用下，材料不致引起断裂的最大应力，称为疲劳极限。光滑试样弯曲疲劳极限用 σ_{-1} 表示。

一般钢铁材料的 σ_{-1} 值约为其 σ_b 的一半。而非金属材料的疲劳极限一般远远低于金属材料。

影响疲劳极限的因素很多，内部因素有材料强度、塑性、组织结构、表面残余应力状态等；表层残余压应力可对拉应力起消减作用而提高疲劳极限，因此生产中常采用表面强化工艺（如表面淬火、喷丸处理等）提高材料的疲劳极限；此外，提高零件的表面光洁程度也起着显著的作用。

复习思考题

2-1 金属学研究的中心内容是什么？

2-2 了解金属材料的一般特性。

2-3 决定金属材料性能的基本因素是什么？

2-4 熟悉塑性、冲击韧性、硬度、疲劳极限、断裂韧性等概念。

2-5 了解金属材料应用、发展简史。

2-6 了解以下概念：金属学，金属组织，铁素体、奥氏体、珠光体，相图，动力学图，钢，铸铁，硬度，强度，韧性，塑性。

参 考 文 献

[1] 肖纪美. 金属材料学的原理和应用 [M]. 包头：包钢科技编辑部发行，1996.

[2] 华觉明，等. 世界冶金发展史 [M]. 北京：科学技术文献出版社，1985.

[3] 宋健，惠永正. 现代科学技术基础知识 [M]. 北京：科学出版社，1994.

[4] 北京钢铁学院《中国冶金简史》编写组. 中国冶金简史 [M]. 北京：科学出版社，1978.

[5] 樊东黎，潘建生，徐跃明，等. 中国材料工程大典第 15 卷材料热处理工程 [M]. 北京：化学工业出版社，2005.

[6] 崔崑. 钢的成分、组织与性能（上册）[M]. 北京：科学出版社，2013.

[7] 胡赓祥，蔡珣. 材料科学基础 [M]. 上海：上海交通大学出版社，2004.

[8] 肖纪美. 材料的应用及发展 [M]. 北京：宇航出版社，1988.

[9] 刘宗昌，等. 合金钢显微组织辨识 [M]. 北京：高等教育出版社，2017.

[10] 刘宗昌，等. 金属学与热处理 [M]. 北京：化学工业出版社，2008.

[11]《金属机械性能》编写组. 金属机械性能 [M]. 北京：机械工业出版社，1982.

金属材料生产及加工

(本章课件及扩展阅读)

金属材料的生产和加工工艺是极其繁多的，本章仅就几个重要的过程——冶炼、铸造、压力加工、切削加工、焊接、热处理、粉末冶金、表面工程等进行简单的讨论和介绍。在讨论这些工程时，仍以钢铁为中心，用钢铁材料的性能—结构—工艺的思路来阐明概况；在个别的地方，引用非铁合金的资料来说明问题。

3.1 金属冶炼与质量控制

现代科学技术的发展，已为金属材料的生产、制造和应用展现出一个更广阔的新天地，它除了使产量迅猛发展外，也使质量提高到前所未有的高水平。数量与质量应是辩证的统一体，没有数量当然谈不到质量，但没有质量的数量却往往是空的。因此，在产量大发展的时代，质量问题必须放在突出地位。1t 高质量的钢制品有可能抵 2t 或更多些的普通钢制品使用；反之，低质量的 1t 钢，也许还抵不上 0.5t 用。问题就是这样尖锐地明摆着，对质量必须给予足够的重视。

质量问题包括的项目是多方面的，但概括起来一句话，是如何发挥现有金属材料潜力的问题。这里不谈尺寸规格等，单从金属学的角度来看，是如何根据要求充分保证成分、结构和组织，从而保证和提高性能的问题，最终归结到材料制品的使用寿命问题。在金属材料由冶炼、铸造、加工、热处理到制作成工件，并使用乃至报废的整个历程中，每个环节的各种外界条件，大多都在或大或小、或多或少地影响着那些决定其性能的内在基本因素。

本节着重讨论与金属材料内部质量密切相关的冶金问题：

(1) 成分的控制。

(2) 气体与夹杂。

(3) 组织结构控制。

3.1.1 金属冶炼方法

化学成分（包括所谓杂质和夹杂物等）主要是由冶炼和铸造，特别是由冶炼来保证的，冶炼和铸造条件的任何变化都会影响到成分的改变。现代一些新的冶炼和浇注技术，如真空熔炼、真空浇注、氩气保护、电渣重熔以及各种自动化装置和设备的应用[1]，其目的都在于（或主要在于）首先保证材料的规定成分和纯洁度，而后再在这个前提下提高产量和生产率。成分的保证还不只限于此，除冶炼和浇注外，在某些情况下，后步工序如各种加工和处理条件，有时也会或多或少地改变表层成分。如前所述，成分是基本因素，对某一具体应用材料来说，成分保证时，它的一些对结构组织不敏感的性能也就保证了。但是，成分给定时，组织结构仍然可以随条件而变化，所以成分并不能确保材料的实际结构和实际组织，因而也就不能确定它的那些对结构组织敏感的性能。

冶炼的目的在于获得合格的成分及气体、夹杂物尽量少的液态金属或合金。冶炼过程是极为复杂的物理化学变化，冶炼系统是炉气、炉渣、炉壁、液态合金等组合的多相系统。冶金学处理了这种多相系统的物理化学问题，总结了冶炼过程的规律，因而冶金工作者可以根据金属材料的成分（包括杂质）及几何（包括锭及铸件的尺寸和形状）上的要求，制定操作规程，完成冶炼任务[2]。

金属冶炼方法及其设备相当复杂，分为火法冶金和湿法冶金。炼钢技术有转炉炼钢、电炉炼钢、电渣重熔、真空技术及氩氧脱碳法（AOD）。此外，有色金属冶炼中有电解法，以及粉末冶金技术等。

钢的生产过程大致为：采矿→选矿→炼铁→炼钢→铸锭→锻造或轧钢→钢材[3]。

钢主要是用氧气碱性转炉法和电弧炉法生产的。

氧气转炉炼钢法是在转炉内向铁水中吹入氧气，氧化其中的碳、硅、锰、磷等元素，生成化学热，炼制钢水，不用外加热源。图3-1为转炉炼钢法示意图。

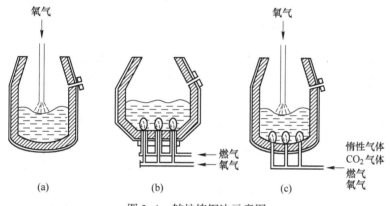

图3-1 转炉炼钢法示意图
（a）顶吹法；（b）底吹法；（c）顶底复吹法

电弧炉炼钢趋于超高功率和大型化。电弧炉结构如图3-2所示。电炉的原料主要是废钢。现代炼钢工艺的特点是将电炉与炉外精炼相结合生产钢液。电弧炉承担熔化和氧化精炼，还原期在炉外精炼过程中完成。

现代炼钢技术把传统的炼钢过程分为初炼和精炼两步进行。初炼时，炉料被熔化、脱磷、脱碳、去夹杂、主合金化，获得初炼钢液。精炼则是该钢液在真空、惰性气体容器中进行脱气、脱氧、脱硫、去除夹杂物，并且进行成分微调。20世纪80年代以来，炉外精炼已经成为现代钢铁生产流程水平和产品高质量的标志。

此外炼钢法还有真空感应熔炼、真空电弧重熔、电渣重熔、等离子熔炼、电子束熔炼等，用于进一步提高钢的质量或制备普通炼钢法难以熔炼的特殊金属材料。

3.1.2 成分的控制

发展金属材料时，首先在实验室易于控制的条件下冶炼实验合金，分析其成分，测定其组织性能，从而获得合金成分、组织结构与性能的对应关系。

生产金属材料时，由于难以精确控制多相反应的物理化学过程，势必要求合金中需要

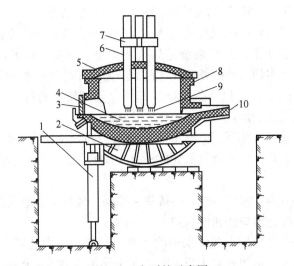

图 3-2　电弧炉示意图

1—倾炉液压缸；2—倾炉摇架；3—炉门；4—熔池；5—炉盖；6—电极；
7—电极夹持器；8—炉体；9—电弧；10—出钢槽

控制的合金元素及杂质含量具有尽量宽的规格，否则成分脱格的几率便会增加，有时还会使这种几率接近于 1，这样金属材料的生产便会受到限制，甚至成为不可能。

从原则上来看，要解决上述的矛盾有两条途径可以遵循：

（1）从金属材料学角度考虑，应该尽可能使所发展的金属材料的成分简单，且性能随成分的变化也不大。这样便可提出成分简单而规格较宽的金属材料。

（2）从冶金学角度考虑，应该尽可能改善设备及原材料状态，并提高技术水平。这样便可生产成分较为复杂而规格较狭的金属材料。

实际上，这两方面的工作者应该密切协作，相互了解情况，这样便可减轻相互的要求。例如，成分过于简单，材料的性能可能受到限制；要是了解冶金界的水平，对于成分已经容易控制的元素，便没有必要去简化这些成分。又如，当有害杂质的上限已确定，而有益的合金元素必须加入，即使是这些成分难以控制，冶金工作者也需要改进工艺去满足这些要求，镍基耐热合金中硫、砷、铝、钛等的控制便是一个实例。

冶金工作者熟悉金属材料中各个元素的作用后，对于适应冶金炉情况灵活地执行操作规程也是有帮助的。例如，硅是促进铁素体形成的元素，有些奥氏体不锈钢产品（如无缝钢管）是不容许有铁素体存在的，因而在冶炼时应尽可能降低硅量。但是在冶炼过程中，有许多化学反应都牵涉到硅的迁移和平衡，由于硅砖（炉顶用）的质量不佳，在冶金炉寿命的后期，常有在钢水中增硅的可能。因此，配料时，可以采用成分规格中镍的上限，以抵消硅的效应。由于同样的理由，在冶炼奥氏体不锈钢时，铬常常控制在下限，而镍则控制在上限；此外，有些操作规程中，还规定了铝不能用作脱氧剂。奥氏体不锈钢中 $w(\mathrm{Mn})$ ≤2.0%，各厂依据实际情况，内部确定成分的上下限，将会产生巨大的经济效益，节约大量的锰。

冶炼高合金钢时，需要使用较大量的铁合金，因而铁合金中杂质的含量对于成分控制的影响是需要计算的，否则成分易于脱格而报废。由于同样的原因，发展合金钢时，也应该考虑铁合金的品种及其成本。

冶炼合金钢时，一般使用大量的废钢，因而废钢中残存元素的含量对于成分的控制会有影响。虽然这些少量元素的含量在钢的成分规格中没有规定，但对钢的性能却有着重要的影响。例如，在废钢缺少时，所使用的废钢质量较差，混有锡、铅等元素（来自锡焊、罐头等），这些元素在冶炼时较难氧化，因而残存在合金钢的成品中。研究结果指出，奥氏体不锈钢中铅含量（质量分数）超过 0.005%，便会严重影响热加工性能。又例如，淬透性是合金调质钢的一个重要性能，而各国废钢中残存的合金元素量不同，因此外观成分相同的合金钢，其淬透性也会有很大的差异。基于上述实例，在考虑国家资源发展合金钢时，不应忽视废钢这个因素。

使用部门所需要的是合金的性能，冶金部门所生产的是具有给定成分的合金。如成分的波动较大，则需变动热处理规程改变合金的组织去满足性能的要求。在大规模生产的车间内，变动热处理规程有时会影响生产，增加成本，因而对冶金部门提出较为严格的要求：在给定的热处理后，应该获得稳定的性能。但是冶炼部门的职责，只是生产成分合乎规格的合金，尽可能缩小合金的实际成分范围，而这种范围的缩小是有局限性的。因此，问题又回到合金性能的成分敏感性以及合金标准的控制：理想的情况是在较宽的成分及热处理条件的范围内性能的变化不大；当这种理想情况无法达到时，制定合金标准时，便应该实事求是地规定合金的成分范围及保证的性能下限。

随着金属学的进展，对于金属材料中成分及组织结构与性能的关系有了进一步的了解，提出了更多元素的成分以及微量元素含量的控制的必要性；而冶金学的进展，改进了成分控制的技术，对于这些要求也逐渐能够满足。正是由于冶金工业能够满足这些要求，旧的金属材料才能不断改进，新的金属材料才能不断出现。

3.1.3 减少气体与夹杂

金属材料的成分也应该包含气体与夹杂，它们不仅影响金属材料的性能，也影响冶金生产过程的进行，因此它们的控制是一个重要的冶炼问题。

金属中的气体在绝大多数情况下并不是以气体形态（气孔、气泡），而是以溶液、固溶体或化合物的形态存在于金属中，或者吸附在金属表面形成薄层。液态金属中的气体，在液态金属冷却、结晶过程中析出并逸入大气中，或者残存在金属锭中。而金属锭中的气体，在金属锭冷却过程中或在随后的加热过程中也可以析出。

除了硫化物外，金属中非金属夹杂物（简称为夹杂）如氧化物、硅酸盐、氮化物、氢化物等，都可认为是金属中气体存在的特殊形式——化合物。因此，金属的气体与夹杂的关系很密切，常常是难以分开的问题。

在冶炼过程中，进入金属中的气体的来源主要有下列几方面：

（1）炉内的气体介质——氧、氮、水蒸气、一氧化碳、二氧化硫等。

（2）炉料——湿料中的水分、碳酸盐中的二氧化碳、铁合金中的氢及氮等。

（3）氧化剂及还原剂——转炉中的空气，氧气炼钢中吹入的氧、湿法冶金中的酸及水溶液等。

（4）炉渣、炉壁、炉底的氧化物及硅酸盐等。

在一般情况下，气体与夹杂对金属材料的性能是有害的，如氢是有害的气体，氢引起钢的白点和氢脆。只在个别情况下，它们才是有用的，例如奥氏体不锈耐热钢中的氮是合金元素，可以代替一部分镍；易削钢的硫化锰可以有效地改善切削性能。不管是去除或保留这些气体和夹杂，都需要知道它们在液态及固态合金中的存在状态和表现行为的规律性。

随着科学技术的进步，对钢材性能和质量提出越来越高的要求，进一步减少钢中夹杂含量、提高钢的纯净度是21世纪发展的方向。纯净钢的市场需求不断增加，关于纯净钢生产技术的研究也越来越深入。其研究主要包括两方面内容：一是提高钢的纯净度；二是严格控制钢中非金属夹杂物的数量和形态。前者是纯净钢研究的主要任务，只有大幅度降低钢中杂质元素的含量，才能有效地控制钢中非金属夹杂物的数量和形态。钢的纯净度直接影响钢材的性能。顾名思义，纯净钢应该是所含杂质很少的钢。

关于纯净钢（purity steel）或洁净钢（clean steel）的概念，一般认为，洁净钢是指对钢中非金属夹杂物（主要是氧化物、硫化物）进行严格控制的钢种，这主要包括：钢中总氧含量低，非金属夹杂物数量少、尺寸小、分布均匀、脆性夹杂物少以及合适的夹杂物形状。而纯净钢则是指除对钢中非金属夹杂物进行严格控制以外，钢中其他杂质元素含量也少的钢种。一是钢中杂质元素要超低量，即钢中 S、P、O、N、H 甚至包括 C 应超低量，二是要严格控制钢中非金属夹杂物的数量和形态。目前国内外已建立大规模生产纯净钢 IF 深冲汽车钢板生产体系，运作正常，钢中 C、S、P、N、H、O 质量分数之和不大于 100×10^{-6}。不少冶金学家将超纯净钢界定为 S、P、N、H、O 质量分数之和不大于 40×10^{-6}。

3.1.4　组织结构控制

除了化学成分，金属材料的组织结构是决定性能的最重要的因素。

组织结构除了受成分制约外，还要由铸造条件、压力加工条件，特别是热处理条件来确定。其他条件，如机械加工、焊接等也有影响，有时影响也不小，但只限于工件的表层或局部。由此可见，上述各个环节的工艺参变量或条件，对结构敏感性能来说是非常重要的。在这里质量控制问题就在于，在完成各工艺直接目的的同时，如何确保材料内部所预期的结构和组织。这必须首先掌握结构组织的形成和变化规律，才能合理地制定工艺。

图 3-3 是一幅钢的铸锭组织，可见表面是细的等轴晶粒，再往里是柱状晶，钢锭心部是粗等轴状晶粒[4]。图 3-4 是钢的带状组织，是沿着轧制方向分布的成分不均匀的组织，白亮色条带处碳含量低，灰黑色区是富碳区，这种带状组织严重影响工艺性能和使用性能。图 3-5 是工具钢的球化组织，是电镜照片，可见碳化物颗粒均匀地分布在铁素体基体上，这是冶金厂锻后退火得到的，退火组织质量很好[5]。

现代化的各种铸造、加工和热处理等新工艺，以及为适应这些新工艺的各种现代化的新设备和装置，已经有可能把保证或改善结构组织、提高质量推进到一个崭新的水平上。例如：连续轧制新技术的应用，由于温度、时间、压下量和轧制方向等工艺参数能够按要求进行严格地自动化控制，结构组织也就可以得到充分的保证，尺寸规格的精确度也提高了，这便将高质量和高速度紧密结合起来了；连续浇注技术产量大，工作条件好，并有可能改善铸锭组织和提高钢的纯洁度；将精炼与浇注结合于一体的电渣重熔新技术，使成分和组织结构同时都大为改善，其他如离心浇注、悬浮浇注等也都对组织结构的改进取得了较好的效果。

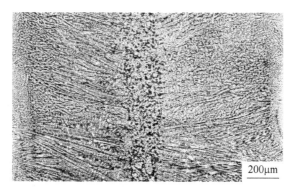

图 3-3 铸锭组织，OM

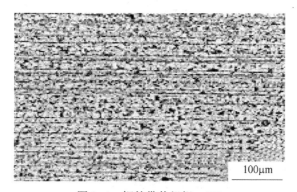

图 3-4 钢的带状组织，OM

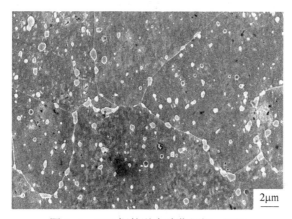

图 3-5 H13 钢的退火球化组织，SEM

冶金产品，如钢材、型钢、棒材等通过锻造、轧制、热处理等一系列工序，改善钢的组织结构，提高钢的冶金质量，对于后续机械产品的加工和性能非常重要。

总之，现代化的冶金生产技术必须使高速度与高质量相结合，忽视高质量的高速度造成的损失将更大，这是不能允许的；当然，也不能走到另一极端，而不顾产量。多、快、好、省才是正确方向，控制或提高质量，必须从内在因素着眼，它是决定材料性能和使用寿命的根本。

3.2 钢锭与铸造

3.2.1 钢锭

铸锭是将液态金属或合金浇铸为金属锭；将钢水浇注到铸铁制的钢锭模内，凝固后则形成钢锭。钢锭需经轧制或锻造成钢材后才能使用。钢水的模铸有上注法和下注法[6]。图3-6是下注法示意图。

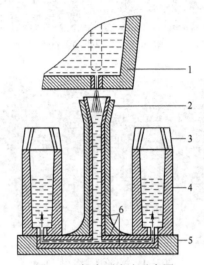

图 3-6　钢水下注法示意图

1—钢包；2—中注管铁壳；3—保温帽；4—铸铁模；5—底盘；6—汤道砖

钢锭的宏观组织大体上分为三个区域。与钢锭模接触的外层区域是细晶粒区，往里层是柱状晶区，钢锭中心部位为晶粒粗大的等轴晶区。镇静钢钢锭的组织结构形貌如图3-7所示。钢锭表面向内十几毫米以内为激冷层，得到细小等轴状晶粒。中心冷却较慢，则得

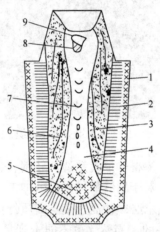

图 3-7　镇静钢钢锭的组织结构示意图

1—激冷层；2—柱状晶；3—过渡晶带；4—等轴状晶；5—沉积锥；
6—倒V形偏析；7—V形偏析；8—冒口疏松；9—缩孔

到较为粗大的等轴状晶粒。钢锭内部化学成分很不均匀，称为偏析。有三个偏析带，沉积锥区是负偏析，还有 V 形偏析带和倒 V 形偏析带。

沸腾钢锭的结构中有气泡带，与镇静钢锭不同。

由于连续铸钢的迅速推广和应用，模铸钢锭的比例逐渐减少。这是由于连铸坯可多炉连浇，收得率高（约为 95%）。但应当指出模铸钢锭难以被连铸坯完全取代，尤其是某些特殊钢质量要求较高。

3.2.2 铸造及铸造性能

铸造的目的在于从液态金属或合金获得质量合格的铸件。在冶金厂或机器制造厂的车间内，铸造是紧随金属冶炼之后的工艺过程。铸锭在随后的重熔或压力加工过程中失去了原来的形状；而铸件虽然有时还有随后的切削加工，但基本上仍然保持原来的形状。

铸造是一种液→固结晶过程，包括许多物理及物理化学变化。本节从液→固结晶的规律讨论与金属材料有关的问题：

（1）铸造过程及铸造性能。

（2）铸件的质量。

（3）特种铸造方法。

铸造过程包括自浇注温度的液态金属到室温的铸锭或铸件，在这种过程中，发生了如下三类变化：

（1）液态金属的冷却。牵涉到液态金属性质的影响。

（2）液→固结晶。液→固结晶是合金在相图中液相线及固相线间的变化。

（3）固态金属的冷却。会发生固相线以下的相变、几何尺寸的变化以及这些转变所导致的内应力的变化。

铸造性能是一种工艺性能，它的高低是用铸锭或铸件质量的好坏来衡量的。对于这些产品的最起码要求是具备所要求的形状。铸造是利用液态金属的流动能力来成形的，因而液态金属的流动性便是铸造性能中的一个重要方面。基于这种考虑，便可以适当地选择浇注温度。在一般情况下，浇注温度越高，即过热度越大，则液态金属的黏度越小，这不仅使流动性提高，也使气体与夹杂易于上浮。但是过高的浇注温度也会引起其他的不利影响，例如增加冶炼成本、引起粗大的结晶、增加气体溶解度等。因此，在保证适当流动性的基础上，应采用尽可能低的浇注温度，一般在液相线上 50~250℃。

流动性也是一种工艺性能，与铸模的吸热和散热能力有关。例如金属在金属型中的流动，低于在砂型中的流动性，而在湿砂型中的流动性又低于在干砂型中的流动性，预热铸型和铸型绝热都能改善流动性。如铸型的温度相同，即使过热度相同，浇注温度高的金属（例如低碳钢）由于与铸型接触时的温度差较大，散热较快，故实际的流动性仍低于铸铁和非铁金属。从热平衡的角度考虑，溶化潜热大的金属，凝固时放出较大的潜热，在外界冷却条件相同时，温度的下降较缓，故流动性较大。

铸锭或铸件的凝固是一种复杂的液→固结晶过程。液→固结晶必须通过散热才能继续进行，因而是一种不平衡的过程。在慢速的结晶过程中，结晶时所放出的凝固潜热必须通过已结晶的晶体及铸模壁散去；在快速的结晶过程中，这种潜热可以传导至邻近过冷的液体。如液态金属中含有较多的气体，在凝固时还会逸出气体，这种气体将会影响热的传导及物质的迁移。由于实际结晶是一种不平衡过程，当合金凝固时，温度低到液相线温度，析出晶体的浓度较低，因而邻近液体中的溶质富集；继续冷却时，会同时发生如下三种过程：

（1）继续析出溶质浓度逐渐增加的合金晶体。

（2）已析出晶体中溶质的扩散。

（3）未凝固液体中溶质的扩散。

如果扩散不能充分进行，则铸锭或铸件中，化学成分和组织是不均匀的。

3.2.3   特种铸造方法

从金属材料学的角度简略介绍几种特种铸造方法的特点。这些特种铸造方法或者是生产具备特殊性能或形状的铸件，或者是使用特殊的造型材料或铸造合金，或者是应用特殊的铸造原理。

3.2.3.1   冷硬铸造

冷硬铸造的特点是生产具有几层金相组织的生铁铸件。表面层中的碳差不多完全是以渗碳体方式存在，形成白口铁，因而有高度的耐磨性；为了获得足够的韧性，铸件中心具有珠光体-石墨组织；而过渡区又必须是逐渐的，具有珠光体-渗碳体-石墨组织，才会有足够的强度。这种方法多用来生产冷硬轧辊。

3.2.3.2   金属型铸造

金属锭模已在钢铁生产中广泛应用[7]。钢锭模损坏的最主要原因是开裂，从耐用性及生产成本方面考虑，铸铁是优于 0.20%C 铸钢的。在美国，90%以上的钢锭模是采取高炉或化铁炉生产的铸铁。

在铸件生产中，金属型铸造的生产率高于砂型铸造，并易于控制冷却速度及获得质量及力学性能较高的铸件。但液态金属在金属模中流动性较低，且金属型的容让性较差，没有透气性，因此难以铸造薄壁及形状复杂的铸件。基于这些考虑，金属型铸造最适用于非铁金属及其合金，所用的模型材料仍为铸铁。

3.2.3.3   压力铸造

液态金属的流动性是最主要的铸造性能。在一般的砂型或金属型铸造时，提高给定合金流动性的主要措施是升高浇注温度。这种措施从冶炼过程及铸件质量考虑，都是有局限性的。

压力铸造是应用压力来提高液态金属的流动性，即用提高流体压头来增加流体流动距离和克服流动所遭遇的阻力。压力铸造过程的实质是将液态金属（甚至半液态）在压力下（几十个至几百个大气压）送入铸型过程。由于在压力状态，无法使用砂型，必须采用金属型模具。

压力铸造工艺是全部机械化的，有的甚至是自动化的，因此设备费用较大，不过生产率却是很高的，适用于生产铸件数目不少于 1000 的零件，件数越多，则越经济。

压力铸造过程中的高流动性特点，使铸件的精确度及表面光洁度都很高，并能浇注形状复杂的零件，这就可以省去随后的切削加工，降低生产成本。

由于液态金属长期与铸模接触，因此铸模在使用过程中易于磨损，从而影响铸件的表面质量。压铸合金的熔点越高，铸模的磨损越大，铸件的表面质量也越差。例如低熔点的锌合金，在同一模型铸造 5000 次，表面粗糙度为 0.8～1.6，铸造 30000 次是 3.2～6.3；而熔点较高的铜合金，在同一模型铸造 5000 次，表面粗糙度只有 25～50，要保持 3.2～6.3 粗糙度，只能压铸 500 件，因此压铸只适用于低熔点的铅基、锌基、镁基、铝基及铜基合金，而不能用于高熔点的铁基合金。

3.2.3.4 离心铸造

将定量的液态金属浇入旋转着的铸型中，或者浇入铸型后再旋转，使金属在离心力作用下于铸型的内表面结晶而成型，这种生产铸件的方法称为离心铸造。从金属学角度考虑，这是在离心力作用下的液固结晶过程。

在大多数情况下，离心铸造法用来生产薄壁的铸件（例如管子、套管等），结晶时间不长，因而限制了离心力的作用。也应该指出，离心力作用于在凝固的金属层，可以产生热裂的缺陷。因此，对于不同金属的不同铸件，都有最适宜的旋转速度：如转速太小，液态金属不会被抛掷到铸型的壁上；转速越大，离心作用也越大；转速过大时，又会增加热裂趋势。离心铸造时，不仅有旋转速度，也有前进速度；当转速较小时，在铸管的外壁可以观察到螺旋线。

在离心力的作用下，偏析现象较为显著，特别是钢铁中偏析系数较大的碳、硫及磷。这种偏析不仅在截面上发现，在铸件的纵长也有发现。

3.2.3.5 熔模铸造

现在广泛使用的熔模铸造有精密铸造及壳型铸造，都是用来制造形状复杂、尺寸精确度及表面光洁度较高的铸件。压力铸造虽然能满足这些要求，但只适用于熔点较低的金属，而熔模铸造方法却无这种限制。

以易熔（熔点低于 100℃）材料制造模型，然后用此模型制造铸型，而铸型中型腔的形成是将模型熔去或烧去，用这种铸型生产铸件的方法称为精密铸造。

精密铸造的特点是增加了中间蜡模的制备，这样可以使铸件的尺寸精确度及表面光洁度分别达到 5～7 级及 3 级，因而省去或减少了随后的铸件表面加工。由于铸型温度保持在 700～800℃，使液态金属的流动性很高，可以制造薄而形状复杂的铸件。不过，蜡模强度低，难以制造大型铸件；且这种工艺也很复杂，故限制了它的使用范围。

壳型铸造是第二次世界大战后所发展的新工艺，其实质是用石英砂（90%～94%）及酚醛塑胶（6%～10%）制造一层高强度的薄壳铸型。制造这种铸型时，将造壳材料覆盖在母模表面，在 160～250℃，酚醛塑胶熔化，结成 5～15mm 厚的壳层；然后将这壳层在 250～350℃下加热 2～5min，塑胶发生聚合现象，因而得到强度很高的壳型铸模。用这种模型所获得的铸件，可以获得与精密铸造相比拟的质量，并且工艺较为简单。不过，造型材料比较昂贵；浇注时树胶的燃烧产物有损健康，需要良好的通风设备；并且铸件上具有分型面，这些都是壳型铸造不及精密铸造的地方。

3.3 钢的冶金质量

在冶金厂，钢的生产过程要经过炼钢、浇注、轧制或锻造、钢材热处理等工序，这些过程中均要控制质量，统称为冶金质量。钢的冶金质量对于钢的使用性能和工艺性能有重要影响。钢材在生产过程中会产生各种缺陷,如疏松、缩孔、偏析、白点、裂纹、非金属夹杂物、带状组织、网状碳化物、液析碳化物,混晶等。

本节重点叙述偏析、白点、带状组织,液析碳化物、网状碳化物、混晶等冶金质量问题。

在钢的结晶凝固过程中形成的化学成分不均匀性称为偏析。偏析分为宏观偏析和显微偏析。宏观偏析是指整个铸件范围而言,即铸件不同部位之间的成分差异。显微偏析是指显微组织中化学成分的不均匀性。

3.3.1　宏观偏析

宏观偏析也称为区域偏析。宏观偏析可使钢锭不同部位轧制或锻造出来的钢材在力学性能和物理性能上产生很大差异。

3.3.2　显微偏析

显微偏析一般是指枝晶偏析。枝晶偏析是选择结晶的结果。枝晶偏析可以用均质化退火予以减轻或消除。在冶金厂将钢锭或锻坯加热到1250℃,保温20~30h,使合金元素扩散均匀化。

3.3.3　白点

白点在横向低倍组织上呈现发裂形貌。白点的形成是钢中的氢和组织应力共同作用的结果。它严重地损害钢的力学性能。图3-8(a)为白点的低倍酸浸形貌;图3-8(b)是白点断口形貌扫描电镜照片[8]。

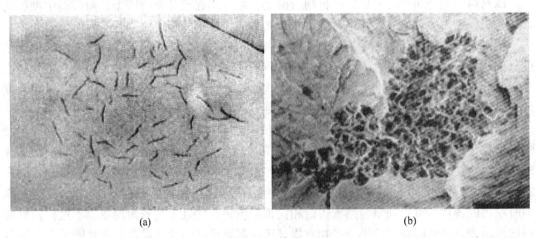

(a)　　　　　　　　　　　　　　　　(b)

图3-8　白点

(a) 白点的低倍酸浸形貌,OM;(b) 白点断口形貌,SEM

白点将使钢报废,是严重的冶金缺陷。钢锭锻后需要立即进行去氢退火。依据测定钢中的氢含量,进行不同的退火工艺。现代冶金技术均有钢水的真空除气设备,可将钢水中的氢控制在$3×10^{-6}$以下,锻后去氢退火,只需要较短的保温时间,于650℃保温30~60h不等。

3.3.4 带状组织

低碳钢、中碳钢、合金结构钢钢锭热压力加工后冷却到室温，经常检查到带状组织。图3-9为27SiMnMoV钢的带状组织，是激光共聚焦显微镜照片（LSCM）。可见，由白亮色条带和灰黑色条带相间组成。带状组织影响钢的力学性能，易导致淬火裂纹。带状组织需要高温扩散退火消除[9,10]。

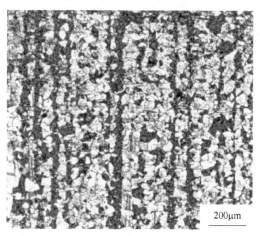

图3-9 27SiMnMoV钢的带状组织，LSCM

3.3.5 网状碳化物

过共析钢在轧制或锻造后冷却较慢，将沿着晶界析出渗碳体或特殊碳化物，呈网状分布，被称为网状碳化物。网状碳化物影响力学性能，易于形成淬火裂纹[11]。图3-10为轴承钢的网状碳化物金相照片（OM）。

图3-10 GCr15钢热轧后的渗碳体网状组织，OM

3.3.6 液析碳化物

图3-11是GCr15钢锭（a）、钢坯中的液析碳化物（b）的光学显微镜照片（OM）。

钢锭在液析碳化物呈鱼骨状；在锻坯中鱼骨状碳化物被打碎。液析碳化物同样降低钢的力学性能，易于导致淬火裂纹和钢件的疲劳裂纹，是不允许存在的冶金缺陷，需要退火消除。

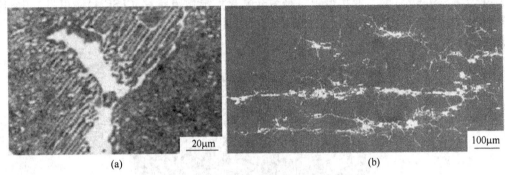

图 3-11　钢锭和液析碳化物，OM
（a）GCr15 钢锭；（b）钢坯中的液析碳化物

3.4　冷加工与热加工

3.4.1　材料加工工艺路线

控制材料的外形和内部组织结构，是加工的目的。如图 3-12 所示，冶炼所获得的铸锭或铸件，需要一系列的工艺过程，才能加工成为部件并且组装成为实用工程结构。从图 3-12 中可见，材料的加工工艺过程是复杂的。

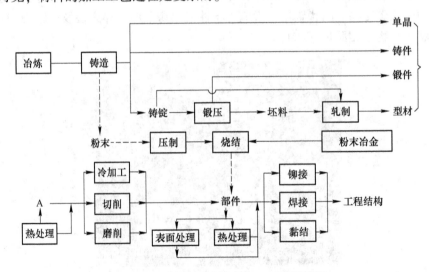

图 3-12　金属材料生产及加工工艺路线图

3.4.2　加工类型

从多晶体塑性变形的特点，可以用加工温度、加工速度、加工前组织、加工件的形状、负荷的方式等来描述各种加工类型。

依据加工温度不同，可以分为冷加工及热加工两种。在低于恢复及再结晶的温度下进行的加工，称为冷加工；在加工过程中，工件不断受到加工硬化，因而加工越来越困难，如不进行中间退火，则工件将会断裂。很明显，冷加工不仅可以成形，也强化了工件。

热加工是在金属的再结晶温度以上进行的，在高温下金属能够进行充分的回复、再结晶过程。因为变形及回复同时进行，而高温时材料的强度低、塑性高，因而热加工的速度可以较大，而变形量也不会受到人的限制。

恢复和再结晶是有区别的。加工使晶格发生扭曲及晶粒碎化，这种扭曲的消除是恢复；而这些碎晶粒的重新形核长大的过程，则叫做再结晶。应该指出，加工的进行是比较快的，因而有效地进行恢复的温度是难以估计的。一般是用再结晶温度来划分冷加工及热加工。但是金属材料的再结晶温度也不是一个明确的参数，它还受变形量及加热时间的影响。确定再结晶温度时，一般是在变形量较大的情况下，在静态下加热一小时至几小时。热加工的时间短，故热加工时的再结晶温度比加热几小时所确定的再结晶温度要高。作为粗略的估计，再结晶温度约为熔点（用绝对温度表示）的 0.40。

因此，冷加工和热加工不是以加工温度的高低来划分的。许多脆性转变温度较高的金属材料，冷加工也需要在较高温度下进行。例如，高铬不锈钢（如 Cr28），为了避免冷裂，冷弯一般在 200℃ 以上进行；钨与钼需要在较高温度下进行冷加工。钨棒一般在 1000℃ 以上进行冷加工。反过来，低熔点金属，如铅、锡在室温温度下进行加工，也属于热加工了。

3.4.3　锻造或轧制

以生产角度考虑，应该在满足锻件尺寸及性能要求的基础上，尽量发挥生产设备的生产率和降低燃料和设备的消耗。因此，选择开锻和终锻温度是一个综合的技术问题和经济问题。假若在较宽的温度范围都能获得符合规格的锻件，应该从经济角度来选择合理的规程。很明显，温度越高，锻造越容易，生产率则越高，但是燃料的消耗及加热炉的损耗也会越大，应考虑这两方面进行合理选择。

首先考虑终锻温度是如何确定的。以碳素钢及合金结构钢为例，终锻温度 T_Z 应高于 A_3 点，以避免在锻造时的相变所引起的裂纹；T_Z 应尽可能低，以避免晶粒的过粗。仅从这方面考虑，终锻温度可能很低。但是，终锻温度又取决于开锻温度，对于给定的开锻温度及锻造时间，终锻温度是被确定了的。锻造时间一般不希望长，否则会影响生产率，而开锻温度也不宜太低，否则塑性变形阻力较大，也不经济。因此，除非终锻温度对锻件的性能起着很重要的影响，否则它便是次要的被决定的因素了。对于铁素体不锈钢来说，过大的晶粒会严重影响它的塑性，而这种钢又没有多形性相变，无法用热处理来细化晶粒，因此一般将终锻温度或最后的轧制温度限制在不高于 875℃ 的范围内。锻造温度越高，则钢的强度越低，而塑性则越大，故生产率越高。从这方面考虑，开锻温度越高越佳。但是也有几个因素阻止了开锻温度的提高：

（1）过热及过烧。温度过高时，晶粒过于粗大，发生过热现象；如温度再提高时，将会发生局部熔化的过烧现象。故开锻温度的理想上限是固相线温度，这只是避免过烧的上限温度。过热温度低于过烧温度，而铸锭还有成分的偏析，因此开锻温度上限约低于固相线温度150~300℃。

（2）氧化及脱碳。温度越高，则氧化及脱碳程度越大，金属的损耗也越多。

（3）温度的控制。在车间内，温度的控制范围应予考虑，确定开锻温度时应加上这方面的安全系数。

（4）燃料及加热设备。这是限制开锻温度的实际条件。

奥氏体不锈钢、耐热钢在过高的热加工温度下，可能出现δ相，也会影响热加工性能，特别是在进行无缝管的穿孔工艺时。

对于热变形时间较长的工艺，例如轧制或穿孔，还应考虑变形放出的热量，这种热量可以使轧件的温度升高。

高温合金的高温强度较高，必须在较高的温度才能锻造；而这些合金中的合金元素含量较高，固相线温度因而较低，又不容许有太高的锻造温度。

锻造的另一个问题是锻压比。对于含有碳化物较多的钢，例如高速钢，常常要求较高的锻压比，才能打碎粗大的初晶碳化物，以避免严重的碳化物偏析。

3.4.4   轧锻后钢材的退火

锻压或轧制后的合金钢轧锻材大多需要进行退火，如再结晶退火、去应力退火、球化退火、软化退火、去氢退火等[12,13]。

许多工具钢、轴承钢的轧锻材要求球化退火或软化退火，以便机械厂进行切削加工。如模具钢H13，其钢锭轧锻后，首先需要进行去氢退火，以免产生白点。其工艺曲线如图3-13所示。经过此工艺处理后，不仅能够防止白点，而且也降低了硬度，软化了钢材。

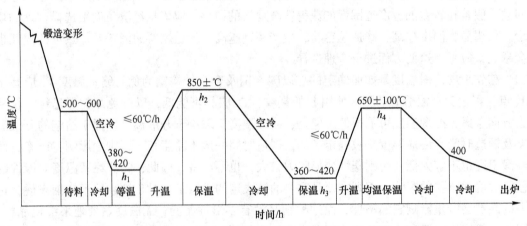

图3-13   H13钢钢锭锻造后的去氢退火工艺曲线

H13钢退火后的组织如图3-14（a）所示，可见，黑色碳化物颗粒分布在铁素体基体上。从图3-14（b）可见，轴承钢中的合金渗碳体颗粒分布在铁素体基体上。这种组织硬度在HB250以下，适用于切削加工。

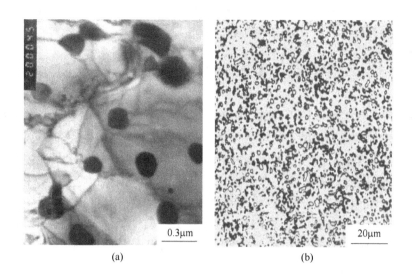

(a)　　　　　　　　　　　　　(b)

图 3-14　粒状珠光体

（a）H13 钢球状退火组织，TEM；（b）轴承钢退火珠光体组织，OM

3.4.5　切削加工

钢材经过一系列的切削加工，最后成为机械零件或构件。

钢材切削工艺虽然有车、刨、钻、铣等不同的类型，但是概括地看，任何使用刃具，从坯件或半成品上，去除一定厚度金属层，因而得到在形状上及表面粗糙度上达到一定要求的工艺操作，都是切削加工。

金属被切削时，产生切屑。因摩擦而产生切削热。因此，需要使用切削液进行冷却。

表面粗糙度是工件经过切削加工后表面质量的一个重要因素。切削后应当达到表面粗糙度标准。

下面讨论刀具的磨损。切削时的磨损与一般机件的磨损有如下几点区别：

（1）一般机件磨损时，两个摩擦面，可能是周期性地接触（如轴与轴承）；而刀具与切屑只接触一次。

（2）刀具揭开工件表面层，摩擦面大多是新鲜的、清洁的金属表面，因此摩擦系数较大。

（3）切削产生的温度较高（可达 1000℃），正压力大。

（4）切削时，接触情况始终在变化，这是由于刀具的形状、切削力、切削温度都在变化的缘故。

（5）切削时有积屑瘤。

刀具的磨损一方面与刀具钢的耐磨性及热硬性有关；另一方面也受工件的性能、刀具的形状及切削条件的影响。工具钢的耐磨性主要取决于钢的硬度、红硬性等因素。钢的基体的硬度越高，其上分布的特殊碳化物，如 VC、Fe_3W_3C、Cr_7C_3 等较多时，钢的耐磨性越好。同样是一种成分的高速钢，退火后较软，不能切削工件，而淬火-回火后，硬度很高，耐磨性好，能够在高速机床上切削钢材。

从获得最大的生产率来考虑，希望提高切削速度，延长刀具寿命，这两者存在一定矛盾，因此，刀具都有自己最有效的耐用度。

3.5 焊接工程

材料制成零件后，可以用不同的方法连接成结构。连接方法除了用铆接、螺钉连接等机械连接方法之外，还有借助于物理—化学过程的黏接和焊接。黏结剂一般是高分子化合物，借助于它与材料之间的强烈的表面黏着力，使零件能够连接成永久性的结构；焊接则借助于金属间的压结、熔合、扩散、合金化、再结晶等现象，而使金属零件永久地结合。

黏结剂有天然和人造的两类：前者有植物性的，如淀粉、松香、橡浆、大豆蛋白质等，也有动物性的，如鱼胶、牛皮胶等；后者有水玻璃、糊精、合成树脂（如环氧树脂、酚醛树脂、乙烯类树脂）等。这些黏结剂广泛地应用于航空、造船、建筑、仪表等工业，黏结金属、陶瓷、塑料、木材等材料。

焊接是一种高速和高效的连接方法，广泛地用于连接金属零件，制造桥梁、船舶、车辆、锅炉、压力容器等大型工程结构[14]。但是，另一方面，熔化焊接带来一系列冶炼、铸造和热处理问题，在受力的构件中，出现不少的断裂和局部腐蚀的失效事故。面临着焊接船舶出现的脆断事故，人们曾感叹地说：自从焊接技术引入造船工业，也引入了断裂事故。

3.5.1 焊接的历史

古代，铁匠用锻造的方法焊接铁。到 19 世纪，钢代替了铁，再用锻造的方法焊接钢就不那么成功。依靠热源局部熔化金属的现代焊接方法是从 19 世纪末期开始与用锻造的方法焊接竞争的。

后来发明了金属极电弧焊。电弧熔化工件，也熔化电极的钢丝，熔化了的金属丝被熔敷进入接头中。后来，人们发现在钢丝表面包一层药皮，使焊接更加容易。

焊接方法的发展引起了科学家的注意。1881~1885 年俄国人发明了碳弧焊。1907 年瑞典人凯尔博格发明了涂层焊条电弧焊。1909 年英国斯卓门格发明了最成功的涂敷焊条。

美国人汤姆森 1887 年公布了他发明的电阻法焊接法。在法国，1901~1903 年，发展了氧乙炔焊。在德国，1900~1902 年用铝热剂法焊接钢轨等厚件获得成功。

火焰、电弧、电阻这三种局部加热的方法，再加上铝热剂法，形成了 1914 年以前发明的焊接方法的基础，被称为老焊接方法，包括氧乙炔焊、碳弧焊、电阻法焊接等。到 1935 年，这些方法均得到认可。

1935~1945 年，开发了机械化电弧焊。1945~1970 年，是新技术发展时期，如钨极氩弧焊、金属极气体保护焊、摩擦焊、电渣焊、扩散焊、爆炸焊、等离子弧焊、超声波焊、电子束焊和激光焊接等。

20 世纪 70 年代后没有开发出新的焊接方法。但是，对焊接设备进行了改进，主要体现在自动化、机器人、计算机控制等方面。1985 年，实现了智能焊接系统与计算机专家系统的结合。

3.5.2 焊接方法的分类及其特点

从焊接过程的物理本质考虑，母材可以在固态或局部熔化状态下进行焊接，而促使焊接的主要因素有压力及温度两种。在液态进行焊接时，母材接头被加热到熔化温度以上，它们在液态下相互熔合，冷却时便凝固在一起，这便是熔化焊接。

在固态进行焊接时，有两种方式。第一种方式是利用压力将母材接头焊接，加热只起着辅助作用，有时不加热，有时加热到接头的高塑性状态，甚至使接头的表面薄层熔化，这便是压力焊接。第二种方式是在接头之间加入熔点远较母材为低的合金，局部加热使这些合金熔化，借助于液态合金与固态接头的物理化学作用而达到钎焊的目的，这便是钎焊，而钎焊用的合金叫做钎焊合金。随着加热方式、熔化工艺、钎焊合金等的不同，在工业上使用的焊接方法有几十种。图 3-15 列出了一些常用的焊接方法。

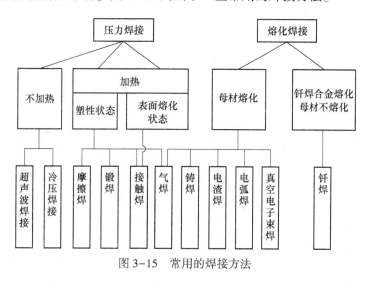

图 3-15　常用的焊接方法

3.5.3 压力焊接

由于加热方式的不同，压力焊接有如下六个类型：

（1）冷压焊。这种方法的特点是不加热，只靠强大的压力来焊接，适用于熔点较低的母材，例如铅导线、铝导线、铜导线等的焊接。

（2）超声波焊接。也是一种冷压焊，借助于超声的机械振荡作用，可以降低所需要的压力，目前只适用于点焊有色金属及其合金的薄板。

（3）锻焊。这是最古老的焊接工艺。将接头加热到高塑性状态，迅速重在一起，再用手锻进行压焊。这种工艺目前已很少使用。

（4）气焊。一般用氧乙炔气体混合物加热，工艺有两种：一种是先施加压力再加热；另一种是将接头表面加热到熔点，再迅速挤压。

（5）接触焊。这是利用电阻加热的方法，最常用的有点焊、滚焊及对焊三种。前两者是将焊件局部加热到熔化状态并同时加压；对焊是将焊件局部加热到高塑性状态或表面熔化状态，然后施加压力。接触焊的特点是机械化及自动化程度高，故生产率大，但需要强大的电源。

（6）摩擦焊。利用摩擦热使接触面加热到高塑性状态，然后施加压力而焊接。由于摩擦时能够去除焊接面上的氧化物，并且热量集中在焊接表面，因而特别适用于导热性好及易氧化的有色金属及其合金（例如铝合金）的焊接。这种方法的另一优点是生产率高、所耗能量较少，在前苏联、美国得到广泛的应用。

3.5.4　熔化焊接

依据加热方式和熔炼方法的区别，可以将熔化焊接分为五种：

（1）气焊。气体混合物燃烧形成高温火焰，用火焰来熔化焊件接头及焊条。最常用的气体是氧与乙炔的混合物，调整氧与乙炔的比值，可以获得氧化性、中性及还原性的火焰。这种方法所用的设备较为简单，而加热区宽、但焊后焊件的变形较大，并且操作费用较高，因而已逐渐为电弧焊代替。

（2）铸焊。这是较早的焊接方法，采用铝热剂或镁热剂氧化时放出的热量来熔化金属。它的特点是设备及操作简单，但焊接质量不高，只用于修补工作。

（3）电弧焊。这是应用最广泛的焊接方法，由于电弧的温度高于火焰的温度，加热更为集中，适用于各种形状及尺寸的焊件，并且焊件体积越大，厚度越厚，电弧焊的优点越突出。这种焊接方法可以细分为许多类型，按电弧的作用、电极的类型、电流的种类、熔池的保护方法等可以有几十种之多。

按照电弧作用于金属的方法，可以分为直接的、间接的及综合的三种焊接方法。应用最广泛的电弧焊接方法只有三类：电渣焊、真空电子束焊接、激光束焊。

（4）电渣焊。这是前苏联发展的先进电焊方法，在工业上已得到广泛应用。它是利用电流通过熔渣所产生的电阻热来熔化金属。这种热源加热的范围较电弧为大，每一根焊丝可以单独成一个回路，增加焊丝数目，可以一次焊接很厚的焊件。焊条金属滴通过熔渣滴下，加速金属与熔渣反应，有提纯作用。

（5）真空电子束焊接。这是用来焊接尖端技术方面的高熔点及活泼金属的小零件。这种方法的特点是将焊件放在高真空容器内，容器内装有电子枪，利用高速电子束打在焊件上将焊件熔化而进行焊接。这种方法可以获得高质量的焊件。

（6）激光束焊。该焊接方法的能束为相干单色光，对其进行光学聚焦能够产生与电子束焊相近的能量密度，因此它可以在金属工件上蒸发出一个空洞，并且以锁孔的模式焊接。激光器有固体激光器和 CO_2 激光器，激光器的功率一般小于 5kW。激光焊接应用于汽车工业上批量生产的部件，替代了电子束焊。

3.6　粉末冶金

粉末冶金是年轻而又极其重要的现代成型法之一。粉末冶金有时又称为金属陶瓷法。

难熔金属，如钨、钼等，因为熔点很高（钨 3400℃、钼 2622℃），而且加工性能又不好，不适于用一般加工方法生产，而适于用粉末冶金法生产。有些易加工成型的金属如铜、镍、锡等，为了生产特殊用途的型材，也采用粉末冶金法来生产。

人们在 19 世纪就开始应用这种方法。如 1826 年，前苏联最早用白金粉制成货币和其他制品。第二次世界大战时，德国曾用粉末冶金法生产多孔质的铁炮弹弹带，代替黄铜或铜制的炮弹弹带。现在，从圆珠笔的圆珠到火箭的喷嘴，都在广泛地应用粉末冶金[1]。

3.6.1 粉末冶金的应用和生产

粉末冶金的生产过程是先制造金属粉末，接着将金属粉末装入压模中，用压力机压成条片状或块状。然后，把压成的条或块放到炉子中，在保护气氛或真空下进行烧结，变成非常坚实的金属块。

现代化的飞机，多采用多孔质材料（铜、镍、锡粉制成的多孔海绵金属板）做防冻设备材料，也用做超高速度飞机表面降温材料。

粉末冶金生产的硬质合金广泛用来制造刀具、模具和各种凿岩工具。如用碳素钢制造的车刀，切削速度每分钟只有 15m，而硬质合金刀具可把切削速度提高到每分钟 1650m 以上。飞机、坦克、汽车中的制动器，多数是用粉末冶金法生产的。用粉末冶金方法生产的"三层"合金是非常重要的耐磨材料，用于制造航空发动机、汽车发动机和柴油发动机的轴承。

此外，粉末冶金还广泛应用于现代尖端工业中。例如，电子工业中的磁性元件、原子反应堆的核元件、火箭技术中的高温构件等大都采用粉末冶金法生产。

粉末冶金制品中，用量最大的是铁粉。铁制品约为 79%，铜为 18%，其他约 5%。目前多生产金属粉末的方法主要有喷雾法、离心力法（粉化金属液）、还原法、电解法（能生产纯度很高的铁粉和铜粉）。此外，还用羰化法来制造镍粉和铁粉。

目前最广泛使用的制粉方法是机械研磨法，所用设备是各种类型的研磨机（如振动球磨机、滚动球磨机、搅拌球磨机、锤磨机及棒磨机等）。研磨时，研磨介质（如球）使粉末颗粒受到大小不同的冲击、剪切、磨搓力的作用，以最小的能量产生断裂、破碎。用机械研磨法可获得微米级的微细粉末，获得的粉末经混合均匀后即可成型。目前工业上已获得应用的成型方法有：闭合钢压模冷压制、冷等静压、热等静压、粉末锻造、粉末轧制、注射成型和热压等。

国外铁粉的消费一直在增长。如 1968 年，美国、加拿大、墨西哥、南非用于粉末冶金制品的铁粉共 85000t，其他国家共 40000t。1969 年则分别增长到 95000t 和 50000t。

粉末冶金用压制、烧结来取代铸造、锻造以及随后的切削加工。这样，简化了工艺过程和提高了材料的利用率，而且与精密铸造和精密锻造相比，可获得更高的尺寸精度和光洁度。这是一种较好的无切削加工方法之一。

3.6.2 粉末冶金技术的发展

粉末冶金是用金属粉末原料，用成型—烧结制造合金材料或制品的一种生产方法。它与传统的金属熔炼法和铸造法有根本的不同。粉末冶金技术主要包括制粉和成型两部分。

用粉末冶金技术制备的粉末冶金材料或制品，包括粉末冶金机械零件、磁性材料、硬质合金材料与制品、难熔金属或高熔点金属材料与制品、精细陶瓷材料与制品等。其中粉末冶金机械零件是其主流产品。用粉末冶金生产机械零件，不但节能、省材，经济性好，而且随着新的成型—烧结工艺技术的开发应用，粉末冶金结构零件形状越来越复杂，材料的力学性能越来越高，甚至超过了常规的铸造、锻造法生产的零件。例如汽车发动机中承受动应力最高的连杆，可用粉末锻造法，或一次压制—烧结工艺制造；利用温压技术，用一次压制—烧结就可使铁基粉末冶金零件的材料密度达 7.4g/cm³ 以上，从而使材料的力学性能显著提高。可以说，粉末冶金材料或制品有着广阔的应用发展前景。

但就粉末冶金零件的生产而言，粉末冶金技术当前仍受到下列限制：

（1）原料粉末的性能对产品的质量影响极大，且价格比相应的常规金属材料高，加上受压制设备吨位的限制，粉末冶金零件的重量和尺寸受到一定限制。

（2）粉末成型模具造价高，因此粉末冶金零件需批量生产，最小批量不应小于 5000～10000 件，否则经济效益很差。

（3）现在粉末冶金零件基本上采用单轴向模压成型，由于受脱模的限制，在垂直压制方向的面上，复杂的形状，如沟槽等都无法成型，只能烧结后切削加工。

（4）金属粉末与多孔性烧结制品的表面积大，易氧化，存在贮存和后续表面处理的问题。

3.6.3　金属陶瓷硬质合金

金属陶瓷硬质合金是金属陶瓷的一种，它以 WC、TiC 粉末为基体，黏结金属为 Co、Ni、Mo 等金属粉末，经混合、压制成型、烧结而成，通常称为硬质合金。硬质合金硬度高（HRA86～93，相当于 HRC69～81），热硬性好（可达 900～1000℃），耐磨性好，但脆性大，不能进行切削加工。

常用的硬质合金有以下几类：

（1）钨钴类硬质合金。钨钴类硬质合金的化学成分主要为 WC 和 Co。其牌号用"硬"和"钴"的汉语拼音第一个字母"Y"和"G"加钴的质量分数表示。如 YG8 表示含钴为8%（余量为 WC）的钨钴类硬质合金。如果合金中碳化物的颗粒较粗，则在其牌号后加"C"表示，如 YG20C；如果碳化物的颗粒较细，则在其牌号后加"X"表示，如 YG6X。同种合金，颗粒越细，其硬度和耐磨性越高，而其强度略微降低。反之，则硬度和耐磨性降低，而强度略微升高。

合金中钴的含量对其性能影响较大。一般含钴量越高，则强度、韧性越高，而硬度和耐磨性就越低。因此，含钴量较高的钨钴类硬质合金，常用来制造粗加工刀具以及冲裁、冲孔、拉伸、冷镦等模具。钨钴类硬质合金常用来制造加工铸铁等脆性材料和有色金属的刀具以及各种模具、量具等。

（2）钨钴钛类硬质合金。钨钴钛类硬质合金的化学成分主要为 WC、TiC 和 Co。其牌号用"硬"和"钛"的汉语拼音第一个字母"Y"和"T"加碳化钛的质量分数表示。如YT30 表示含碳化钛为 30%（余量为 WC 和 Co）的钨钴钛类硬质合金。

由于钨钴钛类硬质合金中含有碳化钛，因此，它的硬度、红硬性、耐磨性都比钨钴类硬质合金的高，但强度和韧性却较低。同类合金中，碳化钛含量越高，则其硬度、红硬性越高，但强度和韧性则越低；而合金中含钴量越高，则强度、韧性就越好，但硬度、红硬性和耐磨性却越低。由于钨钴钛类硬质合金的硬度很高，并且切削钢材等塑性材料时不粘刀、易断，使用寿命较高，因此常用来制造切削钢材等塑性材料的刀具。

（3）通用硬质合金。通用硬质合金又称为万能硬质合金。其化学成分主要为碳化钨、碳化钛、碳化钽（或碳化铌）和钴。其牌号用"硬"和"万"的汉语拼音第一个字母"Y"和"W"加顺序号表示。如 YW1 表示一号通用硬质合金。

由于这种合金用碳化钽（或碳化铌）取代了部分碳化钛，因此合金的性能介于钨钴类和钨钴钛类硬质合金之间，并且在硬度不变的情况下，碳化钛被取代的越多，合金的抗弯强度越高。因此，它既可以用来加工铸铁等脆性材料，也可用来加工钢材等塑性材料，并且还能用来加工高锰钢、耐热钢、不锈钢以及其他一些高合金钢等难加工材料。

（4）钢结硬质合金。钢结硬质合金是以碳化钛或碳化钨等一种或几种碳化物为硬质相，以合金钢、工具钢、不锈钢等作为黏结剂，用粉末冶金方法制得的一种工具材料。它不仅具有硬质合金的高耐磨性、高红硬性、抗氧化性和耐蚀性，而且还具有钢的可焊性、可加工性、可热处理性和可锻性。

在钢结硬质合金中，黏结剂的种类不同，其用途也有所差别，例如 YE65，用于制造各种形状复杂的刀具麻花钻、铣刀等，也可用来制造较高温度下工作的模具和耐磨零件。

3.7 金属热处理技术

3.7.1 概述

材料热处理是材料科学与工程学科和材料应用技术的重要组成部分，是有效利用材料、充分发挥材料潜力、节能节材的重要手段。

热处理是钢铁构件、机器零件及工具生产过程中的重要工序之一。它对发掘金属材料强度、改善使用性能、提高产品质量和延长其使用寿命具有重要意义。热处理在改善毛坯工艺性能以利于冷、热加工方面也有重要作用。在许多情况下，热处理质量高低对制成品的质量有举足轻重的影响[15]。

金属热处理工艺在我国已有悠久的历史。根据史料记载及考古的发现，早在商代就已经有了经过再结晶退火的金箔饰物，在洛阳出土的战国时代的铁锛，是由白口铁经脱碳退火制成。在战国时代燕下都遗址出土的大量兵器向人们展示了在当时钢件已经采用淬火、正火和渗碳等工艺。近代出土的秦兵俑佩带的长剑、箭镞，又有力证实当时已出现铜合金的复合材料，而且还掌握了精湛的表面保护处理方法，从而保持数千年不锈。

热处理工艺最早的史料记载见于《汉书·王褒传》中"清水淬其峰"之说，我国古代的热处理工艺部分的记载于明代科学家宋应星《天工开物》一书中。他对于退火、淬火、固体渗碳、形变强化等均有生动的描述。大量事实表明，我国曾是世界上发展和应用热处理技术最早的国家之一[16]。

新中国成立以来，随着冶金工业及机械制造工业的发展，我国的热处理科学技术也取得了较大的进步，它主要表现在：已经培养和造就了一支从事金属材料及热处理专业科学研究、生产、教学的宏大队伍，已经拥有相当可观的各种类型的热处理工艺装备；在诸如低碳马氏体应用、辉光离子热处理、软氮化及碳氮共渗、化学气相沉积等部分技术领域中已经接近世界先进水平，并取得了一批重要的科研成果。

近 30 年来，各种各样的新技术不断被开发应用，热处理的范畴迅速扩大，传统的定义已不能完全概括各种金属热处理工艺的基本过程、特点和目的，对现有热处理工艺作出令人满意的分类也十分困难。不过，现有热处理工艺有一个共同特点，那就是它们都要经过加热和冷却这两个基本过程，是一个热循环过程。热处理工艺如图 3-16 所示。

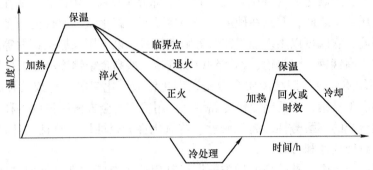

图 3-16　热处理工艺热循环示意图

金属热处理的定义如下：将金属按一定速度加热到一定温度，保温一定时间，然后以预定的速度冷却下来，以期得到预定的组织结构和性能的工艺规范或操作，称为热处理。

根据加热条件和特点以及工艺效果和目的，可以把金属热处理分为整体热处理、表面热处理和化学热处理等三大类。整体热处理的主要特点是整体加热工件。表面热处理的主要特点是通过快速加热，只使工件表面层达到预定温度。化学热处理的主要特点是工件在特定介质中加热并在规定时间内保温，使其化学成分（通常是表层）发生预期的变化。

对于钢锭、钢坯、钢材进行的热处理一般在冶金厂进行，称为冶金类热处理；对于机器零件及工具等机械构件进行的热处理，一般在机械厂进行，称为典型零件的热处理。

热处理分类：

（1）整体热处理。基础工艺包括：再结晶退火、扩散退火、去应力退火、石墨化退火、球化退火、正火、淬火及固溶热处理、回火及时效处理，此外还有形变淬火、形变时效、磁场退火、磁场淬火、磁场回火、循环热处理等。

（2）表面热处理。表面热处理包括火焰加热表面淬火、感应加热表面淬火、激光加热表面淬火、电子束加热表面淬火、激光上光、激光共晶化、电解液加热表面淬火、化学气相沉积、物理气相沉积、等离子体化学气相沉等。

（3）化学热处理。化学热处理包括渗碳、碳氮共渗、渗金属、多元共渗、离子化学热处理、电解化学热处理、真空渗碳、流态床化学热处理等。

钢和铸铁是机器制造业用量最多的金属材料，钢铁的热处理工艺门类也最为繁多。为了满足设计上的某种技术要求，常有多种工艺可供选择。选择热处理工艺的基本依据是零件和工具的工作条件和生产批量。为了保证产品经久耐用，热处理工艺的选定必须与材料选择相结合。选择工艺的基本原则是工艺过程稳定可靠，劳动条件较好，设备投资及生产成本较低，能耗较低，环境无污染或污染轻微。

热处理通常要将工件加热到较高温度，当炉内介质为空气或氧化性燃烧气体时，钢的表面会发生氧化和脱碳。非铁金属也难免发生氧化和某些合金元素的贫化。向炉中通入可控气氛或使用真空炉加热可以使这个问题得到解决。对于渗碳等化学热处理，使用可控气氛作为活性介质并利用微机进行气氛控制，可提高渗层质量并使生产稳定。热处理工件淬火时由高温迅速冷却，会使工件变形甚至开裂。合理选用热处理工艺，可以得到一定程度的解决。

材料选用不当、工艺路线错误、冷热加工不良、冶金质量不合格等都会影响热处理产品的质量。

近年来，随着材料科学的发展，传统的热处理工艺内容不断丰富，由于对组织与性能关系认识的深化，基本热处理工艺也随之发生了许多变革，并派生了许多优质和高效能的工艺方法，如可控气氛热处理、真空热处理、辉光离子热处理等。

为了最大限度的发挥金属材料的性能潜力，许多科技工作者加强了对材料早期失效过程及其物理本质的研究，即把宏观的破坏与微观的组织结构变化及破坏发生、发展的物理过程的研究结合起来，从而找到了材料强化的新途径，推动了热处理工艺的发展。当代机械设计、材料工程（材料加工）与材料科学之间的紧密结合，以及各学科及工艺技术之间的相互渗透，已使热处理的技术领域日益扩大，向着优质、高效率、节约能源及无公害方向发展，如为了提高金属材料的强韧性，发展了强韧化热处理工艺。

为了强化零部件表面，除了表面淬火、化学热处理工艺之外，还发展了表面快速熔铸扩散合金化、离子注入、表面覆层强化等方法。另外，对零件表面进行冷变形强化（如辊压或喷丸）和通过相变使零件表面获得高的残余压应力的"预应力热处理强化"，也得到了应用。出于寻求既节约能源消耗又能得到优异性能的热处理方法的需要，还发展了将整体强化、表面强化等热处理工艺相互交叉组合的复合热处理方法。

为了满足各种热处理工艺的实施，近年来各种高效率（机械化、自动化）的通用热处理设备及专用热处理设备也有了较大的发展，并已采用了由计算机辅助热处理生产的成套装备，这一切都不断改变着热处理生产的面貌。

3.7.2　国内外热处理技术的发展[16,17]

3.7.2.1　清洁的热处理技术

热处理生产形成的废气、废水、废盐、剧毒物、粉尘、噪声、电磁波都会对环境造成污染。国内外对此都十分重视，涌现出一系列值得注意的无污染和有效治理污染的技术。

燃料炉的燃烧产物是形成污染的重要来源。先进工业国家热处理的加热已基本杜绝用煤做燃料，我国仍有相当数量的乡镇企业仍属煤炉加热，排放出大量 SO_2、CO、CO_2、粉尘和煤渣。国际上用重油做燃料的加热炉越来越少，而改用轻油者居多。天然气仍然是最理想的燃料。日本主要用轻油、液化气作燃料，用丙烷或丁烷作为制备吸热式气氛的原料。燃烧炉的燃烧废热已利用到很高程度，燃烧器结构的完善和空—燃比的严格控制，在保证合理燃烧的前提下，能使 CO 降到最低限度。

剧毒物的应用受到最大程度的限制，液体渗氮和氰化盐浴中的 CN^- 大多被 CNO^- 代替。含 CN^- 废水处技术已达到相当先进程度。工模具的盐浴加热淬火已逐步被真空高压气淬技术所代替。我国大城市中心地带已禁止设立使用盐浴的企业。除去钢件表面氧化皮的干法喷砂已逐步被湿法取代。水溶性合成淬火介质已代替了部分淬火油。由于采取了油的充分搅动，钢件淬火时油烟的蒸发已被降到最低程度。涌现出一系列取代氟氯烃溶剂的清洗钢件表面油脂的方法。

在预防和治理二者之间应以预防为主。气体渗碳、碳氮共渗、氮碳共渗、真空油气淬火、低压渗碳高压气淬、合成淬火介质等一系列热处理工艺和材料都是防患于未然的清洁热处理技术。

3.7.2.2　精密的热处理技术

当前的机械制造成型已经踏入了纳米技术领域。金属的物理冶金学的进步已经几乎洞悉了材料组织和性能关系以及其影响因素的普遍规律，并可以利用计算机和传感器技术的成就实现热处理生产向精密目标的过渡，即实现精密热处理的各种技术条件已臻成熟。

所谓精密热处理就是要严格控制热处理产品质量。一方面是自动优选工艺、提高产品质量；另一方面是充分保证稳定的优化工艺条件，获得分散度很小的均一的产品质量。这就是美国热处理 2020 年远景设想中的形象目标：热处理畸变为零和质量分散度为零的主要出发点。

当前热处理生产的质量控制除了依靠生产过程的自动化（消除影响质量的人为因素）、工艺参数的严格在线控制和工艺效果的计算机模拟来实现，还力求实现过程控制的自适应化和智能化。这就是质量控制技术发展的主要方向。

3.7.2.3　节能热处理技术

有关文献统计数据可知，我国热处理企业年生产总值为美国的 1/26，而电能消耗却比美国多 40%。热处理能源的有效利用是我国热处理工作者的迫切任务。

科学的生产和能源管理是能源有效利用的最有潜力的因素。保证满负荷生产、充分发挥设备能力是科学管理的目标之一。国际上广为流行，而我国正在蓬勃兴起的专业化生产方式已证明是最有效的节能措施。

先进工业国家从能源利用率和生产成本的精打细算出发，在电和燃料的一次和二次能源的调配上做出合理的选择，在热处理能源结构、充分利用废热、余热上积累了丰富的经验。我国机械工业 95% 以上的热处理炉用电是很不合理的，在当前天然气资源已能充分供应的条件下，热处理的能源结构必须调整和改变。

3.7.2.4　少无氧化的热处理技术

少无氧化热处理的普及程度仍然是衡量热处理技术先进与否的主要标志。在此技术领域内，包括气氛、真空、盐浴和流态床、感应、装箱、不锈钢箔包装、涂层保护，也应包括燃烧火焰的还原性控制等。其中以气氛和真空为主要发展方向。

国际上应用气氛进行保护加热的热处理已有百年以上的历史。我国从有了第一台钢材保护退火炉（上海电缆厂，1947 年自美国 E·F 引进）开始，应用（放热式）可控气氛的热处理已有 50 余年历程。从 20 世纪 60 年代初研制成首例 LiCl 露点仪和引进吸热式气氛发生炉和多用途箱型渗碳淬火炉开始，逐步掌握了单一气氛、多元气氛、滴注式气氛、液体炉外裂解氮基合成气氛等的制备和应用。目前已比较普遍地应于各种金属的光亮热处理、渗碳、渗氮、碳氮共渗、氮碳共渗等化学热处理领域，并实现了炉气碳势的精确控制。应用可控气氛的渗碳、碳氮共渗仍然是汽车、标准件、轴承和工程机械零件大批量生产的主要手段。我国和先进工业国家的主要差距首先是应用的普遍程度，其次是国产设备的可靠性差，再次是质量控制的精确度低，最后是操作人员素质和熟练程度不够。

真空热处理在 20 世纪 60 年代从热壁式炉中的真空退火发展到冷壁式炉中的真空加热油中淬火，随后发展到在还原性、中性、惰性气体中常压气冷淬火、0.2~2MPa 的高压气冷淬火、真空常温渗碳、高温渗碳、低压离子渗碳和高压气淬。真空热处理，尤其是高压气淬在工模具上的应用获得了改善质量、减少畸变、延长寿命的明显效果。我国在真空热处理技术开发上起步早、起点高，和国际上的差距不大。主要的差距表现在国产元器件、仪表质量差，从而使总体炉子的可靠性低，高压气淬炉只能达到 0.6MPa，而国际知名厂家产品已达到 2~3MPa。目前低压渗碳、离子渗碳高压气淬技术方兴未艾，半连续和连续式可满足大批量生产的低压渗碳设备相继问世。这些都是我国热处理设备制造业应该赶超的方向。

回顾 20 世纪最后 10 年的发展历程，展望 21 世纪热处理技术的发展趋势，可以预料：

（1）将有越来越多的热处理炉集成热处理生产线。

（2）采用快速加热系统和提高处理温度，将缩短工艺周期，使气氛炉更能适应其他机床的生产能力，这将导致采用感应加热系统加热和回火的"杂交炉"的诞生。

（3）将有更多的传感器安置于热处理炉上，这将对热处理结果产生深远影响。

（4）盐浴淬火结合贝氏体等温淬火工艺的应用将进一步扩大。

（5）真空炉的使用温度将进一步提高，这将刺激高温材料的开发。

（6）低压真空渗碳应用范围的日益扩大，可以预料碳传递速率检测传感器将问世。

（7）气淬工艺将主宰将来的热处理生产线，也不仅限于真空炉。气淬成本的降低还与新结构钢及表面强化钢的开发有关。

3.7.3 热处理生产技术改造的方向

由于受到制造业的高度重视，近代热处理技术发展神速。其主要发展方向可以概括为八个方面，即少无污染、少无畸变、少无（质量）分散、少无浪费（能源）、少无氧化、少无脱碳、少无废品、少无人工。

3.7.3.1 少无污染

热处理生产排出的废气、废水、废渣、粉尘、噪声和电磁辐射，如不注意，都使作业场地和周围环境受到污染。美国 2020 年热处理首要目标是实现零污染。

先进的热处理技术首先应该是对环境没有污染的技术，其中包括清洁工艺、清洁设备、清洁材料等。可控气氛、真空、有良好屏蔽的感应热处理是广泛应用的典型清洁工艺。等离子热处理、低压渗碳、高压气淬、激光电子束强化、喷雾淬火、真空清洗等也都属于少无污染技术。与这些工艺相对应的真空炉、气氛炉、离子渗氮炉、低 NO_x、SO_x 燃烧加热炉、流态炉属无污染设备。聚合物淬火剂、无氟氯烃溶剂、氮和各种惰性气体属于清洁材料。

氯化钡盐渣和含 $BaCl_2$ 过量的废水对人体有害，需经无害化处理达标后才允许排放。$BaCl_2$ 是高速钢刀具淬火加热目前无法代替的介质，但必须保证钡盐和含 $BaCl_2$ 废水的无害化排放。

热处理用的淬火油目前尚无法完全代替。淬火时形成的油烟对作业场地和环境都有影响。目前在我国的企业都是直接抽风向室外排放。这是个迟早必须解决的问题。

3.7.3.2 少无畸变

金属制件在热处理时的形状和尺寸变化是不可避免的现象。过大和不均匀的畸变会增加加工余量或使之报废。汽车变速箱齿轮热处理后一般不施行加工，畸变会使其失去互换性或增大间隙，增加车辆噪声。所以尽量减小畸变一直是许多热处理工作者终生努力的目标。美国 2020 年的热处理目标之一是达到零畸变。

工件畸变主要发生在冷却阶段，尤其是在淬火冷却过程中会形成最大程度的畸变。均匀冷却、减小工件表面到心部的温差是减小畸变的主要措施，故冷却介质和冷却方式的选择至关重要。近代淬冷介质品种繁多，淬冷方式也是多种多样，可按冷速要求和畸变技术条件进行选择。循环搅动比静止的冷却能力大 1~3 倍。变向循环可提高冷却的均匀程度。等温和分级淬火可减少工件表面和心部温差，使相变接近同步，降低热应力和组织应力，至今仍是国际名牌汽车齿轮渗碳后淬火减小畸变的主要措施。

用调节喷雾参数对工件温度场变化施行模拟控制的控制冷却技术为减小简单形状工件的热处理畸变带来了希望。大型轴承套圈渗碳后在涌泉式油槽中施行热油的变向循环，工件左右移动的淬火方式可以代替在压床上的压力淬火。汽车齿轮低压渗碳后施行变向高压（2MPa）气淬，可使同步环齿轮畸变控制到非常狭窄的范围。复杂形状易畸变工件可在压床上施压淬火或淬火后利用回火余热在自动矫直机上矫直。

材料化学成分的均匀性和稳定性以及淬透性的保证可使工件淬火畸变保持稳定的规律，以便于留放确切的加工余量，采取可靠的少无畸变措施。

3.7.3.3　少无分散

由于材料化学成分、加热炉有效加热区温度的不一致，加热和冷却条件的差别和人为操作因素的影响会使同一炉次热处理件质量（硬度、组织、畸变、表面状态、渗层深度、渗入元素的表面浓度和沿渗层的浓度梯度）造成明显差异，或不同炉次产品质量的不可重复性。采用科学的管理和先进技术可以使这种差异降到最低程度。美国 2020 年的目标要使热处理工件的质量分散度降低到零。

为逐步实现这个目标，设备的可靠性、工艺的先进性和稳定性、加热炉温度的均匀性，炉气均匀循环，制件材料成分的合格与稳定、自动化生产和质量的在线控制以消除人为因素影响都是非常重要的课题。为此，加热炉在设计过程中采用炉内温度场、炉气循环路线、淬火剂的流动状况、工件和淬火剂的热交换、工件冷却过程中的温度场、应力场变化等的计算机模拟就显得十分重要了。在生产中的质量管理措施上采用统计过程控制可以把质量分散度逐步缩小至很狭小范围内。

影响质量分散度的因素很多，必须从技术和管理上作为一种系统工程通过长期、细致和踏实的工作，才能在这方面逐步取得好的效果。

3.7.3.4　少无浪费

节能、节材、节水、节油、节气也是先进热处理技术的主要特点之一。美国 2020 年的热处理目标是把能源利用率提高到 80%。

3.7.3.5　少无氧化

绝大多数金属在空气中加热时的氧化会造成金属的大量损耗，也会破坏制件的表面状态和加工精度。少无氧化加热也是近代先进热处理技术发展的主要标志之一。属于少无氧化热处理范畴的技术包括气氛、真空、感应、流态床、盐浴、激光、电子束、涂层、包装热处理和燃烧炉火焰的还原性调节。在惰性、中性气氛和多组元可控气氛中加热的气氛热处理仍是当前最广泛应用的无氧化加热方法。在惰性（Ar、He）和中性（N_2）气体中实现完全的无氧化加热必须将气体施行干燥、使露点降到-60℃以下。

金属材料在热壁式真空炉中施行无氧化退火已有近百年历史。在有水冷夹层炉壳的冷壁式真空炉中进行无氧化退火、淬火、回火、钎焊、烧结等处理只有将近 40 年的历史。把炉子抽空到 0.1Pa 的真空度，即可实现大多数金属的无氧化加热。为了提高金属在炉中的加热速度，往往在抽真空后再向其中通入约 $0.8 \times 10^5 Pa$ 的惰性或中性气体。从这一层意义上真空和气氛加热有一定的共同之处。近代发展最快的是各种真空热处理设备。当前真空热处理设备有单室、双室、多室、油淬、气淬等。感应热处理由于加热迅速氧化不严重，应属少无氧化技术范畴。一些不允许有任何氧化的工件甚至在感应加热时也必须施行气氛保护。目前日本电子工业（株）热处理已开发出类似技术。在流动粒子炉和正常脱氧的盐浴中加热也都可以实现少无氧化效果。在单件小批量生产条件或大型工件加热而又缺乏气氛炉设备时可使用涂料或不锈钢箔包装后在空气炉中加热。

3.7.3.6　少无脱碳

钢件在空气和氧化性气体（CO_2、H_2O）中加热，与氧化的同时，还伴随着表面含碳量的降低，即表层脱碳。脱碳的工件淬火后表面硬度低，不耐磨，且表面易形成张应力，对抗疲劳性不利。少无脱碳加热的工艺方法与少无氧化基本相同，但对工艺条件的要求比少无氧化严格。少无脱碳保护气体只具有还原性还不够，尚应有一定碳势。对于多组元混合气氛 $CO-CO_2$、$N_2-CO-CO_2-H_2-H_2O$，为避免脱碳必须使炉气碳势和钢表面含碳量相适应。因此，中高碳钢的无脱碳加热必须对炉气施行碳势控制。按此道理，已脱碳的钢件在相应碳势的气氛中加热还可以恢复到原来的含碳量，此工艺过程被称为复碳。

钢件在真空中加热时，如果真空度能保证不氧化，也就不会脱碳。但在含水的惰性气体或中性气体中加热时，要想完全不脱碳，对其中含水量的要求更为严格。流动粒子炉、盐浴、涂层和包装后加热都有少无脱碳效果。感应加热虽有轻微氧化，但不会有明显脱碳。

3.7.3.7　少无废品

从零件的设计、材料的选择、材料质量的保证、加工过程和工艺路线的确定，用数据库和专家决策系统优选工艺和设备、设备可靠性的保证、工艺参数和产品质量的在线控制、无损自动质量检测系统来完成全部加工和热处理生产过程，实现产品质量的全面质量控制，使产品 100% 合格已不是一种梦想。

3.7.3.8　少无人工

人工操作会造成因人而异的产品质量波动。因此，尽快实现自动化生产和无人作业是热处理生产的美好前景。无人作业生产线是企业发展到相当先进水平的自然产物。

3.8　表面工程

随着现代工业的发展，对机械产品零件表面的性能要求越来越高，改善材料的表面性能，会有效地延长其使用寿命，节约资源，提高生产力，减少环境污染。这就对制造技术提出了挑战，既推动着表面工程学科的发展，又呼唤着先进的表面工程（例如复合表面工程、纳米表面工程等）在制造业中的广泛应用。

3.8.1　表面工程的特点

表面工程是经表面预处理后，通过表面涂覆、表面改性或多种表面工程技术复合处理，改变固体金属表面或非金属表面的形态、化学成分、组织结构和应力状态等，以获得所需要表面性能的系统工程。表面工程是由多个学科交叉、综合发展起来的新兴学科，它以"表面"为研究核心，在有关学科理论的基础上，根据零件表面的失效机制，以应用各种表面工程技术及其复合为特色，逐步形成了与其他学科密切相关的表面工程基础理论。表面工程的最大优势是能够以多种方法制备出优于本体材料性能的表面功能薄层，赋予零件耐高温、防腐蚀、耐磨损、抗疲劳、防辐射等性能，这层表面材料与制作部件的整体材料相比，厚度薄，面积小，但却承担着工作部件的主要功能[18]。

在我国节能节材"九五"规划中将表面工程应用作为重大措施之一，并列为节能、节材示范项目。材料表面改性作为传统材料性能优化的基础研究也被列入国家自然科学基金资助领域。由于表面工程的显著作用和重要地位，许多先进的表面工程技术及其基础理论研究被列入了国家"973"项目、国家重大技术创新项目、国家重点科技攻关项目等[10]。

当前表面工程发展非常迅速，也非常活跃。其原因是：

（1）现代工业的发展对机电产品提出了更高的要求，要在高温、高压、高速、重载以及腐蚀介质等恶劣工况下可靠地工作，表面工程为实现这些要求大显身手。

（2）相关的科学技术的发展为表面工程注入了活力、提供了支撑。如高分子材料和纳米材料的发展，激光束、离子束、电子束三种高能量密度热源的实用化等，都显著拓宽了表面工程的应用领域，丰富了表面工程的功能，提高了表面处理的质量。

（3）表面工程适合我国国情，能大量节约能源、资源，体现了科技尽快转化为生产力的要求，符合可持续发展战略。近年来，复合表面工程和纳米表面工程日益成为表面工程研究领域新的发展方向。

3.8.2　表面热处理和化学热处理

金属表面强化是工业上大量应用的表面工程技术。表面热处理包括表面物理强化和化学强化。将金属通过加热、冷却，改变表面层的组织而不改变表面层的成分的工艺称为表面热处理。将金属零件置于特定元素的一定物态介质中，加热、保温一定时间，使表面富含某种元素，并且具有特殊性能，使表层改性，如具有耐磨性、耐蚀性、高硬度、耐疲劳性等。此称为化学热处理。

表面热处理一般是指将工件表面快速加热奥氏体化，随后快速冷却，使工件表面层淬火为马氏体组织，以达到工业上的性能要求。常用的表面热处理方法有火焰加热表面淬火、感应加热表面淬火、激光加热表面淬火、电子束加热表面淬火等。表面淬火广泛应用于中碳调质钢和铸铁等。

化学热处理方法很多，常用的有渗碳、渗氮、渗金属等。图3-17是低碳钢经过渗碳后炉冷得到的组织照片，左边白亮色的铁素体组织较多，往右分别为亚共析层、共析层和过共析层的组织形貌。

3.8.3　复合表面工程

表面工程技术的基本特征是综合、交叉、复合、优化，与其他表面技术领域的重要区别是复合。表面工程的重大作用是复合表面工程的形成和发展。复合表面工程包括多种表面工程技术的复合和不同材料的复合两种形式。

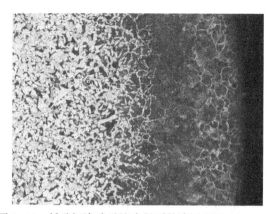

图 3-17 低碳钢渗碳后炉冷得到的渗层组织，OM×100

3.8.3.1 多种表面工程技术的复合

能够形成新的涂层体系，并建立表面工程新领域。综合运用两种或多种表面工程技术的复合表面工程技术通过最佳协同效应获得了"1+1>2"的效果，解决了一系列高新技术发展中特殊的工程技术难题。

目前，复合表面工程技术的研究和应用已取得了重大进展，如热喷涂与激光重熔的复合、热喷涂与刷镀的复合、化学热处理与电镀的复合、表面强化与喷丸强化的复合、表面强化与固体润滑层的复合、多层薄膜技术的复合、金属材料基体与非金属材料涂层的复合等，复合技术使本体材料的表面薄层具有了更加卓越的性能。今后复合表面工程技术将根据产品的需要进一步综合研究运用各种表面工程技术综合或复合以达到最佳的优化效果。

3.8.3.2 多种不同材料的复合

目前，由各种材料复合获得的复合涂层种类主要有金属基陶瓷复合涂层、陶瓷复合涂层、多层复合涂层、梯度功能复合涂层等。例如，Al 是具有较好抗腐蚀性能的涂层材料，但纯 Al 涂层的抗磨性差。通过在 Al 中添加硬质陶瓷相可显著提高其耐磨性能。因此可在 Al 金属中添加 AlN、Al_2O_3、SiC、TiC 等获得金属基复合涂层，其中添加 Al_2O_3 价格最低并与 Al 基体润湿性最好。这类金属基复合涂层可以通过等离子喷涂复合粉或电弧喷涂粉芯丝材获得。而应用粉芯丝材制备金属基复合涂层（MMC）具有更多的优点：它可以方便调整化学成分，适合特殊应用；可以与现有等离子技术粉末指标匹配；与旋转流动的等离子体喷射粉末方法相比，可以产生更为均匀、一致的元素混合；采用电弧喷涂技术的设备费用为等离子技术的 1/5，运行费用为等离子技术的 1/9。例如，新近开发出一种抗腐蚀、防滑的高速电弧喷涂 Al 基 Al_2O_3 复合涂层粉芯材料，该材料获得的复合涂层在具有优异的防腐性能的同时，还具有显著的抗磨和防滑性能，应用于舰船甲板的防滑具有显著的效果。此外，在 Al 基中添加 SiC，涂层硬度可显著提高，复合涂层的抗磨性比添加 Al_2O_3 涂层的抗磨性高 35%，且改善涂层的导热性。

再如，金属间化合物及其复合材料具有优越的高温强度和抗氧化性。然而，其室温脆性及难以成形加工等严重制约了此类材料的应用，另外单一金属间化合物硬度和抗磨损性必须通过加入硬质陶瓷复合相得到改善以适应高负荷、高温部件对抗磨性的要求。热喷涂技术是制备金属间化合物及其复合材料的一种新的涂层工艺，具有独特优点，可有效解决室温加工困难问题，冷却速度快，能产生细小的等轴晶，能充分发挥细小颗粒的强化作用，可改善增强颗粒与基体间的润湿性，对改善高温结构用金属间化合物合金的性能，将具有广阔的应用前景。例如：Tsunekawa 等通过单元素粉末 Ti（或 Fe）和 Al 并加入 SiC、TiB_2 或 WC 颗粒，用脉冲等离子喷涂法合成金属间基体化合物复合涂层 TiAl/SiC、TiB。

3.8.4　纳米表面工程

纳米技术是 20 世纪 80 年代末期诞生并正在崛起的新技术。1990 年 7 月，在美国巴尔的摩召开了国际首届纳米科学技术会议。纳米科技研究范围是过去人类很少涉及的非宏观、非微观的中间领域（$10^{-9} \sim 10^{-7}$mm），它的研究开辟了人类认识世界的新层次。其中，纳米材料被称为"21 世纪最有前途的材料"；纳米技术是 21 世纪新产品诞生的源泉。

纳米材料与技术的发展得到了世界各国的高度重视。2000 年 5 月，时任美国总统克林顿宣布实施的一项新的国家计划——国家纳米技术计划（NNI），把研究开发强度和硬度更大、重量更轻、安全性更好，并能自行修复的纳米材料列为重要发展方向之一。

随着纳米科技的发展和纳米材料研究的深入，具有力、热、声、光、电、磁等特异性能的许多低维、小尺寸、功能化的纳米结构表面层能够显著改善材料的组织结构或赋予材料新的性能。目前，在高质量纳米粉体制备方面已取得了重大进展，有些方法已在工业中应用。但是，如何充分利用这些材料，如何发挥出纳米材料的优异性能是亟待解决的问题。然而，最有可能从纳米材料中获益的是通过热激活方法沉积涂覆层的工艺。热喷涂法制备纳米级晶粒涂层主要优点是适应性和费用的可行性，这有可能很快导致纳米级晶粒材料工业应用的实现。例如，有关纳米组织 WC/12Co 和 WC/15Co 涂层热喷涂过程的研究显示出良好的发展前景，在涂层组织中可以观察到，纳米级微粒散布于非晶态富 Co 相中，结合良好，涂层显微硬度明显增加。研究表明，纳米涂层具有极好的抗晶粒长大的热稳定性。此外，美国纳米材料公司应用独有的水溶性纳米粉体合成技术制备纳米粉，再通过特殊黏结处理形成喷涂粉，用等离子喷涂方法获得了纳米结构的 Al_2O_3/TiO_2 涂层，该涂层致密度达 95%~98%，结合强度比商用粉末涂层提高 2~3 倍，杯突试验比商用粉末涂层提高约 4 倍，磨粒磨损抗力是商用粉末涂层的 3 倍，弯曲试验比商用粉末涂层提高 2~3 倍，表明纳米结构涂层具有很好的性能。

在理论研究与实践应用的基础上，"纳米表面工程"的新领域应运而生。纳米表面工程是以纳米材料和其他低维非平衡材料为基础，通过特定的加工技术或手段，对固体表面进行强化、改性、超精细加工或赋予表面新功能的系统工程。

复习思考题

3-1　简述金属材料加工类型。

3-2　简述焊接方法的分类及其特点。

3-3　简述国内外热处理技术发展的现状。

3-4　简述金属热处理的定义。

3-5　什么是粉末冶金技术？

3-6　简述表面工程的特点和复合形式。

3-7　什么是铸造，铸造过程是怎样的？

参 考 文 献

[1] 肖纪美. 金属材料学的原理和应用 [M]. 包头：包钢科技编辑部发行，1996.

[2] 肖纪美. 材料的应用及发展 [M]. 北京：宇航出版社，1988.

[3] 崔崑. 钢的成分、组织与性能（上册）[M]. 北京：科学出版社，2013.

[4] 钢铁研究总院结构材料研究所，先进钢铁材料技术国家工程研究中心，中国金属学会特殊钢分会. 钢的微观组织图像精选 [M]. 北京：冶金工业出版社，2009.

[5] 刘宗昌. 合金钢显微组织辨识 [M]. 北京：高等教育出版社，2017.

[6] 宋维锡. 金属学 [M]. 北京：冶金工业出版社，1980.

[7] 东北工学院，等. 铸铁及其熔化 [M]. 北京：冶金工业出版社，1978.

[8] 刘宗昌，任慧平，宋义全. 金属固态相变教程 [M]. 北京：冶金工业出版社，2003.

[9] 刘宗昌，任慧平，计云萍. 固态相变原理新论 [M]. 北京：科学出版社，2015.

[10] 刘宗昌，等. 金属学与热处理 [M]. 北京：化学工业出版社，2008.

[11] 刘宗昌. 钢件的淬火开裂及防止方法 [M]. 北京：冶金工业出版社，1991.

[12] 刘宗昌，张羊换，麻永林. 冶金类热处理及计算机应用 [M]. 北京：冶金工业出版社，1999.

[13] 刘宗昌，赵莉萍等. 热处理工程师必备基础理论 [M]. 北京：机械工业出版社，2013.

[14] 邹僔，魏月珍，焊接方法及设备 [M]. 北京：机械工业出版社，1981.

[15] 中国热处理学会热处理手册编委会. 热处理手册（第一卷）[M]. 北京：机械工业出版社，1991.

[16] 樊东黎，潘建生，徐跃明，等. 中国材料工程大典第15卷材料热处理工程 [M]. 北京：化学工业出版社，2005.

[17] 刘宗昌，冯佃臣. 热处理工艺学 [M]. 北京：冶金工业出版社，2015.

[18] 曾晓雁，吴懿平. 表面工程学 [M]. 北京：机械工业出版社，2004.

金属结构材料

金属材料分为结构材料和功能材料两大类，结构材料是以力学性能为主要性能的材料，功能材料是以物理性能为主要性能的材料。结构材料用量较大，经济效益较高。考虑到钢是用途最广、用量最大的金属结构材料，使用温度和介质对材料力学性能有一定影响，图 4-1 为以钢为中心的金属结构材料的分类[1,2]。

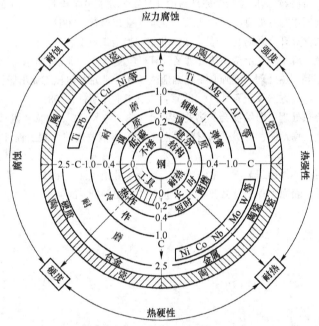

图 4-1 金属结构材料的分类

从图 4-1 中可见，在径向上标出了各类钢的大致碳含量范围。如在第一象限的结构钢中，建筑用钢的碳含量（质量分数）一般在 0.2% 以下。调质钢的碳含量（质量分数）为 0.2%~0.4%；弹簧钢的碳含量（质量分数）一般为 0.6%~0.7%。在第二象限的不锈钢中，碳含量（质量分数）为 0.03%~0.2%。在第三象限的工具钢中，碳含量（质量分数）为 0.4%~1.0%。

当金属材料不能满足使用性能要求时，还可以考虑使用非金属材料，如陶瓷材料。

图 4-1 所示的四种材料为结构材料、耐蚀材料、耐磨材料和耐热材料，可以分别用主要性能贯穿强度、耐蚀、硬度及耐热。在图 4-1 中存在一定联系。

4.1 钢的分类

钢是指碳含量（质量分数）小于 2.06% 的铁-碳合金，在实际生产中钢的碳含量（质量分数）一般保持在1.5%以下。通常按钢中是否添加合金元素，将钢分为碳素钢（简称碳钢）和合金钢。

所谓合金元素是指特别添加到钢中为了保证获得所需要的组织结构、物理—化学和力学性能的化学元素。而由冶炼时所用原材料以及冶炼方法和工艺操作等所带入钢中的化学元素，则称之为杂质。

碳素钢中常见的杂质元素有锰、硅、硫、磷、氧、氮、氢等，它们的含量一般控制在下列范围：$w(Mn) = 0.25\% \sim 0.8\%$、$w(Si) = 0.17\% \sim 0.37\%$、$w(S) < 0.065\%$、$w(P) < 0.045\%$。

合金钢中作为常见杂质元素有锰、硅、铬、镍、铜、钼、钨、硫、磷、氧、氮、氢等，但是它们的含量一般控制在下列范围：$w(Mn) \leqslant 0.5\%$、$w(Si) \leqslant 0.4\%$、$w(Cr) \leqslant 0.3\%$、$w(Ni) \leqslant 0.3\%$、$w(Cu) \leqslant 0.3\%$、$w(Mo) \leqslant 0.1\%$、$w(W) \leqslant 0.2\%$、$w(P) \leqslant 0.025\% \sim 0.04\%$、$w(S) \leqslant 0.015\% \sim 0.05\%$，大于这一范围应视为合金元素。这样，同一化学元素既可能作为杂质元素又可能作为添加的合金元素，若属于前者，则影响钢的质量；若属于后者，则决定钢的组织与性能。

合金钢可以定义为在化学成分上特别添加合金元素用以保证一定的生产和加工工艺以及所要求的组织与性能的铁合金。合金钢中所添加的个别元素量将高于这种元素视为杂质时的含量。某些合金元素，如V、Nb、Ti、Zr、RE、B，当其含量（质量分数）超过0.02%（B为0.001%）时，将显著地影响钢的组织与性能，这些元素也是合金元素，往往与其他主加元素一起制成合金钢，只含有这类元素的钢有时称为微合金化钢。

钢中的合金元素含量各不相同，如结构钢中B的含量（质量分数）在0.0005% ~ 0.0035%，V在钢中的含量（质量分数）为0.1% ~ 5%，Cr在钢中的含量（质量分数）可达30%。

钢的种类很多，为了便于管理、使用，根据某些特性，从不同角度把钢分为若干类别。如按化学成分分类，按质量等级、主要性能、特性分类，按照冶炼方法分类，按照组织类型分类，按照用途分类等[3]。

4.1.1 按质量等级、主要性能、特性分类

4.1.1.1 非合金钢

非合金钢按主要质量等级分为普通质量非合金钢、优质非合金钢和特殊优质非合金钢。

（1）普通质量非合金钢。普通质量非合金钢是指不规定生产中需特别控制质量要求的并且要满足下列四个条件的钢种，即：1）非合金化；2）不规定热处理；3）符合一些特性值条件，如碳含量（质量分数）不小于0.1%；4）未规定其他质量要求。

非合金钢主要包括一般碳素结构钢、碳素钢筋钢、一般钢板桩型钢。

（2）优质非合金钢。优质非合金钢在生产中需特别质量控制，如晶粒度、硫磷含量、表面质量等。主要包括机械结构用优质碳素钢、工程结构碳素钢、锅炉碳素钢、造船碳素钢等。

（3）特殊质量非合金钢。特殊质量非合金钢是指需要特别严格的质量和性能的非合金钢。如钢材要经过热处理，要淬火—回火达到淬硬层深度或表面硬度等。

特殊质量非合金钢包括保证淬透性的非合金钢、铁道用特殊非合金钢（如车轴）、碳素弹簧钢、碳素工具钢、特殊易削钢等。

4.1.1.2 低合金钢

低合金钢按质量等级分为普通质量低合金钢、优质低合金钢和特殊优质低合金钢。

（1）普通质量低合金钢是指不规定生产过程中需特别控制质量要求的，只供一般用途使用的钢。其合金元素含量较低，不热处理，硫磷含量（质量分数）不大于 0.045%，对性能也有要求，如屈服强度最低值不大于 360MPa 等。

普通质量低合金钢包括一般用途的低合金结构钢，低合金钢筋钢，铁路、矿山用低合金钢等。

（2）特殊质量低合金钢是指需要特别严格控制质量和性能的低合金钢。如限制非金属夹杂物，严格控制硫磷含量，规定低温冲击性能，屈服强度不小于 420MPa。

特殊质量低合金钢包括：核能用低合金钢，低温用低合金钢，舰船、兵器用特殊合金钢等。

（3）优质低合金钢是指除普通质量低合金钢和特殊质量低合金钢以外的低合金钢，包括可焊接的高强度结构钢、桥梁低合金钢、铁路用低合金钢等。

4.1.1.3 合金钢

合金钢按照质量等级分为优质合金钢和特殊质量合金钢。

优质合金钢包括：工程用合金结构钢，电工用硅钢，地质、石油用合金钢等。质量和性能特别控制。

特殊质量合金钢包括：压力容器合金钢，合金结构钢，合金弹簧钢，不锈钢，耐热钢，合金工具钢，高速钢，轴承钢，无磁钢等。质量和性能需要特别严格控制。

按钢中含有合金元素量分类如下：

（1）低合金钢。合金元素的总含量 $w<5\%$。

（2）中合金钢。合金元素的总含量 $w=5\%\sim10\%$。

（3）高合金钢。合金元素的总含量 $w>10\%$。

4.1.2 按组织分类

钢的分类还有按照冶炼方法分类、按照组织分类、按照加工方法分类、按照用途分类等。这里主要讲述按照组织状态分类。

（1）按照平衡状态或退火状态的组织分类。

1）亚共析钢。为先共析铁素体和珠光体组成的整合组织。

2）共析钢。珠光体组织。

3）过共析钢。由二次碳化物和珠光体组成的整合组织，如高碳钢 T10。

4）莱氏体钢。组织中有一次碳化物，如高速钢。

5）铁素体钢。在高温和室温下铁素体组织稳定，加热和冷却过程中铁素体组织不变。

6）奥氏体钢。在高温和室温下奥氏体组织稳定，加热和冷却过程中不转变。

7）半铁素体钢。为铁素体加奥氏体组织的钢，在加热和冷却过程中铁素体和奥氏体相互转变。

（2）按照正火组织分类。将直径为 25mm 的钢材加热到 900℃，然后在空气中冷却，按得到的组织类型分类，有珠光体钢、贝氏体钢、马氏体钢、奥氏体钢、复相钢等。

4.1.3　其他分类

碳素钢的分类方法很多，常用的分类方法有：

（1）按碳质量分数分。

1）低碳钢。碳的质量分数 $w(C) \leqslant 0.25\%$ 的钢。

2）中碳钢。碳的质量分数为 $0.25\% < w(C) \leqslant 0.60\%$ 的钢。

3）高碳钢。碳的质量分数 $w(C) > 0.60\%$ 的钢。

（2）按钢的硫、磷质量分数等级分类。

1）普通钢。$w(S) \leqslant 0.055\%$，$w(P) \leqslant 0.045\%$。

2）优质钢。$w(S) \leqslant 0.040\%$，$w(P) \leqslant 0.040\%$。

3）高级优质钢。$w(S) \leqslant 0.030\%$，$w(P) \leqslant 0.035\%$。

4）特级优质钢。$w(S) \leqslant 0.025\%$，$w(P) \leqslant 0.030\%$。

（3）按用途分类。

1）碳素结构钢。用于制造各种机器零件和工程结构件，多为低碳钢和中碳钢。在此基础上发展了某些专用钢，如锅炉钢、船舶用钢、冷冲压钢及易切削钢等。

2）碳素工具钢。用于制造各种刀具、量具和模具，多为高碳钢且都为优质钢。

3）合金钢可分为合金结构钢、合金工具钢和特殊性能钢三类。其中合金结构钢又可按具体的用途分为合金渗碳钢、调质钢、弹簧钢、轴承钢。合金工具钢又可分为合金刃具钢、合金量具钢、合金模具钢；而合金模具钢又可分为冷作模具钢、热作模具钢。特殊性能钢可分为不锈钢、耐磨钢、耐热钢。

另外，工业用钢按冶炼方法的不同，可分为平炉钢、转炉钢和电炉钢等；按炼钢的脱氧程度又可分为沸腾钢、镇静钢和半镇静钢。

4.2　碳素结构钢和低合金高强度钢

我国钢产量已经达到 8 亿吨，为世界上第一产钢大国（世界钢年产量约为 13 亿吨）。其中碳素结构钢和低合金高强度钢占产量的大部分，这类钢在国民经济中起着极为重要的作用。

4.2.1　碳素结构钢

碳素结构钢属于普通质量非合金钢，广泛地用于建筑、桥梁、船舶、车辆、铁道和各种机械制造工业，产量约占各国钢总产量的 80% 左右。这类钢可分为两类：

（1）普通碳素结构钢。对含碳量、性能和杂质含量的限制较宽。在我国，根据交货的保证条件，这类钢有 Q195、Q215、Q235、Q255、Q275。

碳素结构钢是亚共析钢，钢材一般以热轧、控轧或正火状态交货，组织由先共析铁素体+珠光体组成。碳是钢中的重要元素，各牌号钢的性能基本上由碳含量决定。如 Q235 钢的碳含量适中，具有优良的综合力学性能和工艺性能，是最通用的工程结构用钢之一[3]。用于建筑厂房、桥梁、车辆等。品种有型钢、带钢、钢管、钢丝等。

（2）优质碳素结构钢。对钢中硫、磷及非金属夹杂物的存在要求较严，含量要求较低。属于优质非合金钢。这类钢除了要求保证化学成分和力学性能外，还对低倍组织级别做了规定。钢号系列为 08～85，分为普通锰含量钢和较高锰含量钢。如 45 钢、45Mn 钢等。按照碳含量高低有不同用途。

1）$w(C)<0.25\%$ 的低碳钢。$w(C)<0.10\%$ 的 08F、08Al 等，具有优良的深冲性和焊接性，被广泛地用作深冲件，如汽车零件、制罐等。

20G 钢是制造普通锅炉的主要钢材，也广泛地作为渗碳钢，用于制造机械零件。20G 钢热轧态的金相组织如图 4-2 所示，白色晶粒为铁素体，黑色块状部分为珠光体。

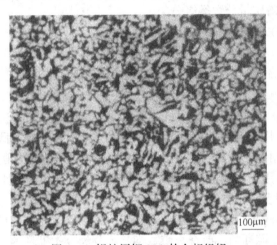

图 4-2　锅炉用钢 20G 的金相组织

2）$w(C)=0.25\%\sim0.60\%$ 的中碳钢，特别是 $w(C)=0.30\%\sim0.45\%$ 的钢材，制作机械零件，淬火后回火，在具有回火索氏体组织的"调质"状态下使用。这类钢又叫做调质钢。

3）$w(C)>0.60\%$ 的高碳钢，也是在调质状态下使用，多用于制造弹簧、齿轮、耐磨件等。

碳素结构钢在热轧态的力学性能主要取决于钢的碳含量。随着碳含量的增加，钢中珠光体含量增加；钢的屈服强度、抗拉强度增加，钢的硬度（HB）升高，反映钢的塑性的伸长率及断面收缩率下降，韧性（冲击功 A_k）下降。

这类钢中的硅、锰元素是脱氧的残存元素，而钢中适量的锰与硫结合形成 MnS，可以减少或抑制钢的热脆性。

当碳素结构钢在强度、淬透性、特殊物理化学性能等方面不能满足使用要求时，应当开发和选择合金钢。

4.2.2　低合金钢

4.2.2.1　概述

运输工业的发展，要求运输工具本身的重量较轻，因而需要比强度（即屈服强度/密度）较高的钢种，同时这些行业的用钢量很大，因此所用的合金元素含量不宜过多。基于这些要求，出现了一系列低合金高强度钢（High Strength Low Alloy steels，HSLA 钢）。

此外，建筑、桥梁、铁路及交通等行业所使用的大件结构，在装配时，难以进行淬火热处理，而这些结构又常常需要焊接。因此，随着这些工业的迅速发展，对于具备良好可焊性、不需要进行热处理的高强度钢的要求也越来越迫切。这种钢的生产不但可以满足高强度的要求，即使在要求强度不高的地方，使用这种钢也可以减轻重量，对于运输工业很有利。此外，由于使用钢的重量减小了，等吨位的钢产量就可以满足更多的要求，其效果相当于增加了钢的产量。从冶金工业的生产考虑，这类钢有三类产品：热轧、冷轧、淬火回火状态。

对于这类钢，屈强比 σ_s/σ_b 是一个有意义的指标，此值越大，越能发挥钢材潜力。但是为了使用安全，也不宜过大，适合的比值在 0.65~0.75 之间。在交变载荷下，其疲劳强度一般应不小于 250~270MPa。

在塑性方面，要求厚度为 3~20mm 钢板的伸长率（δ_5）一般不小于21%。室温冲击韧性在纵向和横向分别不小于80J/cm² 和 60J/cm²，在-40℃或经过时效处理后冲击值下降应不超过 50%，即不低于 30~40J/cm²。换句话说，这类钢的韧脆转折温度应为-30℃左右。

此外还要求这类钢具有良好的工艺性能和耐蚀性。工程构件用钢的一个重要性能就是能用普通方法进行加工成型。这种加工成型包括剧烈的机械加工变形，如剪切、冲孔、冷弯、热弯和焊接，同时材料还要适合火焰切割。钢结构在焊接后不易进行热处理，故要求有良好的焊接性能，即焊接后焊缝性能不低于或很少低于母材，焊缝附近热影响区的性能变化要小，不致产生裂纹。用于冷冲的钢板则需要有良好的冲压性能。

良好的耐蚀性，这里主要指在大气条件下的抗腐蚀能力。使用低合金高强度钢以后，由于减少了结构中钢材的厚度，所以必须相应地提高由于大气腐蚀而引起的消损率。

4.2.2.2 技术发展历程

19 世纪的冶金工作者，由于用户设计时，只考虑抗拉强度（σ_b），构件主要靠铆接，希望简便地使用热轧材，因而采用较高的碳量［$w(C) \approx 0.3\%$］，并用硅或锰的合金化来满足用户的要求。例如，1907 年英国的舰船板采用 0.27%C-1.2%Si-0.7%Mn（质量分数），1932 年澳大利亚悉尼港桥采用成分（质量分数）为 0.30%C-0.15%Si-1.2%Mn 的低合金钢。

焊接代替铆接，加速了舰船的制造。自从引入了焊接技术，也在 20 世纪 40 年代初出现了大量的船体断裂事故。对于断裂事故的分析结果，促使人们认识如下三点技术问题：

（1）在设计上，屈服强度（σ_s）较 σ_b 更重要。

（2）在设计上，必须考虑钢的韧性，重视由冲击韧性所导出的脆性转变温度的概念。

（3）从焊接件的韧性和强度考虑，降低碳含量，增高 Mn/C 比，并用 AlN 细化晶粒，可使钢板 σ_s 从 250MPa（N/m²）增至 300MPa（N/m²），而脆性转变温度可降到 0℃以下。

进一步采用 Nb、V、Ti 的氮化物或碳化物的沉淀强化和降低轧制温度，σ_s 可提高到 450~525MPa（N/m²），而脆性转变温度可降至-80℃。

20 世纪 60~70 年代的一个重要贡献是硫化锰夹杂物形貌的控制。MnS 的高温塑性好，热轧时，MnS 变形成薄片，沿轧制方向分布，从而导致板材厚度方向的塑性低，造成板材弯曲或焊接时出现层状开裂。在钢中加入稀土元素（Ce、La 等）、Ca、Zr 等，改变硫化物成分，使它在热轧时能保持球状，从而可解决层状开裂问题。

20世纪70~80年代，由于转炉炼钢技术的改进，含碳量（质量分数）可降低到0.05%以下，因而出现了超低碳贝氏体钢、无珠光体钢、针状铁素体钢、热轧双相钢等。这类钢在油气输送管线、深井油管、汽车钢板等领域，有广阔的应用前景。

4.2.2.3　普通低合金高强度钢的分类

普通低合金钢的分类方法最常见的有两种，一是按照用途分类，另一是按照使用状态下的金相组织分类。按照用途以及某些特点，普低钢常被划分为以下几类：

（1）一般建筑结构钢。这类钢包括屈服点为30~55MPa，用于建筑结构方面的钢。它们都仍保持良好的塑性、韧性和加工性能，并具有良好的可焊性，同时也具有一定的耐大气腐蚀能力。所以这类钢应用范围很广，如厂房建筑、起重设备、桥梁、船舶、车辆、锅炉、容器等，是普低钢中用途最多的一种。

（2）钢筋钢。这种钢实际上也应属于建筑用钢。但是由于对钢筋有特殊要求，所以把钢筋另列一类，如16Mn、16SiTi、25MnTi、25SiTi、44Si2Mn等。

钢筋用于混凝土构件，对性能要求既要有高的强度，又需要有一定的塑性，以适于冷加工，包括冷弯和预应力冷拉，同时还要求有良好的可焊性。

（3）耐蚀钢。在石油和化学工业中的许多建筑结构和设备，要求能耐各种介质（如弱酸、弱碱、盐类、硫化氢、氯离子等）腐蚀，有的还同时要求耐一定的温度；又如造船、码头建筑、海上勘采石油船体和设备、海底电缆等要求能耐海水的侵蚀。

除一部分采用高合金不锈钢以外，大部分的建筑结构和设备还是采用一般建筑结构钢。但是，为了提高使用寿命，在普通低合金建筑结构钢的基础上，添加铝、铜、铬、钼、钛、磷等元素，就可以程度不同地抵抗这种或那种介质的腐蚀。以耐海水腐蚀钢为例，如10MnPNbRE钢。

（4）低温用钢。现代工业中有许多设备要求在很低的温度下工作（如从-70℃直到-196℃），如各种冷冻设备、制氧设备、石油尾气分馏设备以及各种超低温容器等。

低温用钢必须在低温下保持一定的塑性和韧性，以防止在载荷作用下发生脆断。这类钢中最常用的是接近于全铁素体组织的低合金钢，特点是低碳或超低碳 [$w(C)<0.06\%$]，并加入少量钒、钛、铌、铝等强细化晶粒元素。我国研究出多种低温用钢，如09Mn2V。

普通低合金钢大部分不需要热处理，大量的钢材均以热轧状态交货。为了提高强度、塑性、韧性，常常采用正火处理。正火后的组织为铁素体+珠光体的正火组织。

4.2.2.4　我国的低合金高强度钢

我国的低合金高强度钢有21种，它们是按屈服强度高低来分类的，共分为300MPa级、350MPa级、400MPa级、450MPa级、500MPa级和650MPa级6个级别。这类钢的特点是：

（1）基本上不加Cr、Ni，是经济性较好的钢种。

（2）以Mn为主，附加元素为V、Ti、Mo、Nb、B诸元素。

（3）利用少量P来提高抗大气腐蚀性。

（4）加入微量稀土元素，可脱S去气，消除有害杂质，使钢材净化，并改善夹杂物形态与分布，既改善力学性能，对工艺性也有好处。

A　$\sigma_s=300$MPa 级

（1）12Mn钢。12Mn钢在300MPa级中是一个较好的钢种。综合力学性能好，生产工艺简单。可用于船舶、容器、油罐和其他金属结构。加热至450℃时，其σ_s值还可维持在

200~210MPa 水平。国内很多锅炉厂采用此钢。

（2）09MnNb 钢。09MnNb 钢是在 09Mn2 钢基础上，以 Nb 代替部分 Mn 而发展起来的。加入少量的 Nb（0.05%~0.5%）可细化晶粒，并有 NbC 相的析出强化作用。多用于桥梁及车辆。

B $\sigma_s = 350$MPa 级

（1）16Mn 钢。16Mn 钢是发展最早、使用最多、最有代表性的钢种。由于含在碳量提高，因而强度较高，同时具有良好的综合力学性能和焊接性能。多用于船舶、桥梁、车辆、大型容器、大型钢结构等。比使用碳钢可节约钢材 20%~30%。

（2）12MnPRE 钢。其中加入少量的 P（0.07%~0.12%），提高了抗蚀性，并有较大的强化作用。另外加稀土元素可消除有害杂质，改善夹杂物的形状及分布，减弱冷脆性。可用于化工容器及建筑结构。

C $\sigma_s = 400$MPa 级

（1）16MnNb 钢。与 16Mn 钢相比，Mn 含量降低了一些。由于 Nb 的强化作用，16MnNb 钢的强度比 16Mn 钢高一级。综合力学性能与焊接性能都比较好。多用于大型结构及起重机械。

（2）10MnPNbRE 钢。由于 Nb 及 P 的强化作用，使 C 含量可以低一些。P 也使钢的抗蚀性提高。RE 起净化钢材的作用，从而改善钢材质量。这种钢多用于造船、港口建筑结构及石油井架。

D $\sigma_s = 450$MPa 级

（1）14MnVTiRE 钢。由于 V、Ti 的强化作用，因而 σ_s 进一步提高。该钢经正火后具有良好的综合力学性能和焊接性。多用于大型船舶。

（2）15MnVN 钢。由于 V、N 可以细化晶粒，又具有析出强化作用，力学性能及焊接性能都好。可用于大型桥梁、锅炉及车辆等。

E $\sigma_s = 500$MPa 级

（1）14MnMoVBRE 钢。由于 Mo 及微量 B 的作用，使 C-曲线的上部右移，而对贝氏体转变影响很小。正火后可得到大量贝氏体组织，σ_s 显著提高。Mn、V 都有强化作用，RE 不仅净化钢材，而且使钢材表面的氧化膜致密，因而使钢材具有一定的耐热性，可在 500℃ 以下使用。多用于石油、化工的中温高压容器。

（2）18MnMoNb 钢。其中含有少量的 Nb，Nb 的碳化物能够显著地细化晶粒，并且起沉淀强化作用，提高屈服强度。同时，Nb 和 Mo 都能提高钢的热强性。这种钢经正火和回火或调质后使用。正火温度为 950~980℃，回火温度为 600~650℃。调质规范为 930℃ 淬火和 600~620℃ 回火。18MnMoNb 钢的强度高，综合力学性能和焊接性好，适合作化工石油工业用的中温高压厚壁容器和锅炉等，可在 500℃ 以下工作用。此钢还用于做大锻件，如水轮机大轴。

F $\sigma_s = 650$MPa 级

14CrMnMoVB 钢是在 14MnMoVBRE 钢的基础上加入一定量的 Cr（0.9%~1.3%），因而强度进一步提高。它在正火后也得到低碳下贝氏体组织，强度、韧性及焊接性都比较满意。也多用于高温中压（400~560℃）容器。

4.3　铁素体–珠光体钢

4.3.1　概述

中、高碳铁素体–珠光体钢是碳含量（质量分数）在 0.3% 以上的碳素钢和合金结构钢，是国民经济中应用非常广泛的钢铁材料。

长期以来，铁道工程中的钢轨、轮及轴等，岩石工程中的钻杆，建筑工程中的型钢、钢筋等，广泛而大量地采用热轧钢材，依靠珠光体来提高钢的强度和耐磨性，并伴随着塑性及韧性的降低。传统的观念认为这类钢并不需要高的韧性，但是，一系列的断裂事故促使人们认识韧性的重要性。为此，可降低碳的含量，从而减少珠光体含量，增加铁素体量；这样，韧性提高了，但又牺牲了强度及耐磨性。因此，系统地理解力学性能与组织结构参量之间的关系，定会有助于优化选择钢的成分和工艺。

4.3.2　组织结构和力学性能

中、高碳铁素体–珠光体钢的显微组织为铁素体+珠光体组成，相组成物为铁素体+渗碳体。

何谓铁素体组织？钢中的铁素体是碳等元素溶入 α–Fe 中形成的固溶体。Fe–C 相图中，α–Fe 中碳含量（质量分数）最大溶解 0.0218%。平衡条件下铁素体中碳含量（质量分数）极低，为 0.0004%。因此，铁素体硬度很低，约为 HB80。

何谓珠光体？珠光体是共析铁素体和共析碳化物的整合组织[4,5]。

铁素体相强度低，韧性、塑性好；而渗碳体是强化相，因此珠光体强度高。图 4-3 为 45 钢的铁素体+珠光体组织。灰白色区域为铁素体晶粒，灰黑色部分和片层组织为珠光体。

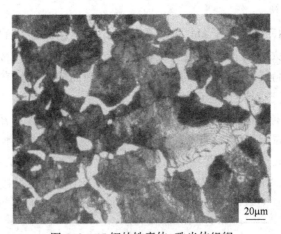

20μm

图 4-3　45 钢的铁素体+珠光体组织

根据数据的统计分析，可获得经验公式，如铁素体–珠光体钢的屈服强度（MPa）为[6]：

$$\sigma_s = 15.4\{f_\alpha^{\frac{1}{3}}[2.3 + 3.8w(Mn) + 1.13d^{-\frac{1}{2}}] + (1 - f_\alpha^{\frac{1}{3}})(11.6 + 0.25S_0^{-\frac{1}{2}}) + 4.1w(Si) +$$
$$27.6\sqrt{w(N)}\}$$

式中　f_α——铁素体的体积分数；

　　$1 - f_\alpha$——珠光体的体积分数；

　　　d——铁素体晶粒的平均直径，mm；

　　　S_0——珠光体平均片间距，mm；

　$w(N)$——铁素体中的固溶氮质量分数，%；

$w(Mn)$——锰的质量分数，%；

　$w(Si)$——硅的质量分数，%。

　　图4-4表明，各种组织结构参量对屈服强度的贡献，可见，随着珠光体含量的增加，屈服强度升高。

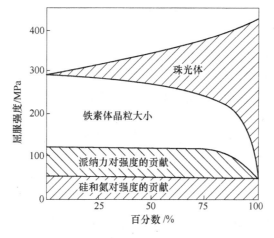

图4-4　各种强化机制的贡献

4.3.3　钢的设计及改进

　　依据研究结果，中、高碳铁素体-珠光体钢的设计和改进方法如下：

　　(1) 依据强度要求尽可能采用低的含碳量。

　　(2) 降低固溶强化元素的含量，特别是固溶氮 (N)。上式中 Si 的系数不大，为了提高耐磨性，有时加入约 1%Si。

　　(3) 加入 Mn 可以降低相变温度，降低临界点 A_1，从而减小珠光体团尺寸，减小珠光体的片间距及细化铁素体晶粒。从而提高钢的强度和韧性。

　　(4) 加入 V、Ti、Nb 等元素，或正火处理均可细化铁素体晶粒。

　　以钢轨钢为例，我国重轨钢的标准成分为 $w(C) = 0.67\% \sim 0.80\%$，$w(Si) = 0.13\% \sim 0.28\%$，$w(Mn) = 0.7\% \sim 1.0\%$，$w(P) \leqslant 0.04\%$，$w(S) \leqslant 0.05\%$。目前世界各国采用轨端及工作面表面淬火或全长淬火，或采用合金化方法，如德国的 $w(C) = 0.55\% \sim 0.75\%$，$w(Mn) = 0.8\% \sim 1.3\%$，$w(Cr) = 0.8\% \sim 1.3\%$，$w(V) \leqslant 0.3\%$。英国的 0.75%C-1.25%Mn-1.15%Cr 钢轨等。

4.4　调质钢

4.4.1　概述

提高钢强度最有效的方法是淬火热处理。淬火后，可以通过回火处理来调整钢的强度、塑性和韧性。通常，将淬火+高温回火称为调质处理[7]。作为调质处理使用的结构钢称为调质钢。许多机器设备上的重要零件如机床主轴、柴油发动机曲轴、连杆、高强度螺栓等都是由此类钢制造的。由于在机器制造工业中广泛地使用这类钢，因此又称为机器制造用钢。

由于使用时对于强度及塑性有不同的要求，回火温度有 200℃ 附近及 420℃ 以上两个范围，因此前者称为低温回火，后者称为调质。进行调质时，钢的强度虽然降低，但其塑性及韧性却较具备等强度的其他显微组织（珠光体或贝氏体）为佳。因此，机器部件一般采用调质工艺来获得各项力学性能的最佳组合，称为综合力学性能。调质钢经调质处理后具有较高的 σ_b、$\sigma_{0.2}$、σ_{-1}、δ、ψ、A_k 和 K_{IC} 等性能指标，脆性转折温度 t_c 也很低，可以满足高强度、良好塑性与韧性的要求。

调质钢具有良好的综合力学性能的原因，与其经调质处理后的组织为回火索氏体有关，这种组织状态有以下几个特点：

（1）在铁素体基体上均匀分布的粒状碳化物起弥散强化作用，溶于铁素体中的合金元素起固溶强化作用，从而保证有较高的屈服强度和疲劳强度。

（2）组织均匀性好，减少了裂纹在局部薄弱地区形成的可能性，可以保证有良好的塑性和韧性。

（3）作为基体组织的铁素体是从淬火马氏体转变而成的，晶粒细小，使钢的冷脆倾向性大大减少。

420℃ 以上回火处理，分为中温回火和高温回火，均称为调质处理。但是中温回火得到的是回火托氏体，而高温回火得到的回火索氏体组织。这两种组织的定义为[8,9]：

（1）中温回火得到的尚保留着马氏体形貌特征的铁素体和片状（或细小颗粒）渗碳体的整合组织，称为回火托氏体。以往文献中称其为回火屈氏体。如果贝氏体回火时也得到这些相和具有同样的形貌特征，也称为回火托氏体。

（2）高温回火得到的等轴状铁素体+较大颗粒状（或球状）的碳化物的整合组织，称为回火索氏体。回火索氏体中的铁素体已经完成再结晶，失去了马氏体和贝氏体的条片状特征。

图 4-5 为 25CrNiMoV 钢的回火托氏体组织照片，可见铁素体仍然保持着条片状特征，没有完成再结晶。

4.4.2　选择及设计

除了一般结构钢中不使用的元素 Co 外，其他合金元素都能够提高钢的淬透性。由于调质钢需要经过淬火及回火热处理，假如进一步考虑合金元素对于这些过程的影响，根据设计部门的需要去选择及设计所需钢材的化学成分及热处理工艺是可能的。合金元素对于

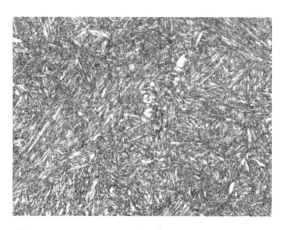

图 4-5 25CrNiMoV 钢的调质组织（×500）

淬火及回火过程的影响包括如下几项：（1）淬透性；（2）马氏体点；（3）抗回火性；（4）回火脆性。

根据设计部门提出的部件形状、大小和力学性能要求，可以参考下列步骤去选择及设计调质钢：

（1）确定淬火工艺。根据部件的形状决定什么样的淬火工艺（水、油或其他冷却介质）可以防止部件淬裂，或者不致使部件产生不容许的变形。

（2）估计所需的淬透性。根据钢种、淬火方法及部件的形状和大小，估计所需要的最大淬透性。冷却最慢的部位如需淬透，这个部位便需要最大的淬透层深度，因此通常考虑部件最厚的部分。

（3）选择碳量。依照所需的强度、塑性的要求，可以求出调质处理后所需的硬度。由于调质钢的硬度主要取决于钢中的碳含量，因此可以按照下列步骤初步决定碳量：

1）确定回火处理。如部件在使用时的温度可能暂时加热到 T，则回火温度应该大于 T；为了消除内应力以获得较高的塑性，回火温度应在 475℃ 以上；根据回火处理后的冷却情况，应考虑到回火脆性。基于这些考虑，可以初步决定回火处理的温度和时间。

2）估计回火软化性。从回火处理的温度及时间，估计回火时硬度的降低。

3）估计淬火后所需的硬度。适当考虑到合金元素对于减缓钢的回火软化性的影响，便可初步决定钢中的含碳量。

调质钢含碳量一般为 $w(C) = 0.3\% \sim 0.5\%$，以保证有足够的碳化物起弥散强化作用。但是碳是不利于调质钢冲击韧性的元素，故在选择钢中含碳量时，在满足强度要求的前提下，应将其限制在较低的范围内，从而提高钢的韧性，增加零件工作时的安全可靠性。

（4）选择合金元素。合金元素的主要作用在于：1）增加淬透性；2）防止第二回火脆性；3）细化奥氏体晶粒。因此，根据步骤（2）及（3）的结果，可以决定合金元素的含量。

（5）确定钢种。确定钢的化学成分（碳及合金元素的含量）。为了获得细晶组织，通常规定用铝脱氧。

4.4.3　调质钢的淬透性和典型钢种

结构钢在淬火成马氏体并在 500~650℃ 之间温度回火后具有强度、塑性及韧性的良好配合，很大一部分机械零件是经过淬火及高温回火后使用的。

调质钢的合金化及热处理的主要原则有：

（1）保证钢具有必需的淬透性，使零件在淬火后具有足够厚的马氏体层，并使马氏体保持细的隐晶组织。

（2）在高温回火后零件获得所预期的综合性能。调质钢在化学成分上是含 $w(C) =$ 0.30%~0.50% 的碳素钢或低、中合金钢，热处理后的金相组织是回火索氏体。

调质零件上马氏体层的厚度应根据零件在工作时经受应力的类型及大小来确定。譬如，有些汽车上的轴，它们承受弯曲的力，表面受到最大的张应力，随距表面的距离增大，应力逐渐降低，所以只要求在淬火后轴的 1/2 半径处达到 80% 的马氏体即可；有些重要的销钉或螺栓，在工作时整个截面上受到大的剪切力或拉力，因此要求零件在整个截面上淬成马氏体。

机械制造工业中常用的有代表性的调质钢，按其淬透性的大小，可以分为下列几级：

（1）低淬透性调质钢，油淬临界直径最大为 30~40mm，典型钢种有 40、45、45B、40Cr、45Mn2。

（2）淬透性调质钢，油淬临界直径最大为 40~60mm，典型钢种有 45MnB、35SiMn、35CrMo、40CrNi、42MnVB、40MnMoB。

（3）高淬透性调质钢，油淬临界直径在 60mm 以上，典型钢种有 40CrMnMo、40CrNiMo、35SiMn2MoV。这些钢的化学成分，热处理工艺参数与常温力学性能可参看相关的专业教材。

总之，调质钢的成分特点是中碳低合金钢，热处理特点是淬火+高温回火，组织特征是回火索氏体，性能特点是具有较高的综合力学性能。

4.4.4　低碳马氏体钢

调质钢经调质处理后的主要不足是强度较低，其原因与调质处理后使钢获得中碳回火索氏体组织有关。为了提高钢的强度，就需要相应地改变其组织状态，降低回火温度，例如用中碳回火马氏体代替中碳回火索氏体，强度水平即可大大提高，但随之而来的是韧性（K_{IC}）显著降低。如何提高钢的韧性？自 20 世纪 60 年代人们搞清了低碳马氏体的精细结构之后，就为发展低碳马氏体钢提供了依据[10,11]。如前所述，在低碳马氏体上分布着大量的位错，它不但强度高，塑性韧性也好，缺口敏感性小，其力学性能在许多方面优于调质钢。例如 20MnVB 钢经由 800℃ 淬油、200℃ 回火之后，其 $\sigma_b \geqslant 1079MPa(N/m^2)$，$\sigma_{0.2} \geqslant 883MPa(N/m^2)$，$\psi \geqslant 45\%$，$A_k \geqslant 68.7J/cm^2$。而 40Cr 钢 850℃ 淬油，500℃ 回火之后的 $\sigma_b = 918MPa(N/m^2)$，$\sigma_{0.2} = 785MPa(N/m^2)$，$\psi = 45\%$，$A_k = 58.9J/cm^2$。由此可见，如将常用的渗碳钢和普低钢（如 16Mn）经淬火获得低碳马氏体并低温回火，可以满足机械制造工业中不少零件的使用性能要求。目前，低碳马氏体钢已经在很多工业部门得到了应用。如某汽车厂采用 15MnVB 低碳马氏体钢代替 40Cr 调质钢，证明低碳马氏体螺栓具有良好的综合力学性能，在 200℃ 回火后，强度性能达到了 40Cr 钢调质处理后的水平，而冲击韧性又显著超过了 40Cr 钢。

4.5 超高强度钢

4.5.1 概述

对于宇宙航行及航空工业来说，降低飞行器或构件自身的重量至关重要，因此航空和航天用金属材料要求具有较高的"比强度"，即单位重量的强度。提高比强度的方法不外是减轻材料的质量和提高它的强度。采用密度小的铝、镁、钛合金或非金属材料属于前者；由于空间的限制，等体积材料的强度以及强度的绝对值，就显得非常重要。对于这类材料的要求俗称"物美价廉"："物美"是指材料的性能达到要求；再从"价廉"考虑，则超高强度结构钢便需要开发了。"超高强度"是指 σ_b 及 σ_s 分别约大于 1400MPa 及 1200MPa[11]。

超高强度钢现已发展成包括范围很广的一个钢类，已大量应用火箭发动机外壳、飞机起落架、机身骨架、高压容器和常规武器的某些零部件上，其使用范围在不断扩大。对于这种钢来说，若钢材需要在机械制造厂加工成某些零部件，例如飞机起落架、航天用的固体燃料、发动机筒等。

一般来说，材料的强度提高了，则韧性会下降。过去的工程设计，只是强度设计（$\sigma \leqslant [\sigma] = \sigma_s / n$），材料的韧性只是一个参考指标。二次世界大战后期，由于出现大量的舰船脆断事故，对这些事故的研究结果促进了"缺口断裂力学"的发展。对于这些构件，除进行"强度设计"之外，还必须辅以"韧性设计"。

某些部件需要焊接，中碳合金钢的"碳当量"已接近"不可焊"的边缘，这就提出一个问题，即如何开发低碳（质量分数小于 0.35%）的超高强度结构钢？

超高强度结构钢可以分为三类：

（1）低合金超高强度钢。这是以调质结构钢为基础发展起来的一类钢，其碳含量（质量分数）一般在 0.27%~0.45% 范围，合金元素的总含量（质量分数）通常不超过 5%。对低合金超高强度钢性能要求是：1）具有所要求的强度；2）合适的塑性；3）一定的冲击抗力和断裂韧性；4）高的疲劳强度；5）对某些特定的零部件还要求适当的焊接性。低合金超高强度钢的最终热处理工艺是淬火加低温回火，或者用等温淬火。在使用状态下钢的组织是回火马氏体或下贝氏体。钢之所以具有高强度是靠含有一定量碳的回火马氏体来保证的[11]。

（2）中合金超高强度钢，又称热作模具钢。它是由 5%Cr-1.5%Mo 热锻模具钢经改进后得到的一类高强度钢种，同样是中碳合金钢，但合金度较高，主要合金元素是铬、钼、钨、钒等碳化物形成元素。钢具有较高的淬透性，可以空气冷却淬火。淬火后若在 500~600℃回火时可利用碳化物沉淀所产生的二次硬化来达到所需的强度。如果在室温下使用，热作模具钢不显得比低合金超高强度钢有多大的长处，但使用温度提高到 500℃左右，在所有超高强度钢中它的比强度是最高的。

（3）高合金超高强度钢。单纯的力学性能并不总是对材料的唯一要求，由于工作条件不同，对许多场合还必须提出其他方面的要求，比如在腐蚀介质和高温条件下使用的材料，除要求机械强度外，还要有良好的耐蚀性和抗氧化性，超高强度不锈钢就是为了适应这种要求而发展起来的。所以高合金超高强度钢一般都具有某些方面的特殊优越性能，其合金元素的总含量（质量分数）一般大于10%。到目前为止，高合金超高强度钢获得重要发展和实际应用的有超高强度不锈钢，马氏体时效钢以及基体钢等。

4.5.2　钢的成分、组织设计

超高强度结构钢是一种中碳合金调质钢。一般说来，发展这类钢有以下的两个途径：

（1）调整调质钢中性能优良的Cr-Ni-Mo钢。

（2）设计全新的钢种。

国外一些有代表性的超高强度结构钢的强化方法是：

低合金超高强度结构钢，采用淬火+低温回火，获得回火马氏体组织；图4-6为30CrMnSi钢的回火马氏体组织。

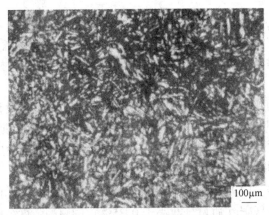

图4-6　30CrMnSi钢的回火马氏体组织，OM

中合金超高强度结构钢，采用淬火+500~550℃回火，获得回火托氏体组织。

高合金超高强度结构钢，采用金属间化合物Ni_3Ti、Ni_3Mo进行沉淀强化，为马氏体时效钢。

低合金超高强度结构钢的含碳量（质量分数）在0.25%~0.55%范围内，低含碳量的钢种，塑性及韧性高，但强度较低。当碳量相等时，硅起了很好的效应：它一方面阻止软化，使钢能在较高的温度回火而强度的降低不大；另一方面，又提高了低温脆性出现的温度（自250℃提高到310℃）。硅的这种特点，使它成为这类钢的重要合金元素。这就回答了第（1）个问题。此外，细化晶粒也可以提高韧性，加入钒等元素可以获得这种效果。

改进热作模具钢，利用Cr、Mo、V、W等碳化物沉淀所导致的二次硬化现象，既可达到强度要求，又由于在高温回火，可充分消除淬火的残余应力。这就回答了第（2）个问题。

提高超高强度钢的韧性虽因钢种而异，但这里所提的韧化，细化和纯化却是共性的措施。细化奥氏体晶粒，可以提高钢的韧性，因而在不少超高强度钢中加入少量的钒，就是为了这个目的。美国4340（40CrNiMo）钢及高纯的4340钢的$\sigma_{0.2}$经淬火及回火后均为1402MPa（N/m^2），前者的断裂应变为28.7%，后者的杂质含量少，提高到51.5%。另外，开发低碳高镍马氏体钢，并且应用 Ni_3Ti、Ni_3Mo 进行沉淀强化来提高强度，这类钢称为马氏体时效钢。

4.5.3　低合金超高强度钢

我国自主研究开发的超高强度钢，35Si2Mn2MoVA 热处理后，屈服强度可以达到 1500~1650MPa，强度极限可以达到 1800~1950MPa，广泛地应用于航天等事业中[11]。

我国对低合金超高强度钢的研究开始于 1958 年。研制成的比较成熟的钢号为35Si2Mn2MoVA。这一钢种立足于国内资源，具有稳定的力学性能和满意的工作性能。它是一个不含铬和不含镍的新型钢种。

35Si2Mn2MoVA 钢中含有锰 1.6%~1.9%（质量分数）。锰是强烈降低过冷奥氏体临界冷却速度的元素，在我国已经研制成熟或正在试验的低合金超高强度钢钢种中，大多数都使用锰作为主要的合金元素之一，借以提高钢的淬透性。而在国外大多是以铬和镍作为增加钢淬透性的元素。

锰强烈地降低马氏体转变温度，因此，当钢中含锰过多时，淬火后，残余奥氏体的量将大大增加。为了消除残余奥氏体，钢的热处理工艺就要复杂化，并且对钢的工艺性能也不利。所以，在低合金超高强度中锰的用量一般不超过 2.0%。

35Si2Mn2MoVA 钢中 0.4%的含钼量（质量分数）有加大淬透性的辅助作用。除此之外，统计的结果表明，钼在改善钢的韧性方面也显示了良好的效果。

该钢中含有约 1.5%（质量分数）的硅。硅增加淬火钢的抗回火稳定性。硅的存在足以把淬火钢发生低温回火脆性的温度从 250℃ 左右提高到 350℃ 以上。此外，硅在增加过冷奥氏体稳定性和引起铁素体的固溶强化方面都有一定的好处。为了把发生低温回火脆性的回火温度范围推移到高温，2%以下的含硅量就够了，过高的含硅量并不是有利的。

超高强度钢中还有沉淀硬化不锈钢等，可查阅 5.2 节。

4.5.4　马氏体时效钢

马氏体时效钢是一种以铁镍为基础的高合金钢。当镍含量（质量分数）大于 6% 时，高温奥氏体冷却至室温时，将转变为马氏体组织。再加热至 500℃，此马氏体组织仍保持稳定，这种加热和冷却过程中的相变滞后现象是马氏体时效钢的组织基础。因为加热到一定温度范围内，这种马氏体仍保持不变，所以有可能进行时效强化，以进一步提高钢的强度。已正式用于工业生产的马氏体时效钢，其基体成分是含 $w(C) \le 0.03\%$、$w(Ni) = 18\%~25\%$，并添加有各种能产生时效硬化的合金元素。根据镍含量，马氏体时效钢成分为 $w(Ni) = 18\%$、$w(Ni) = 20\%$、$w(Ni) = 25\%$ 三种类型。而在含 $w(Ni) = 18\%$ 的一类钢中，按照钢的强度极限又分为 1400MPa、1750MPa 和 2100MPa 三个级别。在含 $w(Ni) = 18\%$ 的马氏体时效钢中，起时效强化作用的合金元素是钛-铝-钴-钼，而在 $w(Ni) = 20\%$ 及 $w(Ni) = 25\%$ 钢中是钛-铝-铌。在马氏体时效钢中碳及其他杂质元素（硅、锰、硫、磷）均有严格限制，其目的是改善钢的冶金质量，降低钢中非金属夹杂物含量，减少钢的力学性能的方向性，降低缺口敏感性，保证超高强度钢有足够的塑性和韧性。钢中加入少量钙、硼、锆用于细化晶粒，改善组织。杂质对马氏体时效钢的性能影响相当大，因此，对 $w(Ni) = 20\%$、$w(Ni) = 25\%$ 和 $w(Ni) = 18\%$ 的 2100MPa 强度级别的钢种，均规定用真空熔炼。

马氏体时效钢的热处理工艺包括两个基本工序：

（1）加热，使钢得到奥氏体组织，并使合金元素能溶入奥氏体中，进行固溶处理，然后淬火成马氏体。

（2）进行时效，借时效强化达到最后要求的强度。对 $w(Ni)=18\%$ 钢热处理：815℃固溶处理 1h 空冷 +480℃ 时效 3h 空冷。$w(Ni)=18\%$ 马氏体钢时效析出相为 Fe_2Mo、Ni_3Ti、Ni_3Mo。

马氏体时效钢之所以具有优异的力学性能，是由于淬火后得到的基体是超低碳的板条马氏体，具有很高的塑性和韧性，在低温下其塑性和韧性也是很高的，同时，时效时金属间化合物有强烈的沉淀强化作用。除此外，马氏体时效钢的工艺性也很优良。这种钢在固溶后为超低碳马氏体，这种组织的硬度不高，加工硬化率也低，因而钢的冷变形性能和被切削加工性能很好。马氏体时效钢的焊接性能也比较好，焊后不必重新固溶处理，直接时效硬化就可以了。这种钢在热处理时不存在脱碳问题，热处理变形变小，淬火时不需急冷，淬火开裂的危险性很小。

目前，马氏体时效钢主要用于要求比强度高、可靠性强、尺寸控制精确而其他超高强度钢难于满足要求的重要构件，如飞机上的某些部件、火箭发动机外壳等。

4.6 弹 簧 钢

弹簧是机械及仪器中最常用的重要零件之一，主要用于：（1）控制机构的运动或零件的位置；（2）缓冲及吸振；（3）储存能量；（4）测量力的大小。工作时只产生弹性变形而自身无塑性变形。弹簧钢是指用于制造各种弹簧的钢种[3,12]。

对于弹簧材料的主要性能要求是具备高的弹性极限及疲劳极限，不因外加负荷而发生永久变形；其次是恒定的弹性模量，不因温度的波动而改变，这种恒定的弹性模量，在精密仪表中尤为重要。

弹簧在工作时，所受应力的大小、方向常常改变，因此应考虑弹簧的疲劳现象。此外，特殊的弹簧还可能在低温、腐蚀介质或磁场中进行工作，因此，相应的低温脆性、高温的强度和化学稳定性或磁性将转化为主要的性能要求。

4.6.1 弹性

弹性与韧性相对应，它们分别是单位体积材料在弹性变形及塑形变形到断裂全过程所吸收的能量，可用应力—应变曲线下弹性变形范围内所对应的面积来度量；由于在弹性变形范围内，应变正比于应力，若 σ_p 为弹性极限（或称比例极限），ε_p 为对应的应变，则所贮存的最大弹性应变能（也称为弹性比功，常简称弹性，与韧性相对应）U_{oe} 为：

$$U_{oe} = \frac{1}{E}\sigma_p^2$$

对于结构钢来说，弹性模量 E 是近似不变的，它主要取决于结合键的本性和原子间的结合力，则弹性 U_{oe} 正比于 σ_p^2，因而对弹性材料要求具有较高的弹性极限。此外，σ_p 高，则弹性变形范围能承受的载荷也大。

4.6.2 疲劳极限

金属结构中的金属部件，在交变应力的作用下，即使这种应力远低于材料的屈服强度，也常常会发生突然断裂，这种现象叫做疲劳断裂。例如许多传动的部件或承受振动的部件、弹簧、曲轴、汽轮机叶片等，常常会发生这种突然的破坏而招致重大的事故发生。

如图4-7所示，疲劳断裂的周次（N_f）随着交变应力（σ）的减少而增加；有些情况的疲劳曲线趋近于水平线，这个水平线所对应的应力，叫做疲劳极限（曲线A）。另一些情况的疲劳曲线B却继续地缓慢下降，而未趋近于水平线，这时，以规定的 N_f（例如 10^7）来确定疲劳极限。由于弹簧是在交变应力的长期作用下工作，因而要求弹簧材料具有高的疲劳极限（或叫疲劳强度），才能长期安全地工作。

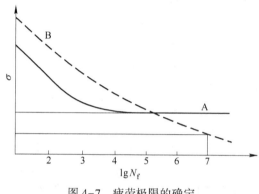

图4-7 疲劳极限的确定

一般说来，材料的拉伸强度越高，则其疲劳极限也越大。对于钢来说，后者与前者的比值一般在0.5左右。

疲劳裂纹一般是由表面上或断面内部的某些缺陷处开始的，因此，金属的疲劳极限与其表面状态、组织结构以及这些组织结构在疲劳过程中的变化有关。

粗糙的表面以及具有缺口、裂纹、夹杂物等缺陷的表面，都会显著地降低材料的疲劳极限。表面化学成分的改变导致强度的降低，例如在热处理过程中的脱碳，也会降低材料的疲劳极限；反之，任何强化表面的工艺，例如高频淬火、火焰淬火、渗碳、渗氮、碳氮共渗等，将会提高材料的疲劳极限。表面应力状态也会影响材料的疲劳极限。拉伸的残余应力对它有害；而压缩的残余应力则对它有利。因此，可以应用喷丸、滚压处理等方法来提高疲劳极限。

4.6.3 钢种及特性

由于弹簧的主要作用是缓冲、减振、存储能量及测量力，所以弹簧钢应具有以下性能：

（1）高的弹性极限或屈服极限和高的屈强比（$\sigma_{0.2}/\sigma_b$），以保证弹簧有足够高的弹性变形能力，并能承受大的载荷。

（2）高的疲劳极限，以保证弹簧在长期的振动和交变应力作用下不产生疲劳破坏。

（3）为了满足成型的需要和可能承受的冲击载荷，弹簧钢应具有一定的塑性和韧性。

此外，一些在高温及易蚀条件下工作的弹簧，还应具有良好的耐热性和抗蚀性。

由于弹簧钢的性能要求以强度为主，因此它的化学成分有以下特点：

（1）中、高碳含量。目的是提高弹性极限和屈服极限。一般碳素弹簧钢的含碳量 $w(C) = 0.6\% \sim 0.90\%$，合金弹簧钢 $w(C) = 0.50\% \sim 0.70\%$。

（2）加入 Si、Mn 元素。Si 和 Mn 是弹簧钢中经常应用的合金元素，目的是提高淬透性；强化铁素体（固溶强化），提高钢的回火稳定性，使在相同回火温度下具有较高的硬度和强度，其中 Si 的作用最大。但含 Si 量高时有石墨化倾向，并在加热时使钢易于脱碳，Mn 增大钢的过热倾向。

（3）加入 Cr、V、W。为了克服 Si-Mn 钢的缺点，加入这些碳化物形成元素，它们可以防止钢的过热和脱碳，提高淬透性（主要是 Cr），V、W 可以细化晶粒，并可保证钢在高温下仍具有较高的弹性极限和屈服极限。

常用的弹簧钢有 65、70、80、65Mn、60Si2Mn、50CrVA、50CrMnA、60Si2CrVA、70Si3Mn、60Si2MnBRE 等。碳素弹簧钢用于制造小截面（直径小于 12~15mm）弹簧，缺点是淬透性差，当直径大于 12~15mm 时在油中不能淬透，因此很多用其制成的弹簧是用冷拔钢丝和冷成型法制成的。合金弹簧钢一般以 Si-Mn 钢为基本类型，其中的 65Mn 钢的价格低廉，淬透性显著优于碳素弹簧钢，可以制造尺寸为 8~15mm 的小型弹簧，如各种小尺寸的扁簧和坐垫弹簧、弹簧发条等。60Si2Mn 钢中由于同时加入了 Si、Mn，用于制造厚度为 10~12mm 的板簧和直径为 25~30mm 的螺旋弹簧，油冷即可淬透，力学性能显著优于 65Mn，常用于制造汽车、拖拉机和机车上的减震板簧和螺旋弹簧，汽车安全阀以及要求承受高应力的弹簧，还可以作低于 230℃ 条件下使用的弹簧，但其工作温度不能超过 250℃。当工作温度在 250℃ 以上时，可以采用 50CrV 钢，它具有良好的力学性能，于300℃ 以下工作时弹性不减，内燃机的气阀弹簧就用这种钢制造。

提高弹簧钢强度的方法有下述两种：

（1）淬火及回火热处理。一般在 800~870℃（依钢号而定）于油中或水中淬火，随后在 300~400℃ 范围内回火。硬度在 HRC40~48 范围内。回火虽在低温回火脆性发展的温度范围内进行，由于弹簧在弹性范围内工作，并不要求如一般结构钢的高塑性和韧性，因而不考虑这种脆性[13]。

（2）加工硬化。冷拔钢丝由于冷加工的关系，可以造成高的硬度和弹性极限。但在缠簧以后，为了消除内应力，应该在 250~300℃ 回火，提高弹性极限。

弹簧钢丝是由盘圆坯料直接通电加热，进行奥氏体化，然后在 500~550℃ 的铅浴中等温分解为索氏体组织，再经过多次拉拔到所需的直径使用。其显微组织为沿着轴向变形呈现纤维状流线，珠光体变成纤维状。经过多道次的冷拉拔加工，产生加工硬化，材料具有很高的强度。图 4-8 为 70 钢调质处理后，进行拉拔的纤维状组织。

弹簧的表面所受应力最大，而疲劳断裂一般也是从表面开始，因此表面状况对于弹簧的工作能力有很大的影响。当有裂纹、夹杂物、疤和其他表面缺陷存在时，易使弹簧寿命缩短。热加工及热处理时，尤其应该注意脱碳现象，脱碳后一方面使表面强度降低，另一方面易于在淬火时发生裂缝。

利用表面强化方法（例如喷钢丸）可以使表面层产生压缩应力，因而提高零件的疲劳极限。文献中一些数据指出，喷钢丸的表面处理可以使弹簧钢丝的疲劳极限提高 40%。如

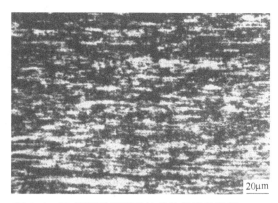

图 4-8　70 钢调质处理后拉拔的纤维状组织，OM

钢丝有脱碳或其他表面缺陷时，这种处理可以使疲劳极限提高 22% ~ 130%。

总之，弹簧钢的成分特点是中高碳钢或中高碳低合金钢，多数含有锰、硅元素。热处理特点是淬火+中温回火；使用组织为回火托氏体，具有较高的弹性极限。

4.7　渗碳钢、渗氮钢

通过化学方法使钢表面层增碳或增氮的工艺称为渗碳或渗氮。所谓渗碳钢、渗氮钢是指专门用于渗碳或渗氮处理的钢种。不少机器零件如汽车、拖拉机上的变速齿轮，内燃机上的凸轮、活塞销以及部分量具等，均采用渗碳钢或渗氮钢制造。渗碳及渗氮改变了钢表面的化学成分，使表面层具备高的强度、硬度和耐磨性，而内层保持适当的塑性和韧性。这种经过化学热处理制备的表面为多层成分的金属材料，在化学热处理前易于切削加工；而加工成型经过化学处理及热处理后，零件的复合性能——"外硬内韧"可以满足工业上的许多要求，例如表面耐磨、表面高的疲劳极限、最大的表面层强度（弯曲负荷）等。

4.7.1　渗碳钢

渗碳钢为低碳钢，含碳量（质量分数）在 0.10% ~ 0.25% 范围内。若含碳量过低，表面的渗碳层易于剥落；含碳量过高，则心部的塑性和韧性下降，并使表层的压力减少，从而降低弯曲疲劳强度。渗碳后表面层的碳量增加，再经淬火，表面的硬度可达 HRC60 以上。低碳钢的淬透性低，因此零件中心的硬度及强度在热处理前后没有很大区别。提高心部的强度将提高渗碳零件的承载能力，并防止渗层剥落。而心部的强度则取决于钢中含碳量及淬透性。当淬透性足够时，心部得到全部位错马氏体组织；如淬透性不足，则出现非马氏体组织。渗碳钢中常加入的合金元素有 Cr、Ni、Mn、Mo、W、Si、和 B 等，主要是提高钢的淬透性，经淬火及低温回火后改善其心部组织和性能；同时也能提高渗碳层的强度和韧性。Ni 对渗层和心部的韧性和强度都十分有利，因而高级渗碳钢中都含有较多的 Ni。渗碳操作是在 910 ~ 930℃ 高温下进行的，为了阻止奥氏体晶粒长大，渗碳钢用以铝脱氧的本质细晶粒钢。锰在钢中有促进奥氏体晶粒长大的倾向，所以在含锰的钢中，常加入少量的 V、Ti 等阻止奥氏体晶粒长大的元素。此外，为了提高渗层的碳浓度、渗层深度和渗入速度，可加入碳化物形成元素 Cr、Mo、W 等，非碳化物形成元素 Si、Ni 等则降低渗层碳浓度及厚度。但是碳化物形成元素过多，则导致渗层碳浓度分布曲线过陡，块状碳化物增多，降低渗层性能，故对钢中合金元素的种类及数量必须严格控制。合金渗碳钢所含的合金元素越多，则热处理（淬火+低温回火）时的强化效应也越大。是否需用合金钢，取决于淬火工艺及使用时对于强度及硬度的要求。常用的渗碳钢按强度级别或淬透性大小，可将渗碳钢分为三类：

（1）低强度渗碳钢，其强度级别 σ_b 在 800MPa（N/m²）以下，又称为低淬透性渗碳钢。常用的有 10、15、20、15Cr、20MnV、20Mn 等。由于这类钢的淬透性低，因此只适用于对心部强度要求不高的小型渗碳件，如套筒、链条、活塞销等。

（2）中强度渗碳钢，其强度级别 σ_b 在 800~1200MPa（N/m²）范围内，又称为中淬透性渗碳钢。常用的钢号有 18CrMnTiA、20Cr、20CrMnTiA、20MnVB 及 20MnTiB 等。这类钢的淬透性与心部的强度均较高，可用于制造一般机器中较为重要的渗碳件，如汽车、拖拉机的齿轮及活塞销等。

（3）高强度渗碳钢，其强度级别 σ_b 在 1200MPa（N/m²）以上，又称高淬透性渗碳钢。常用的有 18Cr2Ni4WA、15CrMn2SiMo 等。由于具有很高的淬透性，心部强度很高，因此这类钢可用制造截面较大的重负荷渗碳件，如航空发动机齿轮、轴、坦克齿轮等。

淬火介质应使表面渗碳层能达到所需的硬度，在许多情况下，还需要渗碳层以下具有足够的强度。渗碳工件在盐水中淬火，易于达到所需的表面硬度要求，但是变形太大，易导致淬裂。

渗碳工件在使用时如仅需耐磨性，则表面层应具备足够的渗碳层深度和最大的硬度，对中心层的强度一般要求不高。在外力作用下，最大的拉伸应力可能在渗碳层以下，因此要求内层具备足够的强度。增加渗碳层的厚度，一方面延长了渗碳的时间，另一方面使最大的拉伸应力更向内层移动，不一定能解决最大的拉伸应力致裂问题。

渗碳钢进行淬火时，应该考虑到渗碳后表面渗碳层的含碳量与内层不同，因此它们具有不同的临界温度。为了获得满意的性能，有时需要进行较为复杂的淬火热处理。一般的渗碳热处理工艺如图 4-9 所示。

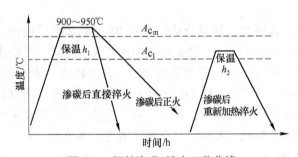

图 4-9　钢的渗碳-淬火工艺曲线

渗碳一般在 900~950℃ 范围内进行，也有更高温度进行渗碳的；气态渗碳或要求渗碳层厚度不大时，可能在 845~870℃ 范围内进行。从渗碳温度直接淬火，可以使渗碳层及内层均能淬透，也不含残余碳化物；不过淬火温度过高，晶粒可能粗大，变形也大，同时在渗碳层内将会残留较多的奥氏体。为了减少变形，也可自渗碳温度采取分段淬火；或者渗碳后，移至较 A_{c_1} 略高的温度停留一段时间，再行淬火。为了细化晶粒及减少渗碳层残余奥氏体含量，直接淬火后，再在较 A_{c_1} 略高的温度进行淬火，这种热处理使内层晶粒细化，韧性较高，硬度较低；渗碳层无网状渗碳体，晶粒细化，硬度及韧性均高；但是，仍然无法克服变形大的缺点。直接淬火有时很难办到（例如固态渗碳）；此外，对于含合金量较高的渗碳钢，这种淬火使残余奥氏体的含量过多。

渗碳钢的成分特点是低碳钢或低碳低合金钢，热处理特点是渗碳+淬火+低温回火。图4-10 为 20 钢渗碳后的组织照片。可见，表层组织为回火马氏体组织；中间是过渡层，为珠光体+网状铁素体组织。

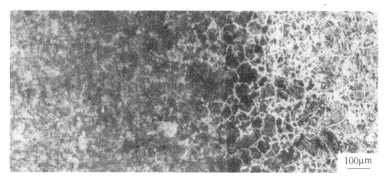

图 4-10　渗碳钢 20 渗碳后的组织，OM

4.7.2　渗氮钢

渗氮可以获得比渗碳更高的表面硬度（可高达 HV1000~1200）、耐磨性及疲劳强度，并具有渗碳得不到的耐腐性能，再加上渗氮温度比较低，渗氮后又不需热处理，工件变形小，因此在工业上得到广泛应用。渗氮是在 500~650℃ 范围内，在由氨分解的气体环境中进行，最常用的温度为 500~535℃。渗氮时间约为 36~72h，渗氮层厚度约为 0.25~0.50mm。结构钢渗氮的目的在于提高其表面的硬度、耐磨性、热稳定性和耐蚀性。渗氮钢为含有铝与铬的中碳钢，加入铝与铬，使渗氮易于进行；为了抑制回火脆性，一般加入约 0.2%（质量分数）的钼；为了提高钢的韧性，有些钢号中还加入镍；为了易于切削，有时还加入约 0.2%（质量分数）的硒。常用的渗氮钢有 38CrMoAlA、38Cr2WVAlA、30CrNi2WVA、30Cr3WA 等。

渗氮前渗氮钢需进行淬火+高温回火的调质处理，使钢获得回火索氏体组织，以便于氮原子的渗入；同时使钢具有适当的强度和塑性的配合，便于进行切削加工，削去表面脱碳层，避免随后的渗氮层较脆，易于裂开的现象发生；切削加工后还应该在 593~704℃ 范围内进行消除残余内应力的热处理。渗氮以后渗氮钢一般也不再进行后续热处理。

渗氮层表面含有厚约 0.013~0.075mm 的氮化铁层，由于它很脆，因而易于开裂导致疲劳破坏，故渗氮后必须去除。

渗氮后钢内部的力学性能没有显著的变化，但表面却具有高硬度的渗氮层，不仅很耐磨，遇热也较难软化，而且对于大气也有较好的耐蚀性，渗氮后的最大优点是提高了钢的疲劳强度。

任何含高铬的合金钢——结构钢、不锈钢或工具钢，均可进行渗氮处理，所获得的表面层硬度虽不及含铝的渗氮钢，但耐磨性及疲劳强度均会有所改善。因此，高速工具钢进行氮化或氰化处理后，不仅使表面硬度提高，而且降低工具与工件间的黏结性，因而延长了工具的寿命。对于不锈钢，渗氮虽然可以提高耐磨性，但是氮固定了钢表面上的一部分铬，使铬的含量（质量分数）低于11.7%，耐蚀性有所降低。因此，从耐蚀性角度来考虑，不仅不应有意地氮化，并且应该避免在分解氨的退火中也无意氮化。

渗氮和渗碳可在气体中或氰化盐中同时进行，使钢的表面既增碳又增氮，一般叫做氰化。这种工艺过程时间较短，并且可以进行连续生产，但耐磨性则不及氮化层高。氰化工艺根据具体零件材料而定。

4.8 双相钢

4.8.1 概述

能源是材料的五个现代判据之一。降低汽车的能耗已是发展国家能源政策的规定。降低汽车的自重是降低能耗的一条途径；汽车自重降低10%，则汽车油耗可降低10%。钢板的重量占车体材料的83%以上，因此，采用 HSLA 钢板代替传统的低碳钢板，例如 08Al，可以显著地减轻汽车自重，从而降低能耗。但是，一般的 HSLA 钢的屈服强度提高了，反映均匀延伸率（δ）的应变硬化指数 n 却随着下降，因此，在技术上，需要解决提高 σ_s 的同时，又不降低 n 而不使深冲性变差。

在金属学方面，需要突破20世纪40年代建立的传统观念的束缚，即对于调质钢，首先加热到奥氏体单相区，然后淬透获得100%马氏体，最后回火调质。这种回火索氏体组织具有最佳的强度和塑性、韧性的组合。在50～60年代，这个传统观念已有些冲破，例如，在 A_{c_3} 点上下进行几次摆动的热处理，可将奥氏体晶粒细化15级，显著地提高了屈服强度。并遵循 Hall-Petch 关系，而延伸率并未降低；在 A_{c_1}～A_{c_3} 的临界区淬火，可抑制回火脆性，并提高冲击韧性和降低脆性转变温度。

为了满足汽车钢板高强度、高深冲性的要求，采用了从"临界区"淬火的方法，开发了"双相钢"，1968年 Mchrland 第一次获得这方面的专利，近30年来进行了广泛的研究，有着广泛的应用前景。在这里，"临界区"是指（$\alpha+\gamma$）的区域，即 A_{c_3} 至 A_{c_1} 之间的区域。

"双相"是指 α、γ 转变形成的马氏体（M）或贝氏体（B）。典型的双相钢含有10%～20%（质量分数）的 M（或 B）的强化相及90%～80%（质量分数）的铁素体基体。

4.8.2 钢种及特性

4.8.2.1 钢种及工艺

考虑生产成本，这类钢的合金元素含量不高，主要是低碳锰钢，再添加硅、铬、钼及微量的钒。从生产工艺考虑，可分为两个类型。

（1）空冷双相钢。含钒（约0.1%）或不含钒的低碳（约0.1%）锰（1.5%～2.0%）钢，加热到临界区，快速冷却（空冷）获得 $\alpha+M$（或 B）的双相钢。

（2）轧制双相钢。美国的典型成分为 $w(C) = 0.07\%$，$w(Si) = 0.90\%$，$w(Mn) = 1.20\%$，$w(Cr) = 0.06\%$，$w(Mo) = 0.04\%$，将25mm厚钢板坯加热至1265℃，保温1h，控轧至2.5mm厚，从850℃终轧温度以28℃/s速度冷却到600℃卷盘温度。卷盘前大约形

成 80%铁素体，在盘卷冷却过程中，使未转变的 20%γ 转变为回火马氏体。图 4-11 为铁素体-马氏体双相钢的不同放大倍率下的显微组织形貌，其中，铁素体为等轴状晶粒，高倍下［见图 4-11(b)］可以看到板条状马氏体被铁素体包围。马氏体的平均含量（质量分数）约为 20%，硬度为 HV271~278。

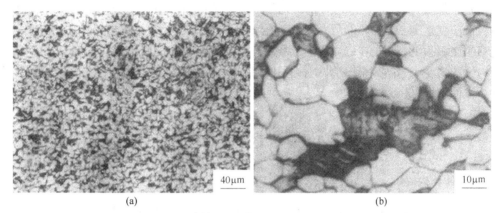

(a)   (b)

图 4-11 铁素体-马氏体双相钢的组织形貌，OM

4.8.2.2　形变特性及力学性能

图 4-12 为低碳软钢、低合金高强度钢（HSLA）SAE980 和双相钢（DP）GM980X 的应力-应变曲线（即工程应力-应变曲线）；对比这些曲线，可以看出双相钢的形变特性和优良的力学性能。由图 4-12 可以看出，双相钢工程应力-应变曲线的特点是：

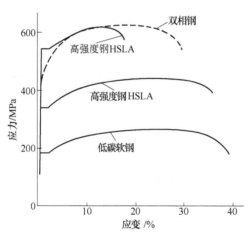

图 4-12 低碳软钢、低合金高强度钢和双相钢的工程应力-应变曲线

（1）屈服强度低（与 SAE950 低合金高强度钢的屈服强度相当）。低的屈服强度使冲压构件易于成型，回弹小，同时冲压模具的磨损也小。

（2）无屈服点伸长，应力应变曲线呈平滑的拱形。这避免成型零件表面起皱，而不需要附加的精整轧制或其他附加操作。

（3）强度高。双相钢 GM980X 的抗拉强度和 SAE980 相当，高的抗拉强度可以使构件具有较高的帽形结构压溃抗力、撞击吸能和疲劳强度。

（4）均匀伸长率和总伸长率大。与同样强度的低合金高强度钢相比，双相钢的均匀伸长率和总伸长率提高 1/3 或 1 倍。

（5）双相钢的工程应力-应变曲线的最大载荷附近有一个平坦区，它覆盖了较宽的应变范围，这表明双相钢在拉伸时形成的缩颈是浅的。

（6）加工硬化速率尤其是初始加工硬化速率高。如果以 0.2% 应变的条件流变应力来判断，屈服强度为 280~350MPa 的双相钢并非是高强度钢。然而由于它的初始加工硬化速率高，在应变达到 3%~4% 以后，双相钢的流变应力一般可达 500~550MPa，与低合金高强度钢的屈服强度（550MPa）相当。因此，只要应变百分之几，就可使由双相钢制成的冲压构件的流变应力达到低合金高强度钢的水平，从而使双相钢构件可像低合金高强度钢构件一样使用。

4.9　低温用钢

4.9.1　性能要求

低温钢是指在 $-10℃$ 以下低温条件下服役的钢，具有足够的缺口韧性。通常在 $-10 \sim -196℃$ 的等温下使用的钢称为低温钢。在 $-196℃$ 以下使用的钢称为超低温钢[3]。

在严寒地区、南极和北极探险、冰冻的化学工业以及高空航行带来了低温的问题，而最突出的是低温脆性问题。在一般情况下，金属的强度是随着温度的降低而增加的，而塑性则或者变化不大、或者急剧下降。因此，低温韧性是低温材料的最主要性能要求；随着部件使用条件的变化，还会有其他性能的要求。例如制造容器时，需要考虑加工性、焊接性、绝热性、耐蚀性等；而制造高空航行的容器，还应注意比强度，如承受低温及高温时，又要考虑高温强度。

第二次世界大战期间，美国许多海船发生的脆断事故便是由于不良钢材的低温脆性所引起的。随后的研究工作曾选定 20J 的冲击功来确定冶金因素对于船板钢韧性的影响。对于 250 艘断裂过的海船（其中 19 艘完全断裂为两部分）的研究结果指出了如下的重要现象：

（1）断裂都是从应力集中的地方开始，这些应力集中是由于不良的设计或不恰当的装配工艺所引起的。

（2）脆断都是在低温发生；高于 23℃ 则没有断裂。

（3）脆断是沿解理面进行的，塑性变形很小。

（4）脆断过的船板，在一般的拉伸试验时仍保持很优越的塑性。

（5）脆断温度与 V 形槽口冲击值所确定的脆性转变温度 T_c 值有很好的关联性。

研究结果指出，同时提高锰量及降低碳量，一方面可保证船板钢的强度，另一方面又可以降低 T_c。因此，美国自 1956 年对半镇静船板钢的成分作了如下调整：

碳量（质量分数）的上限自 0.23% 降到了 0.21%。

锰量（质量分数）自 0.60%~0.90% 升到 0.80%~1.10%。

这类钢板的脆性转变温度 T_c 值约为 $-15℃$，在许多情况下是可以避免脆断的。

目前，低温用钢大致分为低合金钢、镍钢、奥氏体不锈钢三类。低温用钢按其显微组织可分为铁素体型、奥氏体型和低碳马氏体型。

4.9.2 低合金钢

20 世纪 60 年代，我国研发了 -40℃及以下服役的无镍等温用钢。

低碳锰钢、降碳、增锰、细化晶粒及降低杂质（P、N 等）是降低 T_c 的四个措施。

这类钢的成分为 $w(C) = 0.05\% \sim 0.28\%$，$w(Mn) = 0.6\% \sim 2.0\%$，Mn/C 比已达到 10。这类钢的最低使用温度约为 -60℃，如 16MnDR、09Mn2VDR 等。

4.9.3 镍系低温钢

镍是提高钢的等温韧性最有效的合金元素，当设计温度低于 -70℃时，国际上一般采用镍系钢。主要有低镍（2%~4%）钢，锰镍钢 [$w(Mn) = 0.6\% \sim 1.5\%$，$w(Ni) = 0.2\% \sim 1.0\%$，$w(Mo) = 0.4\% \sim 0.6\%$，$w(C) \leqslant 0.25\%$]。镍铬钼钢 [$w(Ni) = 0.7\% \sim 3.0\%$，$w(Cr) = 0.4\% \sim 2.0\%$，$w(Mo) = 0.2\% \sim 0.6\%$，$w(C) \leqslant 0.25\%$]。这类钢的强度高于低碳锰钢，最低使用温度约为 -110℃。

当 Ni 质量分数超过 13%，则脆性转变温度 T_c 现象消失。这类钢的 $w(C) \leqslant 0.1\%$，主要有 $w(Ni) = 6\%$、$w(Ni) = 9\%$，当 Ni 质量分数达到 36%，已进入奥氏体低温钢。

研究表明，镍可以改善铁素体的低温韧性和降低脆性转变温度，因此发展了一些含镍的低碳马氏体低温用钢，其中使用最广的是 $w(Ni) = 9\%$ 钢，可用在 -196℃的条件下使用。

$w(Ni) = 9\%$ 钢在 -196℃时仍然具有高的冲击韧性，是在此温度下使用的最适宜的钢材[3]。其主要成分：$w(C) = 0.03\% \sim 0.06\%$，$w(Ni) = 8.5\% \sim 9.5\%$。图 4-13 为 9%Ni 钢的淬火-回火组织形貌。

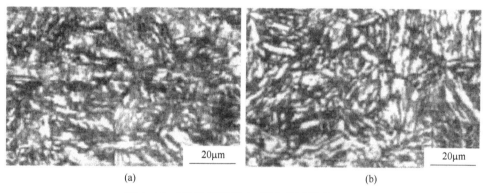

(a)　　　　　　　　　　　　　　(b)

图 4-13　9%Ni 钢的淬火-回火组织形貌，OM
（a）9%Ni 钢双相区淬火组织；（b）回火组织

在液氮温度（-196℃）以下，可使用奥氏体钢，这类具有面心立方晶体结构的奥氏体钢，与面心立方晶体结构的金属及合金（Al、Ni、Cu、Pb 等）一样，具有优良低温韧性。这类钢也可分为三类：

（1）Fe-Cr-Ni 奥氏体不锈钢，如 0Cr18Ni9。

（2）Fe-Cr-Mn-N 奥氏体不锈钢。

（3）FeMnAl 奥氏体（例如 15Mn26Al4）。

这类钢的合金元素很高，成本高，一般还需兼用它们的其他优异性能，如耐蚀性、无铁磁性等。

复习思考题

4-1　为什么铁素体-珠光体钢的强度与其体积分数呈非线性关系？

4-2　什么是调质钢？

4-3　航空和航天用金属材料为什么要求较高的"比强度"？

4-4　弹簧钢为什么是中碳及高碳钢？

4-5　渗碳钢为什么是低碳钢？

4-6　了解低温用钢的钢种及特性。

4-7　了解双相钢钢种及生产工艺。

参 考 文 献

[1] 肖纪美. 金属材料学的原理和应用 [M]. 包头：包钢科技编辑部发行，1996.

[2] 肖纪美. 材料的应用及发展 [M]. 北京：宇航出版社，1988.

[3] 崔崑. 钢的成分、组织与性能（上册）[M]. 北京：科学出版社，2013.

[4] 刘宗昌，任慧平，宋义全. 金属固态相变教程 [M]. 北京：冶金工业出版社，2003.

[5] 刘宗昌，任慧平. 过冷奥氏体扩散型相变 [M]. 北京：科学出版社，2007.

[6] 刘宗昌，任慧平，王海燕. 奥氏体形成与珠光体转变 [M]. 北京：冶金工业出版社，2010.

[7] 刘宗昌，等. 金属学与热处理 [M]. 北京：化学工业出版社，2008.

[8] 刘宗昌，赵莉萍，等. 热处理工程师必备基础理论 [M]. 北京：机械工业出版社，2013.

[9] 刘宗昌，等. 固态相变原理新论 [M]. 北京：科学出版社，2014.

[10] 王笑天. 金属材料学 [M]. 北京：机械工业出版社，1987.

[11] 吴承建，陈国良，强文江. 金属材料学 [M]. 北京：冶金工业出版社，2000.

[12] 章守华. 合金钢 [M]. 北京：冶金工业出版社，1981.

[13] 刘宗昌，冯佃臣. 热处理工艺学 [M]. 北京：冶金工业出版社，2015.

5 不锈钢和耐热钢

（本章课件及扩展阅读）

金属材料在大多数使用条件下，与腐蚀性环境介质接触而发生腐蚀。腐蚀破坏所造成的直接经济损失是可观的，据美国 1977 年的调查，每年腐蚀损失高达 700 亿美元，相当于国民经济总产值的 4.2%。据统计每年腐蚀报废和损失的金属约为 1 亿吨。

与任何的"破坏"效应一样，它的"害"和"利"，取决于人们的意愿和用途。对于材料腐蚀来说，结构部件的腐蚀是有害的，这是一种导致材料严重损坏的失效方式；在另一方面，利用腐蚀现象进行电化学加工，制备信息硬件的印刷线路，制取奥氏体不锈钢的粉末等，腐蚀却对人类有利。从科学上理解腐蚀机理，因而在技术上提出一些避免有害效应、利用有利效应的措施与方法，使得人类在腐蚀方面大有可为，可获得人类所追求的经济利益。

材料腐蚀的定义为：材料腐蚀是材料受环境介质的化学作用、电化学作用而遭受退化与破坏的现象。提高材料的耐蚀性具有重要意义[1]。

5.1 金属的腐蚀

5.1.1 腐蚀的分类

对于"腐蚀"这个概念，由于所采用的标准不一样，可以有不同的分类。例如，依据环境介质可将腐蚀分为：（1）自然环境腐蚀；（2）工业环境腐蚀。

前者又可再分为大气、土壤、海水腐蚀三种；后者也可依据工业环境介质的特性再分。依据受腐蚀材料的类型，可将腐蚀分为：（1）金属腐蚀；（2）非金属材料腐蚀。

也可以采用多种属性进行划分。例如，依据腐蚀机理分为：（1）化学腐蚀；（2）电化学腐蚀。前者的特征是材料的表面与环境介质直接发生化学反应，腐蚀产物生成于发生腐蚀反应的表面，由于它覆盖在金属表面，使进一步腐蚀可减速进行；后者的特征是材料的表面与环境介质构成腐蚀原电池，受蚀区域是金属表面的阳极，腐蚀产物常常发生在阳极与阴极之间，不能覆盖被蚀区域，起不到保护作用。

由于环境介质的不同，可将腐蚀分为：（1）气体腐蚀；（2）非电解质溶液中腐蚀；（3）大气腐蚀；（4）土壤腐蚀；（5）电解质溶液中腐蚀。前二者属于化学腐蚀，后三者属于电化学腐蚀。气体腐蚀与大气腐蚀的区别在于有无水蒸气的凝聚，前者通常指高温时金属的腐蚀，尤其是氧化；而后者是指大气中含有不同成分的水蒸气（例如 CO_2、SO_2、NaCl、灰尘等），它的凝聚，形成电解质溶液薄膜，因此，大气腐蚀属于电化学腐蚀。

5.1.2 金属腐蚀的基本过程

从矿石或化合物中提炼金属，是还原过程；而腐蚀又将金属氧化为矿石或化合物，则是冶炼的逆过程。这两个过程的原理是可以相互借用的。在液态或固态电解质中的金属腐蚀是电化学过程，是一种涉及电子迁移的化学过程[1,2]。因此，腐蚀能否进行，取决于金属能否离子化；而金属离子化的趋势，可以用金属的标准电极电位（ε^0）来表示：

$$Fe \longrightarrow Fe^{2+} + 2e^- \qquad \varepsilon^0 = -0.44V$$

式中，ε^0 是 Fe^{2+} 的活度都是 1 时的电极电位。在 25℃ 时，从电化学得到：

$$\varepsilon = -0.44 + 0.0295\lg[Fe^{2+}]$$

金属在水溶液中发生腐蚀时，阳极释放电子的过程，与获得电子的过程，是在同一金属表面上进行的。在干净的铁表面上，滴上一滴加有酚酞和铁氰化钾指示剂的食盐水，过了一些时候，从颜色的变化可以观察到腐蚀过程的进行。在中心区，发生如下的阳极反应：

$$2Fe \longrightarrow 2Fe^{2+} + 4e^-$$

在盐水滴外缘，由于氧的浓度较大，发生如下的阴极反应过程：

$$O_2 + 2H_2O + 4e^- \longrightarrow 4OH^-$$

电子是阳极反应过程供应的，反应所产生的 OH^- 使 pH 值升高，酚酞便会显示粉红色。在浓度差的推动下，OH^- 与 Fe^{2+} 发生对向扩散，在盐水滴的中间区域，出现棕黄色的铁锈。

$$4Fe(OH)_2 + O_2 + 2H_2O \longrightarrow 4Fe(OH)_3 \downarrow$$

这个试验，一方面说明了阴极反应和阳极反应的相对部位，另一方面指出了，由于氧浓度差异所引起的电化学反应的不均匀性，导致了局部腐蚀。

细致地进行这个实验，对金属腐蚀原理和局部腐蚀，将会有较为深入的了解。

大部分金属的腐蚀属于电化学腐蚀。当两种电极电位不同的金属互相接触，并且有电解质存在时，便形成微电池，使得电极电位较低的金属成为阳极而不断被腐蚀。而电极电位较高的金属则不被腐蚀。在同一合金中，如果存在不同相，也可能产生电化学腐蚀。如，钢的珠光体组织是由铁素体和渗碳体两相组成，铁素体的电极电位比渗碳体低，当有电解质溶液存在时，铁素体作为阳极而被腐蚀。

要提高金属的耐蚀性，一方面要尽量使合金能形成单相组织；另一方面要提高合金本身的电极电位。因此，必须向金属和合金中加入合金元素才能获得耐蚀性。不锈钢就是根据这一原理设计的。

实践证明，在钢中加入大量的铬、镍等元素，可起到以下作用：

（1）铬能在金属表面形成一层致密的 Cr_2O_3 氧化膜，使钢与外界隔绝，从而阻止其进一步氧化。

（2）铬能够使钢中的铁素体、奥氏体、马氏体的电极电位提高，从而提高金属抵抗电化学腐蚀的能力。

（3）铬与镍能使钢形成单相铁素体、奥氏体，有效地避免了微电池的形成。

这样，就成功研制了一系列的不锈钢钢种和耐热钢钢种。

不锈耐酸钢（或简称为不锈钢）是指一些在空气、水、盐水、酸及其他腐蚀介质中具有高度化学稳定性的钢类。有时仅把能够抵抗大气腐蚀的钢称为不锈钢，而把在一些腐蚀性强烈的介质中，能够抵抗腐蚀的钢称为耐酸钢。因此，不锈钢不一定耐酸，而耐酸钢却同时又是不锈钢。不锈耐酸钢是化肥、石油、化工、国防等工业部门中广泛使用的材料。

5.2 常用不锈钢

在自然环境或一定工业介质中具有耐腐蚀性的一类钢称为不锈钢。腐蚀使许多金属零件丧失工作性能，导致多种失效事故。腐蚀是金属表面直接的化学反应或电化学反应的结果。钢在高温下的氧化称为化学腐蚀；钢在液体介质作用下，不同的相之间、同一相的晶界和晶内之间构成的原电池腐蚀称为电化学腐蚀。当金属和介质相互作用时，金属表面会产生物质结构的变化或产生腐蚀产物。新的物质将改变金属的电极电位或使电位具有钝化的特征，能够减缓或阻止金属的继续腐蚀。现在人们已研究出许多提高金属耐蚀性的理论和方法。比如在钢中加 Cr、Al、Si 等合金元素，在金属表面形成 Cr_2O_3、Al_2O_3 等保护膜；使金属制成单相，减少微电池对数；提高金属电极电位，降低原电池的电位差来提高金属或钢的耐蚀性等。

对不锈钢的性能要求：（1）对具体使用环境，应有尽可能高的耐蚀性；（2）良好的力学性能；（3）良好的工艺性能；（4）好的经济性。

钢铁材料常见的腐蚀类型：（1）均匀腐蚀；（2）晶间腐蚀；（3）点腐蚀、缝隙腐蚀；（4）应力腐蚀和氢脆；（5）磨损腐蚀。

提高不锈钢耐蚀性的途径：（1）使不锈钢对具体使用的介质能具有稳定钝化区的阳极曲线；（2）提高不锈钢基体的电极电位，来降低原电池电动势；（3）使不锈钢具有单相组织，减少微电池的数量；（4）使钢表面生成稳定的致密的氧化物保护膜。

不锈钢按组织可分为：奥氏体不锈钢、奥氏体—铁素体复相不锈钢、铁素体不锈钢、马氏体不锈钢及沉淀硬化型不锈钢等类型。其中以奥氏体、铁素体、马氏体等三个类型应用最广[3,4]。

5.2.1 奥氏体不锈钢

奥氏体不锈钢属铬镍钢，这种钢的碳含量很低，质量分数为 0.08% ~ 0.15%。但铬、镍含量很高，它们分别为 $w(Cr) = 15\% \sim 24\%$、$w(Ni) = 3.5\% \sim 22\%$，这类钢由于镍的加入，扩大了 γ 相区而获得单相奥氏体组织；同时钢中的铬提高了钢的电极电位，又在钢表面形成致密的 Cr_2O_3 保护膜，故有很好的耐蚀性及耐热性。此外，这类钢还具有高的塑性、可焊性、韧性、低温韧性和无磁性，是应用最广泛的耐酸钢，约占不锈钢总产量的 2/3。

常见的奥氏体不锈钢的类型主要为 18 - 8 型，即 0Cr18Ni9、1Cr18Ni9、0Cr18Ni9Ti、1Cr18Ni9Ti。其他奥氏体不锈钢钢种是在 18 - 8 型基础上调整合金元素而获得，如 1Cr18Ni12Mo2Ti、1Cr18Ni12Mo3Ti。

奥氏体不锈钢的组织由奥氏体晶粒组成，晶粒内部存在孪晶，其金相组织如图 5-1 所示。

奥氏体不锈钢在 450 ~ 480℃ 时，在晶界析出碳化物 $(Cr, Fe)_{23}C_6$，从而使晶界附近的铬含量低于不锈钢最低含量 11.7%，这样晶界附近就容易引起腐蚀，这种腐蚀称为晶间腐蚀。有晶间腐蚀的钢，在外力作用下，往往易沿晶界开裂。降低含碳量，可使钢中不形成碳化物；加入强碳化物形成元素钛、铌等，使钢中形成 TiC、NbC，而不形成铬的碳化物，以保证奥氏体中含铬量。

图 5-1　1Cr18Ni9Ti 钢室温的奥氏体组织，OM

这类钢在退火状态下除奥氏体外，还有少量的碳化物。为获得单相奥氏体，提高耐蚀性，即提高抗晶间腐蚀的能力，需要进行固溶处理。

将钢加热到 1100℃ 左右，使所有碳化物都熔入奥氏体，然后水淬冷至室温，快速冷却，碳化物来不及析出，即可获得单相奥氏体组织，这种处理不称为淬火，而是称为固溶处理。它与一般钢的淬火意义不同，对奥氏体钢而言，固溶处理的目的是提高耐蚀性并使钢软化。含有 Ti、Nb 的奥氏体不锈钢，没有晶间腐蚀倾向，一般不需要固溶处理，如 1Cr18Ni9Ti。

铬镍不锈钢在固溶状态下 $\delta=40\%$，塑性良好，适于进行各种冷塑性变形。铬镍钢对加工硬化很敏感，因此，这类钢唯一的强化方法是加工硬化，强度可由 600MPa（N/mm^2）提高到 1200~1400MPa（N/mm^2），而伸长率则下降到 10%。这种钢切削加工性能很差，因为塑性高切削时易粘刀，又易加工硬化，加之导热性差，故刃具易磨损。

5.2.2　铁素体不锈钢

铁素体不锈钢含碳量（质量分数）低于 0.12%，铬含量（质量分数）为 11.5%~32%，属于高铬不锈钢，如 0Cr13、2Cr13、1Cr17 等。由于铬元素对 γ 区的影响作用，这类钢呈单相铁素体组织，从室温加热到 960~1100℃，其组织也无显著变化。如果在热加工中，晶粒被粗化后，就不能用热处理方法来细化晶粒，只能用塑性变形及再结晶来改善。

这类钢抗大气腐蚀和耐酸能力强，也具有良好的高温抗氧化性。其塑性、焊接性均较马氏体不锈钢好。

这类钢广泛地用于硝酸、氮肥、磷酸等化学工业中，如 0Cr17Ti 在硝酸和有机酸中有良好的耐蚀性。

常见的铁素体不锈钢有以下三种类型：

（1）Cr13 型，如 0Cr13、0Cr13Al、0Cr11Ti 等，常用作耐热钢如汽车排气阀等。

（2）Cr16-19 型，如 Cr17、Cr17Ti、Cr18Mo2Ti 等，可耐大气、淡水、稀硝酸等介质腐蚀。

（3）Cr25-28 型，如 Cr25、Cr25Ti、Cr28、Cr28Mo4 等，是耐强腐蚀介质的腐蚀钢。

高铬铁素体不锈钢平衡组织为铁素体+铬的碳化物。在加热和冷却过程中都会促进晶间腐蚀倾向，故铁素体不锈钢在热轧后常采用淬火和退火两种热处理制度。淬火处理：加热至870~950℃、保温1h然后水冷。退火处理：加热至560~800℃、保温适当时间然后冷却。

图 5-2 为 1Cr13 钢的组织，图 5-2（a）为退火状态，为粒状珠光体和铁素体的整合组织。图 5-2（b）为1000℃淬火，300℃回火。其中白色的铁素体，呈现带状形貌，灰色条带状组织为回火马氏体。

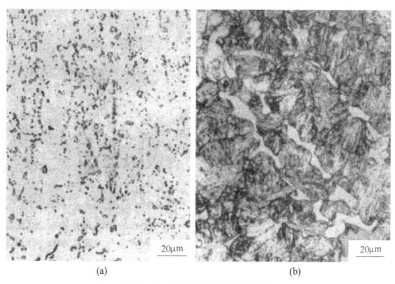

(a)　　　　　　　　(b)

图 5-2　高铬 1Cr13 钢的组织

5.2.3　马氏体不锈钢

马氏体不锈钢含碳量（质量分数）为 0.08%~1.2%，铬含量（质量分数）为12.5%~18%，属于含铬不锈钢。随着钢中含碳量的增加，钢的强度、硬度、耐磨性提高，但耐蚀性下降。因碳与铬形成铬的合金碳化物，会降低铁素体中含铬量，使其电极电位不能跃升。

这类钢多用于力学性能要求较高，而耐蚀性要求较低的零件，如汽轮机叶片、各种泵的零件、弹簧、滚动轴承及一些医疗器械，如 4Cr13、9Cr18。

这类钢最终热处理是淬火与回火。此钢在空气中可淬硬，但一般采用油冷。1Cr13、2Cr13 常用作要求综合力学性能与耐蚀性较高的零件，应采取淬火和高温回火，得到回火索氏体组织。其基体中铁素体含铬量（质量分数）达 11.7%，故耐蚀性较好。3Cr13、3Cr13Mo 常用作要求高硬度的医疗器械、量具等。应采取淬火+低温回火，得到回火马氏体组织。

这类钢在锻造后需要软化退火，以降低硬度，改善切削加工性。在冲压后也需要退火，消除加工硬化，恢复塑性，以便进一步加工。

常见的马氏体不锈钢有：（1）低碳及中碳的 13%Cr 钢，如 1Cr13、4Cr13；（2）高碳的 18%Cr 钢，如 9Cr18；（3）低碳的 17%Cr-2%Ni 钢，如 1Cr17Ni2。

5.2.4　奥氏体-铁素体复相不锈钢

该类钢具有奥氏体加铁素体复相组织，如 Cr21Ni5Ti、00Cr18Ni5Mo3Si2，含有铁素体 50%～70%。这类钢开始是作为耐酸及高强度用钢。已知奥氏体抗应力腐蚀性能低，而铁素体不锈钢抗应力腐蚀能力较强，如果在奥氏体中引进铁素体，则双相的铁素体-奥氏体不锈钢将明显地有较高的抗应力腐蚀能力。加之双相钢又兼有奥氏体钢和铁素体钢的特征，即奥氏体的存在降低了高铬铁素体钢的脆性，提高了可焊性、韧性，降低了晶粒长大的倾向；而铁素体的存在又提高了奥氏体钢的屈服强度、抗晶间腐蚀能力等。这样，发展双相钢不锈钢便更加引起重视。该类钢的缺点是不能在 350～850℃ 范围长期使用，因为在该温度区域产生脆性。这类双相不锈钢通常采用 1000～1100℃ 淬火韧化，可获得 60% 左右铁素体及奥氏体组织。

图 5-3 为 00Cr17Mn14Mo2 钢的组织形貌。该钢经 1060℃ 固溶处理，得到奥氏体和不规则的条带状的铁素体。00Cr17Mn14Mo2 不锈钢属于以 Mn、N 代镍的无镍 α+γ 不锈钢。

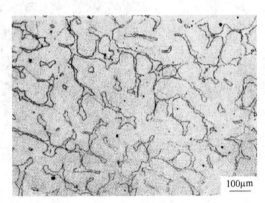

图 5-3　00Cr17Mn14Mo2 钢的 α+γ 组织，OM

5.2.5　奥氏体-马氏体型沉淀硬化不锈钢

这类钢的成分特点是，除保证耐蚀性、具有奥氏体向马氏体转变外，可控制成分调整 M_s 点，使 M_s 点在室温以下或所需要的温度处，还含有产生金属间化合物实现沉淀硬化的元素。这类钢含碳量（质量分数）为 0.04%～0.13%，含铬量（质量分数）在 13% 以上，钢中加入的其他元素有镍、锰、钼、铝、硅、钛、铌、铜、钴等。通过铬、镍、锰、钼、铝元素的配合，可将 M_s 点调整在室温～-78℃ 之间，以便通过冷处理或塑性变形产生马氏体相变。钼、铝、钛、铌、铜、钴等还是析出金属间化合物 [Ni（Al、Ti）或 NiTi] 等产生沉淀强化的元素。

奥氏体-马氏体型沉淀硬化不锈钢具有优良的工艺性，固溶后有奥氏体的优点，易于加工成形，随后经强化处理又具有马氏体钢优点，并且热处理温度不高，没有变形氧化等缺点，是制造飞行器蒙皮，化工压力容器等较好的材料。使用温度不超过 315℃，否则因金属间化合物的沉淀而使材料发脆。

这类钢的强化处理工艺流程是：950～1050℃（固溶处理）→奥氏体→冷处理/调节处理/冷塑性变形→马氏体（35%～45%）（时效沉淀）→沉淀强化。

5.3　抗氧化钢

在高温下工作的钢称为耐热钢。耐热钢应具有两方面的性能，即高温化学稳定性和高温强度。耐热钢包括抗氧化钢（又称为不起皮钢）和热强钢。抗氧化钢是在高温下具有较好的抗氧化性能和一定强度的钢种，多用于制造锅炉用零件和热交换器等，它在高温工作时受力较小。热强钢是指在高温下具有一定抗氧化能力和较高强度的钢种，多用以制造汽轮机叶片、内燃机的进排气阀等零件，它在高温工作时对强度要求较高。

耐热钢按显微组织，可大致分为四类：（1）珠光体或铁素体-珠光体耐热钢；（2）马氏体耐热钢；（3）铁素体耐热钢；（4）奥氏体耐热钢。

按性能和用途，耐热钢可分为三大类：抗氧化钢，热强钢，气阀钢。本节介绍抗氧化钢。

5.3.1　抗氧化腐蚀

抗氧化钢，也称为不起皮钢。

钢，一般在560℃以上表面容易氧化，主要是由于在高温下产生松脆多孔的FeO，它与基体结合能力变小，且易剥落。氧原子容易通过FeO进行扩散，使内部能继续进行氧化，最终导致零件破坏。

抗氧化钢中加中金元素铬、铝、硅等，它们与氧亲和力大，形成一层致密的、高熔点的并牢固地覆盖于钢表面尖晶石类型的氧化膜，如$FeO \cdot Cr_2O_3$、$FeO \cdot Al_2O_3$。含硅钢中形成$FeSiO_4$，这种膜也有良好的保护性[3,5]。

实际应用的抗氧化钢，大多数是在铬钢、铬镍钢、铬锰钢的基础上加入硅、铝研制而成的。和不锈钢一样，随含碳量增多，会降低钢的抗氧化性，故一般抗氧化钢为低碳钢。

5.3.2　钢种及应用

耐热钢分为铁素体型耐热钢、奥氏体型耐热钢，此外还有耐热合金等。

标准中推荐的抗氧化钢如2Cr23Ni13、2Cr25Ni20、3Cr18Mn12Si2N、0Cr23Ni13、00Cr12等钢号；主要用于制作抗氧化零件。其中，2Cr25Ni20钢可承受1035℃以下反复加热的炉用部件，如喷嘴、燃烧室等。00Cr12钢耐高温氧化，制作要求焊接的部件，如汽车排气阀净化装置、锅炉燃烧室等。

许多工厂中的加热炉、热处理炉等使用着大量的耐热钢构件，如炉底板、马弗罐、料盘、导轨等，它们的工作条件和热强钢有些不同，工作时所受的负荷并不十分大，但要抗介质的化学腐蚀。对这类钢的选用要考虑最高工作温度和温度的变化情况、工作介质的情况和负荷的性质。根据零件的结构可采用锻轧件或铸件。工业炉用抗氧化钢可以分为铁素体钢和奥氏体钢两类，奥氏体钢又可分为铬-镍、铬-锰-氮和铁-铝-锰三类。

5.3.2.1　铁素体抗氧化钢

铁素体抗氧化钢具有类似铁素体不锈钢的特点，有晶粒长大倾向，韧性较低，不宜做承受冲击负荷的零件，但抗氧化性强，在含硫的气氛中有好的耐蚀性，适宜制作各种承受应力不大的炉用构件，如过热器吊架、退火炉罩、热交换器等。

1Al3Mn2MoWTi 钢是一种不含镍、铬的铁素体抗氧化钢，在 650℃ 使用时有良好的抗硫腐蚀性能及抗氧化性，适用于石油裂化设备。

5.3.2.2 奥氏体抗氧化钢

铬-镍奥氏体抗氧化用钢可用于 1000℃ 以上，因为它们含有 18%（质量分数）以上的铬（这是在 1000℃ 工作所需的最低含铬量）。20-14、25-20、18-25（分别指铬、镍的质量分数）等钢加入 2%~3% 的硅是为了进一步提高抗氧化性，镍的加入是为了形成奥氏体，提高工艺性和高温强度。

3Cr18Ni25Si2 是一种常用的奥氏体抗氧化钢，它可以在 1000~1150℃ 固溶处理后空冷使用，也可不经热处理在热压力加工后直接应用，因为它是奥氏体钢，所以在室温下能承受冲压与轧制。它既可做炉底板也可做箱式炉及渗碳炉风扇轴或渗碳罐等。因为含镍量高，对于含硫的燃料燃烧产物不稳定，长期在 600~900℃ 使用会产生晶间腐蚀，同时因碳化物在加热时析出会引起时效脆性。1Cr25Ni20Si2 钢的组织稳定，有高的抗氧化性和抗热疲劳性，可以做炉底辊筒，在不高于 1200℃ 条件下使用。

5.3.2.3 铬-锰-氮及铬-锰-镍-氮系抗氧化钢

当碳、氮、铬、锰适当配合时可以获得奥氏体钢。由于锰的存在使这类钢的抗氧化性略低于同级的铬-镍钢，为此可加入约 2%Si（质量分数），使抗氧化性得到改善。这类钢的抗硫能力比铬-镍钢好。

3Cr18Mn12Si2N 钢广泛用做中温箱式炉炉底板，可稳定地使用一年以上，虽然寿命低于 3Cr18Ni25Si2，但成本低。此钢还可以做输送带式加热炉的链条（在 500~900℃ 使用），并可以做渗碳罐、料筐等。这种钢具有良好的室温与高温力学性能，经过 1100~1150℃ 固溶处理后，其性能不低于 3Cr18Ni25Si2 钢。这种钢的抗忽冷忽热能力好，焊接和铸造性能也比较好，并可做锻件使用。如果硬度较高，可在 900℃ 保温 6h 进行退火处理。

5Cr21Mn9Ni4N、2Cr20Mn9Ni2Si2N 钢由于其中加入了镍，提高了铬、硅含量，而降低了锰含量，使高温持久强度、抗氧化性、抗渗碳性都比铬-锰-氮钢有所提高。图 5-4 为 5Cr21Mn9Ni4N 钢经 1180℃ 固溶处理，750℃ 时效后的组织，由奥氏体晶粒、颗粒状碳化物和铬氮化合物组成。

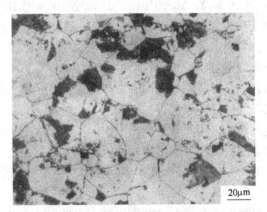

图 5-4 5Cr21Mn9Ni4N 钢固溶-时效组织，OM

此外还有铁-铝-锰系抗氧化钢等。

5.4 热强钢

热强钢在高温服役时能够保持较高的强度。热强钢在高的工作温度下，不仅要有良好的热稳定性而且还要有足够的热强度，才能满足一些零件的性能要求。

金属的蠕变与热强度随温度升高有两个特点：一是强度、硬度下降，塑性升高；二是在高温下，即使负荷远低于钢在该温度下的强度值，但随着施加应力时间的延长，零件将缓慢地发生塑性变形，直到断裂，这种现象称为蠕变。

在再结晶温度以下，金属在应力作用下，将因发生塑性变形而强化，变形越大，强化作用越大，强化的结果使金属强度与所承受的这一应力相适应，不致使金属断裂，也不会发生蠕变现象。但如果在再结晶温度以上，由于原子扩散能力增强，在应力作用下，金属在产生形变强化的同时，还进行着回复和再结晶的消除强化的过程。这样，每次形变强化的效果都被消除强化过程所抵消，永远不能与所承受的应力相平衡，因而出现了蠕变，蠕变的变形量与时间有关，时间越长，蠕变量越大。

作为热强钢有两点：一是熔点要尽可能高；二是再结晶温度也尽可能高。两者之比（$T_{再结晶}/T_{熔点}$）构成了热强性的准则之一。

根据组织状态，热强钢主要包括珠光体型热强钢、铁素体型热强钢、马氏体型热强钢、奥氏体型热强钢和沉淀硬化型耐热钢[4]。

5.4.1 影响热强性的因素

承受应力的金属材料在高温下抵抗蠕变的能力，称为热强度。热强度取决于材料的化学成分、冶炼方法及热处理方法等，归纳起来主要有以下几个方面：

（1）基体的固溶强化。基体的强度取决于原子结合力的大小。高温时，γ-Fe 原子排列比较致密，原子结合力较强，故奥氏体钢有更高的热强度。如在金属中加入合金元素形成单相固溶体，会使热强度明显提高。

（2）晶界强化。高温下晶界的强度较低，原子扩散迅速，有利于蠕变的进行，因此粗晶粒钢比细晶粒钢热强度高，但晶粒不宜过分粗化，否则会损害高温塑性和韧性，加入硼、稀土元素，使晶界强化而提高热强性。

（3）沉淀强化。从过饱和固溶体中沉淀析出第二相，可明显提高热强度。这是由于第二相沉淀时，在其周围形成应力场，对位错起阻碍作用而得到强化。

（4）提高再结晶温度。在钢中加入钼、钨、铬等合金元素，能提高钢的再结晶温度，从而改善钢的抗蠕变能力，提高热强度。

（5）热处理。热强钢通过热处理可以获得所需要的晶粒度，改善强化相的分布状态，调整基体和强化相的成分，从而提高钢的热强度。

热强钢采用铬、镍、钼、钨、硅等元素，它们除具有提高高温强度的作用外，还可提高高温抗氧化性。常用的热强钢按正火状态组织主要分为珠光体、奥氏体、马氏体、沉淀硬化型等类型。

5.4.2　低碳珠光体热强钢

珠光体热强钢是指在正火状态下，显微组织由珠光体加铁素体所组成的一类耐热钢。它的合金元素含量少，工艺性能好，广泛用做在 600℃ 以下工作的动力工业和石油工业的构件。

珠光体热强钢按碳含量的高低可大致分成低碳珠光体钢和中碳珠光体钢两类；按其用途，又可以分为锅炉管子钢、气包用钢、紧固件用钢和转子（主轴和叶轮）用钢。

铁素体-珠光体耐热钢中，合金元素质量分数一般不超过 5%。退火后的组织为铁素体+珠光体组织，钢种如 15CrMo、12Cr1MoV。这类钢受空气、水蒸气、燃气等腐蚀介质的作用，必须抗氧化和耐气体腐蚀。15CrMo 可以应用于制造水蒸气温度达到 530℃ 的高压锅炉的过热管等零件。图 5-5 为 15CrMo 钢的金相组织，在 940℃ 淬火，680℃ 回火，得到回火托氏体+铁素体组织（白色部分）。

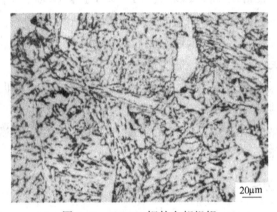

图 5-5　15CrMo 钢的金相组织

锅炉过热器和蒸汽导管等管子是处于高温和压力的长期作用下工作的，同时管子在高温烟气和水蒸气的作用下还将发生氧化与腐蚀。为了使管子在长期工作条件下安全可靠，对管子用钢一般有如下要求：

（1）足够的高温强度和良好的持久塑性。锅炉钢的持久强度是过热器管子、导管等受热面管子的高温强度的计算依据，蠕变极限则作为校核依据。这些热强性是保证元件在高温长期应力作用下安全运行的重要性能数据。对过热器管子，一般要求在工作温度下持久强度 $\sigma_{10}^{5} \geqslant 80\mathrm{MPa(\,N/m^{2}\,)}$。此外，在锅炉元件中管孔很多，各种孔壁上的应力集中比较严重，钢材应具有足够的持久塑性，以有利于改善应力集中处的应力分布，使之趋向均匀。

（2）足够的抗氧化性能和耐腐蚀性能。锅炉受热面管子是在高温烟气或水蒸气作用下工作的，特别是高温段过热器和再热器管子均处于高温下工作，常常产生氧化和腐蚀现象。

（3）足够的组织稳定性。所有的珠光体热强钢在比较高的温度长期作用下，普遍出现组织不稳定现象，首先是片状珠光体逐渐球化和碳化物的聚集长大。

珠光体球化后对常温冲击韧性没影响，还能略提高塑性，但却使常温和高温强度降低，特别不利的是使钢的高温持久强度降低。据实验资料，12Cr1MoV 钢经完全球化后，持久强度比未球化时降低 1/3。在电站运行中，管子发生珠光体的严重球化会导致管子爆裂。

珠光体钢的比较危险的组织不稳定是石墨化。石墨化是指钢中的碳化物分解成游离石墨的一种组织转变。必须指出,石墨化是跟随着渗碳体的球化而产生的,在所有的情况下,如发现石墨化现象,则说明球化过程早已进行过了。但产生球化的钢不一定发生石墨化现象。

石墨本身既无强度又无塑性。当钢内产生游离石墨时,管子钢材性能变脆,强度和塑性显著下降,很快就会使耐热钢管发生爆裂。

(4)良好的工艺性能。即要求具有良好的冷、热加工性能。

锅炉管子用珠光体热强钢,常见的有 15CrMo、12CrMoV、12MoVWBSiRe 等。

5.4.3 奥氏体耐热钢

这类钢在 600~700℃ 范围内使用,推荐钢号有 3Cr18Mn12Si2N 钢、2Cr20Mn9Ni2Si2N 钢等属于奥氏体不锈钢,同时又有高的抗氧化性(700~900℃),并在 600℃ 有足够的强度。常用于有较高热强度和一定的抗氧化性,并有较好的抗硫及抗增碳性的零件,如吊挂支架、渗碳炉构件、加热炉传送带、料盘、炉爪、盐浴坩埚和热炉管道等。如工作温度超过 700℃,则应考虑选用镍基、铁基(Fe-Ni-Cr 合金)等耐热合金。

5.4.4 马氏体耐热钢

这类钢在小于 620℃ 范围内使用,如 4Cr9Si2、4Cr10Si2Mo、8Cr20Si2Ni、1Cr13Mo、1Cr11M2W2MoV 等。其中,1Cr13Mo 适合制作汽轮机叶片,高温高压用机械部件;4Cr9Si2 与 4Cr10Si2Mo 用来制造有较高热强性的内燃机气阀。

1984 年美国批准了 T91/P91 钢的应用。目前是使用量最大的电站锅炉钢管用钢[3]。我国将该钢纳入国家标准牌号为 10Cr9Mo1VNbN。该钢最终热处理工艺为:1040~1060℃ 加热淬火,760~780℃ 回火,得到回火托氏体组织。图 5-6 为 P91 钢的 CCT 曲线。该钢的临界点:A_{c_1},810℃;M_s,390℃;M_f,100℃。

化学成分 w/%	C	Si	Mn	P	S	N	Al	Cr	Ni	Mo	V	Nb
	0.11	0.32	0.47	0.014	0.0030	0.038	0.018	8.50	0.13	0.85	0.22	0.076

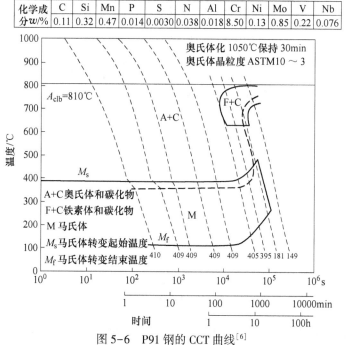

图 5-6 P91 钢的 CCT 曲线[6]

在400℃以下转变为马氏体组织，空冷也能够淬火为马氏体组织，故有人称"正火"。淬火组织为板条状马氏体+剩余碳化物，如图5-7所示。淬火马氏体硬度：HV410~440（相当于HRC43~45，HB410~430）。回火组织为回火托氏体，有的书刊中称其为回火马氏体是不正确的[7]，如图5-8所示。

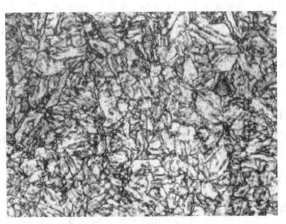

图5-7 P91钢的淬火板条状马氏体组织，OM

图5-8 P91钢的回火托氏体组织，OM

复习思考题

5-1 了解铬在不锈钢对于耐蚀性的影响。

5-2 常用不锈钢主要有哪些？

5-3 什么是抗氧化钢，什么是热强钢？

参 考 文 献

[1] 肖纪美. 材料的应用及发展 [M]. 北京：宇航出版社，1988.

［2］吴承建，陈国良，强文江．金属材料学［M］．北京：冶金工业出版社，2000．

［3］肖纪美．金属材料学的原理和应用［M］．包头：包钢科技编辑部发行，1996．

［4］崔崑．钢的成分、组织与性能（上册）［M］．北京：科学出版社，2013．

［5］章守华．合金钢［M］．北京：冶金工业出版社，1981．

［6］束国刚，刘江南，石崇哲，等．超临界锅炉用T/P91钢的组织性能与工程应用［M］．西安：陕西科学技术出版社，2006．

［7］刘宗昌．固态相变原理新论［M］．北京：科学出版社，2014．

6 金属耐磨材料

（本章课件及扩展阅读）

物体的相对运动产生摩擦而造成磨损。使用工具加工钢件，需要工具钢具有良好的耐磨性。机器运转时，轴与轴承之间有摩擦。磨损与腐蚀有相似之处，即都从表面破坏材料。但是磨损是力学的摩擦作用造成的。

磨损的定义为：两种材料（或物质）接触并相对运动而引起材料逐渐损伤的现象，称为磨损。

提高材料的耐磨性极为重要。影响材料耐磨性的因素有：

（1）材料因素，材料的硬度、韧性、加工硬化能力、导热性、化学稳定性、表面状态等。

（2）摩擦条件，相摩擦物质的特性、摩擦压力、温度、速度、润滑剂的特性等。

大量实验证明，钢的耐磨性与其组织结构，硬度有密切的关系。本章主要讲述工具钢、塑料模具钢等知识。

6.1 工具钢

人们发现 5000 年前古埃及有陨铁制成的工具。最早用近代炼钢法生产的工具钢是 1868 年发明的高钨工具钢[1]。

用来制造各种切削刃具、模具、量具和其他工具的钢，称为工具钢。工具钢在工业生产中，特别是在机械制造业中已成为应用非常广泛的一类钢种。工具钢尽管用途不同，但均要求具有较高的耐磨性，因此，可称其为耐磨材料。

工具钢按化学成分可以分为碳素工具钢和合金工具钢两大类。按用途分为刃具钢、模具钢、量具钢三种。

工具钢由于用途不同，对性能的要求也不同。如刃具钢，要求具有高的硬度和耐磨性，一定的强度和韧性，在大负荷高速切削时，还要具有热硬性；量具钢则要求具有高的硬度、高的耐磨性和尺寸稳定性；冷作模具钢主要要求有高硬度、高耐磨性，同时还要求高强度和一定的韧性；热作模具钢则主要要求具有高的韧性和耐热疲劳性。

为了使工具钢获得高的硬度、耐磨性和热硬性以及足够的强度与韧性，在化学成分上工具钢都具有较高的含碳量（热作模具除外）和加入一定数量的铬、钨、钼、钒等碳化物形成元素。为保证钢的淬透性，且使工具钢性能均匀和控制热处理变形量，工具钢还常加入铬、锰、硅等元素。

工具钢的使用寿命与热处理的质量有极密切的关系，因此必须掌握工具钢的热处理特点。工具钢的预先热处理通常采用球化退火，以获得在铁素体基体上分布着细小均匀的粒状碳化物组织。有时为了消除网状碳化物，往往在球化退火前先进行一次正火处理。工具钢的最终热处理多为淬火加低温回火处理，以保证获得高硬度和高耐磨性。只有热作模具采用调质处理，以保证所要求的高韧性。

在碳素工具钢的基础上加入少量合金元素（如铬、锰、硅、钒、钨、钼等）称为合金工具钢。

6.1.1 碳素工具钢

碳素工具钢是含碳量（质量分数）为 0.65%~1.35%的碳钢。按其杂质含量不同，可分为优质碳素工具钢和高级优质碳素工具钢。碳素工具钢生产成本低，原料易取得，加工性能好，广泛地用于制造各种工具、模具、量具、手作工具和低速小切削用量的机用刀具[2,3]。

碳素工具钢一般需经 750~770℃温度范围的球化退火处理，获得球状珠光体组织；然后在 760~820℃温度范围淬火，获得马氏体+少量残留奥氏体组织；再经 160~180℃温度范围的回火处理，获得回火马氏体组织。

常用的碳素工具钢有 T7（T7A）、T8（T8A）、T10（T10A）、T12（T12A）。在通常热处理情况下，T7（T7A）、T8（T8A）钢的韧性比 T10（T10A）、T12（T12A）钢好，所以 T7（T7A）、T8（T8A）钢用于制造承受冲击负荷的工具，如小型锻造冲头、凿子、锤子和木工工具等。而对于要求高耐磨性，且不受振动的工具，如手锯锯条、手用丝锥、锉刀、刨刀、拉丝模等，则用 T10（T10A）、T12（T12A）钢制造。图 6-1 为澳大利亚产 T12 钢的锉刀的显微组织，淬火-回火组织，黑色基体为回火马氏体，白色颗粒状为碳化物。

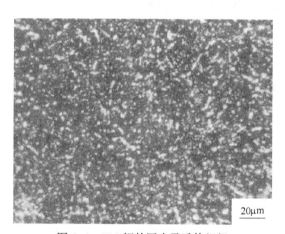

20μm

图 6-1 T12 钢的回火马氏体组织

6.1.2 合金刃具钢

合金刃具钢主要用于制造切削刀具，如车刀、铣刀、钻头、丝锥、板牙等。刃具在工作时，受到复杂的切削力作用，刃部与切屑间产生强烈的摩擦，使刀刃磨损并发热。切削量越大，切削速度越高，则单位时间产生的热量越多，刃部温度也就越高，有时可达 500~600℃。刃部温度的高低是影响刀具性能和使用寿命的重要因素。例如车刀在工作时主要受压应力和弯曲应力，并受很大的摩擦力，还承受一定的冲击力与震动。常见的失效形式是刃口变钝，不正常的破坏形式为折断、崩刃和塑性变形等。在这种情况下，使用碳素工具钢已不能满足刃具在工作中对使用性能的要求，因此必须选用合金刃具钢。而合金刃具钢应具有下列性能[4]：

（1）高的硬度与耐磨性。只有刃部的硬度大大高于被加工材料硬度时，才能顺利进行切削。一般刃具的硬度都在 HRC60 以上。刃具钢的硬度主要取决于马氏体的含碳量，因此刃具钢的含碳量（质量分数）都较高，达到 0.75%~1.45%C。耐磨性是反映材料抵抗磨损的能力。当磨损量超过所规定的尺寸范围时，刃部就丧失了切削能力，刀具便不能继续使用。耐磨性的高低，直接影响着刀具的使用寿命。耐磨性与刀具材料的硬度、碳化物之间有密切的关系。一般认为硬度越高，其耐磨性越好，随着硬度降低，其耐磨性变差，如硬度由 HRC62~63 降至 HRC60 时，其耐磨性减弱 25%~30%；刃具钢，在淬火加低温回火状态下，硬度基本相同，则碳化物硬度、数量、颗粒大小及分布情况对耐磨性有很大影响。事实证明，一定数量的硬而细小的碳化物均匀地分布在马氏体基体上，可获得良好的耐磨性。

（2）高的红硬性。红硬性是指刀具刃部在高温下保持高硬度（≥HRC60）的能力。刃具钢的红硬性高低与回火稳定性及碳化物弥散沉淀有关。若在刃具钢中加入钨、钒、铌等元素，既能增加回火稳定性，又能形成沉淀型碳化物，则将显著提高刃具钢的红硬性。如含有这些元素的高速钢，其红硬性可达 600℃ 左右，即刃部温度达到 600℃ 左右时，硬度仍保持在 HRC60 以上。

（3）足够的强度与韧性。为了避免刃具在复杂切削力的作用下及冲击振动时发生脆断或崩刃，必须保证刃具钢有足够的强度与韧性。

低合金刃具钢是在碳素工具钢的基础上加入少量合金元素发展起来的。它属于低合金钢，主要用于切削量不大的、形状复杂的刃具，也可兼作冷作模具与量具。

其化学成分特点为：$w(C) = 0.75\% \sim 1.45\%$，以保证钢淬火后具有高硬度（≥HRC62），并可形成适量的合金碳化物，从而增加其耐磨性。在这类刃具中常加入的合金元素为 Cr、Mn、W、V 等。

常用的低合金刃具钢有以下几种：

（1）铬钢。常见的有 GCr15、GCr6 以及 CrMn 钢等。铬在钢中的主要作用是提高淬透性，并使其晶粒细化。钢中加入 0.5%~1.5% 的铬，可使淬火、回火后力学性能大为提高。铬钢一般用于制造要求变形小的铰刀、铣刀和低切削量的拉刀等切削工具，并可用于制造量具及模具。

（2）硅铬钢。常见的有 9SiCr 钢。钢中加入硅、铬提高淬透性和淬硬性；硅能提高回火稳定性和改善碳化物的分布。硅铬钢用于制造要求变形小和薄刃刀具，特别是板牙、丝锥和铰刀。

（3）铬钨钢。钢中加入钨（1.0%~5.5%），钢淬火、回火后存在较多碳化物，从而提高硬度和耐磨性。钨有助于保持细小晶粒，使钢具有较高的韧性。铬钨钢中以 CrW5 钢为常见，用于制造铣刀、刨刀和雕刻刀等。

（4）铬钨锰钢。钢中加入铬、钨、锰元素，使钢具有较高的淬透性、淬硬性和耐磨性。钨有细化晶粒作用使钢具有较高的韧性。常见的有 CrWMn 钢，适用于作精密的刀具、模具和量具，如拉刀、量块等。

6.1.3 高速工具钢

高速钢问世于 1900 年，成分与 W18Cr4V 钢相似的高速钢确立于 1910 年[1]。1930 年以来发展了 W-Mo 系高速钢。

现在，金属切削广泛采用高的切削速度和大进刀量的快速切削方法。刀具在工作时，由于摩擦作用，势必引起刀具刃部温度的升高。例如，当车削速度为 10~20m/min 时，刀具刃部为 200~300℃；当车削速度为 50~80m/min 时，刃部温度高达 500~600℃。随着机械制造业的发展，高硬度新材料的应用越来越多。刀具刃部工作温度有时甚至高达 670℃左右。这就要求作高速切削的刃具材料不仅具有一般刃具材料所必须具有的高硬度、高强度、高耐磨性和一定的韧性，还要求刃具在较高温度（500~700℃）下具有高硬度、高强度、高耐磨性和良好的韧性。低合金刃具钢的刃部工作温度超过 300℃时，硬度就显著下降，失去切削能力。因此，在大切削量、高速切削条件下，一般合金刃具钢的使用受到限制。此时应使用高碳高合金工具钢或特殊合金（硬质合金）来制造刀具。高速钢是当前使用最多最广泛的合金刃具钢种，专门用于制造高速切削的刀具，有时也会用来制造模具。生产实践证明，高速工具钢刀具的切削速度比一般合金刃具钢高 1~3 倍，而耐用性增加 7~14 倍。

根据标准，高速工具钢共有 19 个牌号。新标准删掉一些旧牌号，增添了一些新牌号，如 W18Cr4VCo5、W18Cr4V2Co8、W12Cr4V5Co5、CW6Mo5Cr4V3、CW6Mo5Cr4V2、W2Mo9Cr4V2、W6Mo5Cr4V2Co5、W7Mo4Cr4V2Co5、W9Mo3Cr4V、W2Mo9Cr4VCo8 等[1]。

我国目前主要应用的高速工具钢是 W18Cr4V、W6Mo5Cr4V2 和 W9Mo3Cr4V 三个钢号。这三个钢号产量占目前国内生产和使用的 95%以上，特别是 W6Mo5Cr4V2 钢，由于它具有良好的热塑性，较均匀的碳化物分布等优点，现正在逐步取代 W18Cr4V 钢。近几年发展起来的 W9Mo3Cr4V 钢为通用型高速工具钢，由于此钢兼有 18—4—1 和 6—5—4—2 的共同优点，比 18—4—1 有良好的热塑性，比 6—5—4—2 降低含钼量 1 倍，符合我国资源条件，又克服了 6—5—4—2 脱碳倾向大的缺点，且硬度比较高，故应用越来越广泛。

高速工具钢的牌号，也按合金工具钢表示方法，但在高速工具钢中，不论含碳量多少，均不标出含碳量，如 W18Cr4V 钢，其含碳量（质量分数）为 0.7%~0.8%，但钢号前不标数字。

为了便于书写和叙述，人们习惯使用高速钢的简称。例如，W18Cr4V 简称为 18—4—1，W6Mo5Cr4V2 简称 6—5—4—2，W9Mo3Cr4V 简称 9—3—4—1 等。

高速工具钢（W18Cr4V）热处理工艺是：800℃预热→1280℃保温→淬火→560℃回火三次。淬火得到隐晶马氏体组织如图 6-2 所示。560℃回火三次得到回火马氏体组织基体上分布着未溶碳化物的整合组织，硬度可达 HRC64~66。

6.1.4 模具钢

专门用于制造冲压、模锻、挤压、压铸等模具的合金钢，称之为合金模具钢。随着汽车、拖拉机、电机、无线电、家用电器和国防工业的迅速发展，冷冲压、挤压、模锻和压

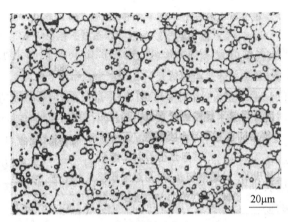

图 6-2　高速钢淬火组织，OM

铸等无切削加工工艺被广泛应用，对模具的需求量越来越大，因而对制造模具的钢材品种、钢材的冶金生产及钢材的热处理质量等提出了越来越高的要求。根据模具使用条件的不同将模具分为冷作模具和热作模具，相应地将制作模具的合金模具钢也分为两大类：一是冷作模具钢；二是热作模具钢。为了满足其性能要求，必须合理选用钢材，正确选定热处理工艺方法和妥善安排工艺路线。

6.1.4.1　冷作模具钢

冷作模具钢用来制作冷冲模（冲裁模、拉深模、变曲模等）、冷镦模、冷挤压以及拉丝模、滚丝模、搓丝板等。它们都要使室温下的金属材料在模具中产生塑性变形，因而受到很大压力、摩擦或冲击。冷作模具的正常失效形式是过度磨损，有时也会因脆断、崩刃而提前报废。因此，冷作模具钢与刃具钢在使用要求上极为相似，主要是要求高硬度、高耐磨性及足够的强度与韧性，还要有较高的淬透性和较低的淬火变形倾向。

高碳高铬型工具钢（Cr12 型）是最常用的冷作模具钢。Cr12 型钢成分特点是高碳高铬，碳、铬含量（质量分数）分别为：$w(C) = 1.4\% \sim 2.3\%$，$w(Cr) = 11\% \sim 13\%$。淬火得到马氏体、一定量的残余奥氏体、高硬度的特殊碳化物 $(Cr，Fe)_7C_3$ 所组成的整合组织，因而这类钢具有高硬度、高强度及极高耐磨性（比合金工具钢高 3~4 倍）。

6.1.4.2　热作模具钢

热作模具钢用来制造使加热了的固态金属或液态金属在压力作用下成形的模具。模具分为热锻模、热顶锻模、热挤压模与压铸模，相应地热作模具钢分为热锻模具钢、热顶锻模具钢、热挤压模具钢、压铸模具钢。

常用热作模具钢有 5CrNiMo、3Cr2W8V、H13 等。

H13 钢是国内外广泛应用的热作模具钢，相当于我国的 4Cr5MoV1Si。钢锭经过锻轧加工，锻后退火。退火后的硬度为 HB180~225。其退火组织如图 6-3 所示。H13 钢模具的热处理是 1010~1060℃加热淬火，520℃回火，获得回火托氏体组织。

目前市场上广泛研发应用的还有与 H13 钢成分相似的热作模具钢，如 DH350、W350 等。这种热作模具钢比 H13 钢具有更好的韧性等性能，要求在冶金厂进行球化退火。图 6-4 为 W350 钢的球化退火组织照片。

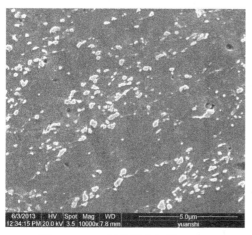
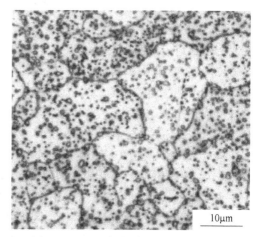

图 6-3　H13 钢的退火组织，SEM　　　　图 6-4　W350 钢的球化退火组织，OM

6.1.5　量具钢

机械制造业中，大量使用的卡尺、千分尺、块规、卡规、塞规、样板等，统称为量具。量具的任务是计量尺寸，因而要求量具必须有精确而稳定的尺寸。故对制作量具的钢——量具钢，要求经热处理后应具有高的尺寸稳定性和高的耐磨性。

在量具制造中，尺寸小、形状简单、精度低的样板、塞规等用碳钢（T10A、T12A）制造，在腐蚀介质中工作的量具用不锈钢（9Cr18）制造外，其他凡形状较复杂、精度较高的量具，均用合金量具钢来制造。

合金量具钢都是高碳钢，以保证有高的硬度和高的耐磨性。为了增加钢的淬透性，减少热处理变形，增加尺寸稳定性，并进一步增加钢的耐磨性，钢中加入铬、锰、钨等元素。

常见的合金量具钢有 Cr2、GCr15、CrMn、CrWMn 钢等。

它们的热处理工艺流程：球化退火→淬火→冷处理→低温回火→低温人工时效处理。

6.1.6　其他类型工具钢

6.1.6.1　冷轧辊用钢

冷轧辊一般属于大截面用钢。冷轧辊用钢的化学成分、性能要求与一些冷作模具钢相近。工作时承受很大的静载荷、动载荷、表面受轧材的剧烈磨损，辊身表面受局部过热还可能产生热裂纹。因此，冷轧辊应具有高而均匀的表面硬度和足够深的淬硬层，以及良好的耐磨性和耐热裂性。

常用冷轧辊钢有 9Cr、9Cr2、9CrV、9Cr2Mo、9Cr2W、9Cr2MoV。化学成分：$w(C) = 0.85\% \sim 0.95\%$，$w(Si) = 0.25\% \sim 0.45\%$，$w(Mn) = 0.20\% \sim 0.35\%$，$w(Cr) = 1.40\% \sim 2.10\%$，$w(V) = 0.10\% \sim 0.25\%$，$w(Mo) = 0.20\% \sim 0.40\%$，$w(W) = 0.30\% \sim 0.60\%$。它们均是在高碳铬钢的基础上加入钼、钨、钒等元素，使其性能进一步改善。锰和镍的含量应当低，以免引起淬火钢中残余奥氏体量的增加。根据各种钢的淬透性，辊身直径超过 500mm 者采用 9Cr2Mo、9Cr2W，直径大于 400mm、负荷大的冷轧辊，应采用 9Cr2MoV 钢

制造。辊身直径在 300~500mm 之间的冷轧辊，采用 9Cr2 钢制造。辊身直径小于 300mm 的冷轧辊，采用 9Cr 及 9CrV 钢。9CrV 钢的淬透性虽然较低，但韧性好，在淬火温度变化时性能比较稳定，其使用寿命优于不含钒的钢。

6.1.6.2　耐冲击工具钢

在工作中受震动较大的工具（如风铲、风凿）、加工较厚钢板的剪切工具以及一些冷模具（例如切边模、冲孔模等），要求有较高的韧性，这些钢的含碳量（质量分数）大都在 0.7% 以下，一般在 0.4%~0.6% 之间。

在碳素工具钢中能做这种用途的钢主要是 T7(T7A) 和 T8(T8A)，例如风动工具（凿子、冲子）、一些钳工工具（錾、型锤、穿孔器）常用 T7、T8 钢。

一些合金工具钢也可以做这类用途，如 4SiCrV、6SiCr、4CrW2Si、5CrW2Si、6CrW2Si。这类钢中最常用的合金元素是硅和铬，因为这些元素能提高回火稳定性，并推迟第一类回火脆性，故可以把回火温度提高至 280℃ 而得到较高的韧性，这些元素还较显著地提高钢的强度并增加耐磨性。这些元素都能增加淬透性。钨还能削弱第二类回火脆性，故含钨的钢可以在 430~470℃ 回火，以得到更高的韧性。钢中加入少量的钒，可以细化晶粒，提高韧性。4CrW2Si 钢可以用做风动工具，也可做一些受热不很高的热镦锻模。5CrW2Si、6CrW2Si 钢可以做剪刀片、风动工具、冲头，6CrW2Si 钢还可以做冷冲模及一些木工工具。

6.2　其他耐磨钢

除了工具钢外，耐磨材料还有轴承钢、高锰钢、石墨钢、钢轨钢、农用犁铧钢等。

6.2.1　轴承钢

制造滚动轴承的专用钢称为轴承钢。滚动轴承是各种机械传动部分不可缺少的零件，其工作条件极为苛刻。它由四部分组成：内套圈、外套圈、滚动体、保持架。内、外套圈及滚动体由轴承钢制造，而保持架由 08 和 10 低碳钢制造。由于滚动体和套圈滚道之间接触面积很小，因而接触压应力可高达 3000~5000MPa，循环次数每分钟可高达数万次。滚珠在转动时还受到离心力引起的附加载荷，它随转数增加而加大。轴承滚珠和内外套圈之间还发生滑动而产生摩擦。在这几种载荷作用下，运转一定时间后将产生接触疲劳破坏，或者受磨损而失效。

根据最大切应力理论计算结果，切应力在接触表面下 0.786b 处达到最大（b 为滚动体和套圈接触带宽度）。在高应力下长时间运转，将在这个区域产生剧烈的塑性变形，显微组织由回火马氏体转变为回火索氏体，因而强度降低，比容减小，在这个区域周围引起附加张应力。若这些部位恰好存在非金属夹杂物或粗大碳化物时，它们就成了疲劳裂纹的发源地。疲劳裂纹一般沿切应力方向发展，其扩展方向与表面呈 45° 夹角，当裂纹露出表面，就会引起表面剥落。表面下一定深度（1mm）内的非金属夹杂物和组织缺陷的危害最大，它将促使接触疲劳裂纹形成和扩展。

对轴承钢的基本质量要求是组织纯净和组织均匀。组织纯净就是组织中杂质元素的各种化合物及非金属夹杂物要少，组织均匀是钢中碳化物要细小，分布要均匀。轴承钢的退火组织如图 6-5 所示。

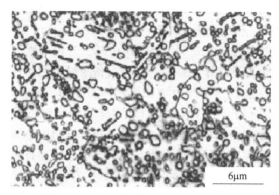

图 6-5 GCr15 轴承钢的退火组织,OM

轴承钢经热处理后要求高而均匀的硬度和耐磨性、高的弹性极限和高的接触疲劳强度。

常用的轴承钢为高碳高铬轴承钢,如 GCr15、GCr15SiMn,还有渗碳轴承钢,如 20Cr2Ni4 等以及不锈轴承钢,如 9Cr18 等。

6.2.2 高碳高锰奥氏体钢

碳和锰都是扩大 γ 相区的元素,而且降低马氏体点 (M_s)。因此,Fe-Mn-C 三元合金中存在着稳定的奥氏体区域。这个区域虽然很大,但大量的拉伸试验结果指出,只有含碳量(质量分数)为 1.0%~1.4% 及含锰量(质量分数)为 10%~14% 时才具备很高的塑性。这个范围便是高碳高锰奥氏体钢的成分范围,最常见的是 $w(C)=1.2\%$ 及 $w(Mn)=13\%$[4]。

这类钢常常在铸造状态使用,有时也可在锻轧后使用。铸态或锻轧合金有大量网状的碳化物,使钢变脆,例如铸态样品的伸长率可低到 1% 以下。这类钢唯一的热处理是固溶处理。由于 (Fe,Mn)$_3$C 易于溶解,在固溶温度 1000~1100℃ 保温 20~30min,可使碳化物全部溶解,水淬后可保持单一奥氏体组织而使钢保持良好的韧性状态。在固溶温度停留过长的时间,表面易于脱碳及脱锰,这种表面成分的变化使表面在水淬时产生脆性的马氏体,使用时易于开裂。图 6-6 为高碳锰钢的奥氏体组织照片。

图 6-6 高碳锰钢的奥氏体组织,OM

固溶后，拉伸强度为 70~100MPa，2% 屈服强度为 35~40MPa，伸长率为 30%~60%，截面收缩率为 30%~50%，布氏硬度 HB170~210。

这类钢屈服强度与拉伸强度之比只有 0.40~0.50，这说明钢在拉伸过程中产生了剧烈的加工硬化；正是这种加工硬化作用，使高锰钢具备高耐磨性。在压力不大的情况下，并没有显示高锰钢的高度耐磨性，当压力增加或在冲击压力下摩擦时（例如颚式碎石机碎石），高锰钢的耐磨优点便很突出。因此，这种钢除了用作碎石机的颚板外，还可制造球磨机的桶衬、拖拉机的履带、车轨的岔道、挖泥及挖石机的挖斗等。

高锰钢的高度耐磨性与表面的加工硬化有关，使用过的碎石机颚板及车轨岔道的表面布氏硬度超过 HB500，而在表面下 20mm 及 8mm 处的布氏硬度只有 HB220。对于这种硬化机理尚无一致的看法。一般认为，是在加工过程形成的大量层错、ε 相、马氏体及细小亚晶引起的。加工硬化作用使高锰钢极难切削加工，一般只能采用磨削。固溶后如再加热到 350℃ 以上，由于碳化物的析出，使钢变脆，伸长率降到 1% 附近；温度超过 800℃ 后，韧性又可开始恢复。

高锰钢无磁性，在极低温度下还具备很好的韧性。这些性能使它在低温下工作时不致脆断，而又是强韧性良好的无磁钢。

6.2.3　石墨钢

石墨钢是含有石墨的高碳工具钢，它一方面具有高碳工具钢的高度耐磨性，另一方面又具有石墨的润滑作用（摩擦系数较一般工具钢小 50%）。它在退火状态下较易切削加工，而经淬火及低温回火后则具备很高的耐磨性，可用作模具或其他耐磨零件。

从成分上考虑，石墨钢含碳（质量分数）约 1.5%，另外含有促进石墨化的合金元素（硅、铝、铜、镍等）以及提高淬透性的元素（锰、铬、镍、钼等），有时还加入提高耐磨性的钨元素[5]。

对于大模具（例如直径为 50~150mm），要求淬透性高、变形少的空冷型的石墨钢，例如 1.35C-1.85Mn-1.20Si-1.85Ni-1.5Mo 的石墨钢。这种钢自热加工或退火冷却后，含有 0.2%~0.6%（质量分数）石墨；用它制成的直径为 25~150mm 的模具，空冷后的硬度为 HRC62~59，变形极少；而韧性与 Cr12 型工具钢相同；弹性极限（20000kg/mm^2）较低，经摩擦后在撕裂之前有较大的弹性变形，因而耐磨性较好。

6.2.4　钢轨钢

专门用于制作钢轨的钢称为钢轨钢。它是钢铁企业大量生产的钢种，一般是经过多次热轧才制成钢轨。对于钢轨，最主要的性能要求是承受冲击的能力和耐磨性[5]。测定钢轨的冲击强度时，一般是将给定长度（例如 1300mm）的钢轨试样，水平地放在有一定距离（例如 1000mm）的两个支垫上，并使钢轨工作面向上。以落锤冲击钢轨中部，直到规定的永久变形为止，试验过程中钢轨不得有裂纹。测定钢轨的耐磨性采用拉伸强度或硬度值作为相对的比较指标。

钢轨钢是属于中高碳 [$w(C) = 0.4\%~0.8\%$] 的铁素体-珠光体钢，主要用 C 及 Mn 来进行强化，典型钢轨钢如 U71Mn，化学成分（质量分数）：$w(C) = 0.67\%~0.80\%$，$w(Si) = 0.13\%~0.28\%$，$w(Mn) = 0.7\%~1.0\%$。

钢轨钢的轧制组织为索氏体（见图 6-7），具有良好的耐磨性。进一步提高耐磨性需要进行端头淬火或全长淬火（实际上是正火得到索氏体组织）。

图 6-7　钢轨钢的索氏体组织，OM

6.2.5　耐磨用普通低合金钢

这类钢除了要求有高的强度、硬度及良好的耐磨性外，还必须有良好的韧性和淬透性，且不含贵重元素，适合于在农业机械和矿山机械中推广应用。常用的这类钢有41Mn2SiR1、55SiMnCuRe、65SiMnRe 钢等。41Mn2SiR1 钢主要用来制造大型履带式拖拉机履带板；55SiMnCuRe 钢适用于在撞击和磨损条件下工作的构件，如推土机铲刀、犁铧等；65SiMnRe 钢主要用于做农用犁铧。

6.3　塑料模具钢

随着塑料制品的日益广泛应用，对塑料模具的需求也越来越大，制作塑料模具所用的钢——塑料模具钢，其需求量也大幅度攀升。塑料模具钢产量约占模具钢产量的 50%，而且对塑料模具钢的工艺性能和使用性能提出了较高的要求，一批新型高质量塑料模具专用钢应运而生。此外，塑料模具钢钢材的冶金质量也在不断地提高。

压制塑料可以分为两种基本类型，即热固性塑料和热塑性塑料[6]。热固性塑料如胶木粉等，都是在加热与加压下进行压制并永久成形的。模具周期性地承受压力，并在 150~200℃温度下持续受热。热塑性塑料，如聚氯乙烯等，通常采用注射模塑法，塑料是在单独的加热室加热，然后以软化状态注入较冷的塑模中，施加压力，从而使之冷硬成形。注射塑模的正常操作温度为 120~180℃，也有高至 260℃的。但工作时通水冷却型腔，故受热、受力及磨损的程度较轻。只有部分品种，如含氯、氟的塑料，在压制时析出有害气体，对型腔有较大的侵蚀作用。

6.3.1　热塑性塑料注射模的主要失效方式

热塑性塑料注射模的主要失效方式如下：

（1）表面磨损。由于塑料中含有无机填料，使模具型腔磨损，表面粗糙度恶化，需要不断抛光，多次抛光后，型腔尺寸超差而失效。

（2）表面侵蚀。塑料含有的氯、氟元素，受热分解析出 HCl、HF 等腐蚀性气体，侵蚀模具表面而失效。

（3）塑性变形。模具持续受热，在压力作用下，发生塑性变形而失效。

（4）断裂。塑料制品成型模的形状复杂，在凹角、薄边等处容易造成应力集中而开裂。

6.3.2　热塑性塑料注射模的工作条件和性能要求

6.3.2.1　工作条件

（1）通常不含固体填料，以软化状态注入型腔，当含有玻璃纤维填料时，对型腔有较强的磨损作用。但是受热、受压、受磨损，一般不太严重。

（2）有的塑料含有氯及氟，在压制时放出腐蚀性气体，侵蚀型腔表面。

6.3.2.2　性能要求

（1）抛光性。型腔表面要求光滑，成型面要求抛光成镜面，抛光时不出现麻点和橘皮状缺陷，表面粗糙度 R_z 低于 $0.4\mu m$。

（2）型腔表面具有良好的耐磨性、抗蚀性。

（3）耐热性，在 250℃ 左右长期不软化、不氧化。

（4）良好的强韧性，长期工作不变形、不断裂。

6.3.3　塑料模具钢的预硬化处理

根据上述要求，模具钢应当进行调质处理，即淬火—高温回火。这种热处理是在冶金厂进行的，即钢锭经过轧锻后，进行退火和淬火-回火。钢材出厂后，在机械厂加工成模具后，不再进行热处理。这类钢称为预硬钢。

常用 P20 塑料模具钢的化学成分为（质量分数）[7]：$w(C) = 0.374\%$，$w(Si) = 0.58\%$，$w(Mn) = 0.757\%$，$w(Mo) = 0.39\%$，$w(Cr) = 1.68\%$，$w(P) = 0.012\%$，$w(S) = 0.020\%$。

钢材淬火得到马氏体或贝氏体组织，然后回火成回火托氏体或回火索氏体组织，一般为回火托氏体。淬火后得到贝氏体组织，然后回火得到回火托氏体，也可以应用。图 6-8 为 P20 塑料模具钢的淬火-回火组织。

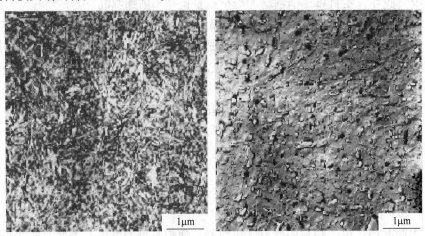

图 6-8　P20 塑料模具钢的预硬化组织

国内外对塑料模具钢进行了广泛开发，种类很多。除了大量应用的P20、718外，还有易切削塑料模具钢、高淬透性塑料模具钢、节能的贝氏体塑料模具钢等。

不同钢种制造塑料模具时热处理工艺不同。热塑性注射塑料模具钢的预硬化淬火，得马氏体组织；回火得回火托氏体或回火索氏体，回火后硬度HRC28~35[8]。

塑料模具钢的成分特点是中碳低合金钢，热处理特点是预硬化处理，使用组织特点为回火托氏体或回火索氏体。

复习思考题

6-1 简述合金刃具钢的性能特点。

6-2 了解各类耐磨钢的成分、性能特点。

6-3 对高速钢有何特殊性能要求？

6-4 了解模具钢的性能特点。

6-5 简述塑料模具钢的用途和特点。

参 考 文 献

[1] 崔崑. 钢的成分、组织与性能（上册）[M]. 北京：科学出版社，2013.

[2] 刘宗昌. 金属学与热处理 [M]. 北京：化学工业出版社，2008.

[3] 章守华. 合金钢 [M]. 北京：冶金工业出版社，1981.

[4] 吴承建，陈国良，强文江. 金属材料学 [M]. 北京：冶金工业出版社，2000.

[5] 肖纪美. 金属材料学的原理和应用 [M]. 包头：包钢科技编辑部发行，1996.

[6] 刘宗昌，高占勇，马党参，等. 718塑料模具钢的组织及预硬化 [J]. 特殊钢，2002，23（2）：43-46.

[7] 刘宗昌，马党参，霍晓阳. P20钢的预硬化组织及工艺 [C]. 第14届华北地区热处理技术交流会论文集，2002，10：30-34.

[8] 于键，宋义全，刘宗昌，等. P20塑料模具钢的回火组织与硬度 [J]. 包头钢铁学院学报，2003，22（1）：42-46.

金属功能材料

（本章课件及扩展阅读）

在广泛的意义上说，所有的工程材料都属于功能材料，因为它们都是为了满足工程实际的需要而设计和生产的，具有独特的功能。前面介绍的工程材料，主要是利用了材料的力学性能，因为它们在实际工程材料中占很大比例，属于结构材料。与结构材料并列的，是一般意义上的功能材料。功能材料在能量与信息的显示、转换、传输、存储等方面，往往具有独特的功能。这些特殊功能是以它们所具有的优良的电学、磁学、光学、热学、声学等物理性能，特殊的力学性能，优异的化学以及生物学性能为基础的。

功能材料的发展历史很悠久，对技术的进步、社会的发展起到非常巨大的作用。较早期的硅钢片和铜、铝导线材料，对电力工业的发展起到关键作用。20世纪50年代，与微电子技术密切相关的半导体材料迅速发展。60年代，激光技术中以光导纤维为代表的光学材料得到广泛研究与开发应用。80年代，能源技术又促进了贮能材料的发展。近年来，新型功能材料更是不断涌现，多种功能材料迅速发展，大批具有多方面特殊性能的功能材料得到广泛研究与开发。今天，许多功能材料已经在工程实际中得到应用。功能材料极大地促进了现代信息社会的技术进步，同时也带来了很高的经济效益。

从材料的原子结合键、化学成分特征出发，可将功能材料分成金属功能材料、无机非金属功能材料、有机功能材料和复合功能材料。不同类别的功能材料，其突出性能不同，因而应用于不同的工程领域。可能存在着某个领域以某一类功能材料为主的现象，但从整体上讲，以上4类功能材料缺一不可。金属功能材料具有多方面的突出物理性能，在功能材料中占有重要地位，在工程实际中应用很广泛。它们的突出性能，主要表现在导电性、磁性、导热性、热膨胀特性、弹性、抗腐蚀性等方面。有些金属功能材料还具有非常特殊的性能，如马氏体相变引发的形状记忆特性，基于这种特性，人们开发出具有"人工智能"的构件；某些合金对氢具有超常吸收能力，适当控制外界条件，可实现材料对氢的吸收和释放，基于这种现象，人们得到了二次能源材料——贮氢材料，并制成氢电池[1]。

本章按照材料的性能分类，选择介绍磁性材料（包括软磁和硬磁材料），电性材料，弹性、减振与热膨胀合金，形状记忆合金等。

金属功能材料中的大部分材料，习惯上被称作精密合金。现行的"精密合金牌号"国家标准以原冶金部标准 YB658—69 为基础，将精密合金分成软磁合金、变形硬磁合金、弹性合金、膨胀合金、热双金属合金以及精密电阻合金等。

近年来，金属类功能材料的研究与开发工作做了很多，新材料不断涌现，如能源材料、生物医学材料，智能材料等。下面就部分金属类功能材料做一简单介绍。

7.1 磁性材料

磁性材料是利用材料的磁性特点，在一定空间建立磁场或改变原磁场状态的一类功能材料。工程中应用的有金属磁性材料和铁氧体陶瓷材料两类。

7.1.1 物质磁性的基础知识

磁性是物质的基本属性之一。在外磁场作用下，各种物质都会呈现出不同的磁性。物质按照在外磁场中表现出来的磁性，可分为抗磁性物质、顺磁性物质、铁磁性物质。铁磁性物质为强磁性物质，是工程中实用的磁性材料；其他的则为弱磁性物质或非磁性物质。

物质由不表现磁性到具有一定的磁性称为磁化，达到磁饱和前的磁化过程称为技术磁化过程。为了描述宏观磁体的磁化状态，用磁化强度 M 来表示磁性的方向和强弱。

磁化强度 M 与形状、大小无关，而与物质的本性有关，且随磁场强弱而变化，可表示为：

$$M = XH，A/m$$

式中 X——磁化率，代表磁体磁化的难易程度，无量纲；

H——磁场强度，A/m。

磁感应强度 B 与磁场强度的关系可表示为：

$$B = \mu H，T \text{ 或 } Wb/m^2$$

式中，μ 为磁导率，H/m。

一般物质的磁性按磁化率 X 或磁导率 μ 的大小分类。

（1）抗磁性物质，呈抗磁性。这类物质特征是磁化率为负值。抗磁物质的磁化率数值很小，其绝对值只有 $10^{-6} \sim 10^{-5}$ 数量级。它与外磁场的强弱及温度无关。其磁化曲线为一条直线。抗磁物质在磁场中受到斥力而转动，直至其轴线与外磁场方向垂直时方能稳定。

惰性气体、非金属硅、磷、硫及元素周期表中 11~16 列的元素（如锑、灰锡、铊等）都是典型的抗磁物质。

（2）顺磁物质，呈顺磁性。这类物质特征是磁化率为正值。顺磁物质在室温下磁化率 X 的数值也很小。它与外磁场的强弱无关，但在极低温度和特别强的磁场中除外。其磁化曲线也是一条直线。

当顺磁物质放在磁场中被磁化后，磁体内的附加磁场和外加磁场 H 方向一致，故在磁场中受到吸力。

氧、氮、稀土金属、碱金属、铁族元素的盐类及铁族元素的高温态、其他过渡族金属（如钛、钒、铬、锰等）都属于顺磁物质。

（3）铁磁物质，呈铁磁性。这类物质与顺磁物质相似的是 $X>0$，M 与 H 同向。但它呈铁磁性，具有一系列与顺磁物质不同的磁现象及特点。铁磁物质易磁化，有磁滞现象和磁滞回线，有居里点。

X 数值很大，可达 10^4 数量级。其磁化强度值 M 随 H 的变化如图 7-1 所示。

由图 7-1 可见，在很小的弱磁场中有很大的 M 值。当达到某一磁场强度 H_s 时，$M = M_s$，称为饱和磁化强度。H 值再增加，M 值也不会增加，磁化曲线成为一条平行于 H 轴的直线，说明此时铁磁物质已达到了磁饱和。达到磁饱和时的 B 值（即 B_s）称为饱和磁感应强度，通常要求磁性材料有较高的 B_s 值。

当 $H > H_s$ 时，B 值仍随 H 值增加，呈斜直线变化，如图 7-1（b）中的 B-H 曲线。

与顺磁物质相比，铁磁物质既易磁化，又易达到磁饱和。

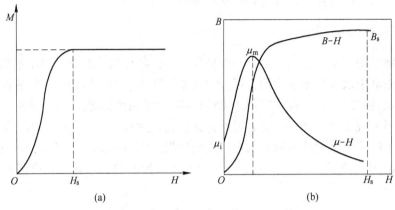

图 7-1 铁磁体的磁化曲线和磁导率曲线

（a）$M\text{-}H$ 曲线；（b）$B\text{-}H$ 曲线

在 $B\text{-}H$ 曲线中任一点的 B 与 H 之比是磁导率，根据 $B\text{-}H$ 曲线可以绘制出 $\mu\text{-}H$ 曲线，如图 7-1（b）所示。图中 μ_m 和 μ_i 分别称为最大磁导率和初始磁导率。

居里点指铁磁性转变为顺磁性的温度。只有低于居里温度时，铁磁物质才具有铁磁性，当温度高于居里温度时则变为顺磁性。

典型的铁磁元素铁、钴、镍的居里点分别为 770℃、1131℃、358℃。

7.1.2 磁性材料的分类及特点

磁性材料按其特性和应用通常分为软磁材料和永磁材料（又称为硬磁材料）两大类[2]。在工程中实用的磁性材料属于强磁性物质。

7.1.2.1 软磁材料

软磁材料磁性能的主要特点是磁导率高，矫顽力低。这类材料在较低的外磁场下，磁感应强度很快达到饱和。当外磁场去掉后，磁性又基本消失。

属于软磁材料的品种很多，如电工用纯铁、硅钢片、铁镍合金、铁铝合金、软磁铁氧体、铁钴合金等。

软磁材料的品种不同，其特性和用途也不相同。它主要用作传递、转换能量和信息的磁性元器件。

7.1.2.2 永磁材料

永磁材料磁性能的主要特点是矫顽力高。经饱和磁化后再去掉外磁场时，将储存一定的磁能量，可在较长时间内保持强而稳定的磁性。属于永磁材料的品种有铝镍钴、稀土钴、永磁铁氧体等。永磁材料主要用于能够产生恒定磁通的磁路中，在一定空间内作为磁场源提供恒定的磁场。

无论软磁还是永磁材料，由于生产工艺的差别，同种磁性材料通常又有各向同性和各向异性之分。常见各向异性材料中又有两种类型：一种是晶粒取向或定向结晶的各向异性材料；另一种是经磁场热处理后具有磁畴（自发磁化到磁饱和的小区域）取向的感生各向异性材料。在各向异性材料中，磁性最好的方向称为易磁化方向，在该方向上，其磁性比同一品种的各向同性材料有明显提高。因此在使用各向异性材料时，要特别注意其磁性的方向性。

7.1.3 软磁材料的性能

一般，$H_c<800A/m$ 的磁性材料称为软磁材料。其用途很广，综合起来主要为能量转换和信息处理两大方面。例如，在电力工业中，从电能产生、传输到应用，涉及发电机、变压器和电动机，软磁材料起着能量转换的作用；在电子工业中，通信（滤波器、电感器）、自动控制（继电器、磁放大器）、录放磁头、电子计算机的磁芯存储器和磁鼓、各种铁氧体微波器件等，软磁材料起着信息的变换、传递及存储作用。

其性能基本要求如下：

（1）具有高的磁感应强度。可缩小铁芯体积，减轻产品重量，或者可节约导线，降低导体电阻引起的损耗。

（2）具有高的磁导率和低的矫顽力。磁导率高，当线圈匝数一定时，通以不大的激磁电流就能产生较高的磁感应强度，从而获得高的输出电压；矫顽力低，磁滞回线的面积小，则铁损也小，从而有助于缩小产品尺寸，提高灵敏度。高灵敏度对用于信息传输方面的元件尤其重要。

（3）具有低的铁损。铁损低，可降低产品的总损耗，提高产品效率。此外，在高频下使用的软磁材料应具有高的电阻率，以降低涡流损耗。

（4）稳定性好。软磁材料要求其磁性不随外界条件的变化而改变，如温度、时间、应力及辐照等。其变化率越小，则磁性越稳定。

（5）其他特殊要求。如饱和磁致伸缩系数等，以满足某些特殊性能要求。所谓磁致伸缩是指当铁磁体磁化状态改变时，引起磁体的尺寸及形状的变化。在磁化过程中，沿磁化方向单位长度上所发生的变化称为磁致伸缩系数。

由于软磁材料品种繁多，分类方法很不一致。按合金系列可分为工业纯铁、铁-硅合金（硅钢片）、铁-镍合金（坡莫合金）及其他软磁材料等。

7.1.3.1 工业纯铁

工业纯铁是用平炉、电弧炉或顶吹氧气转炉冶炼的。$w(C)<0.02\%\sim0.04\%$，杂质总含量（质量分数）小于 0.2%。

工业纯铁作为软磁材料突出的特点是：具有较高的磁导率及很高的饱和磁感应强度（25℃时，$B_s=2.16T$），电阻率很低，铁损很大[1]。工业纯铁是重要的软磁材料，主要用于直流电机和电磁铁的铁芯、磁电式仪表中的元件、继电器的铁芯、磁屏蔽罩等。

工业纯铁也是其他磁性合金的原材料。除工业纯铁外，还有电解铁和羰基铁两种。将工业纯铁电解后再经真空重熔得到电解铁；经化学提纯得到羰基铁。

碳对纯铁的磁性有极坏的影响。碳使铁的饱和磁化强度下降、磁滞损耗增加，并使磁化困难。此外，由纯铁制成的元件在长期使用过程中，尤其当温度升高时，将从过饱和的 α-Fe 中析出非铁磁相（如氧化物、碳化物等），使纯铁磁导率下降 30%~50%，磁滞损耗增加，甚至可使矫顽力增高几倍，该现象称为磁时效现象。因此，工业纯铁是杂质含量极低、很纯净的铁素体，其显微组织如图 7-2 所示。

图7-2　纯铁的铁素体组织，OM

此外，要求杂质少、晶粒粗大、内应力尽量小，以避免使磁性变坏的作用更加显著。相反，在7.1.4节中讨论的永磁材料中，有时要求由很小颗粒组成，小到足以在一个方向自发磁化到饱和，成为单个磁畴（称为单畴颗粒），从而降低磁导率、提高矫顽力。

工业纯铁加工成磁性元件后，由于存在应力而使磁性降低。为了消除应力和提高磁性能，必须进行退火处理。

7.1.3.2　铁-硅软磁合金（硅钢片）

工业纯铁的饱和磁感应强度很高，但电阻率很低，在高频磁场中使用时铁芯损耗很大，因而使用受到限制。在工业纯铁中加入$w(Si)=1\%\sim4.5\%$的铁-硅合金（又称硅钢片），具有显著的优越性，目前已成为电工工业、电信工业中不可缺少的软磁材料[1]。其用途最广、用量最多，约占磁性材料使用量的90%~95%。

硅钢片按制造工艺不同，可分为热轧和冷轧两种，冷轧又有取向和无取向之分。电机工业中大量使用厚度为0.35mm和0.5mm的硅钢片；在电信工业中，因使用频率高、涡流损耗大，通常采用0.05~0.20mm厚的薄带硅钢片。

为使硅钢片具有高的磁感应强度，硅钢片是单相的铁素体组织，其显微组织如图7-3所示。

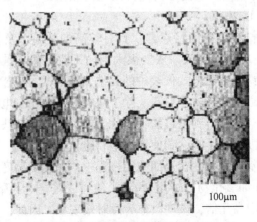

图7-3　硅钢片的显微组织，OM

7.1.3.3　铁–镍合金

含 $w(\mathrm{Ni})=30\%\sim90\%$ 的铁–镍系软磁合金，一般称为坡莫合金。坡莫合金的出现克服了硅钢片在弱磁场中性能不够好的缺陷，成为软磁材料的核心，被广泛应用于电信、计算机、自动控制系统等方面[1]。

坡莫合金大约 70 多种、工业牌号 300 多个，按成分可分类为低镍 $[w(\mathrm{Ni})\leqslant45\%]$、中镍 $[w(\mathrm{Ni})=47\%\sim50\%]$、高镍 $[w(\mathrm{Ni})=70\%\sim80\%]$ 合金；按用途可分类为磁芯材料、磁头材料、热磁材料等；按磁性能要求可分类为高磁导率、矩磁、恒磁导率三类。

（1）高导磁铁–镍合金。高导磁铁–镍合金在弱磁场中，应有尽量高的直流磁性能。在交变磁场中有尽量低的损耗，即具有高的电阻率。

这类合金主要用于弱磁场中具有高灵敏度、小型、小功率变压器、放大器、继电器、扼流圈、录音磁头和磁屏蔽等。

（2）矩磁铁–镍合金。这类合金要求 $B_{\mathrm{r}}/B_{\mathrm{s}}$ 比值接近于 1，矫顽力 H_{c} 低，即磁滞回线窄而接近矩形。主要用于中等功率的放大器、计算机中的记忆元件及双极性脉冲变压器。

（3）恒磁导率铁–镍合金。这类合金要求在相当宽的磁场强度范围内，磁导率恒定或随磁场变化只发生很小的变化；B_{r} 值极小，磁滞回线为扁平状。主要用于不变误差的电流互感器、不变磁导率的扼流圈及电磁阀材料等。

铁–镍合金冷轧带材未经最终热处理。因此加工成元件后，必须高温退火，以消除应力和提高磁性。此外，含 $w(\mathrm{Ni})=50\%\sim80\%$ 的铁–镍合金，在高于 400℃、低于居里点温度的范围内，于交流或直流磁场中保温，或由 600℃ 缓冷（$10\sim20℃/\mathrm{min}$）后，其沿磁场方向（该处理称为纵向磁场热处理）或垂直磁场方向（称为横向磁场热处理）的磁性发生很大变化。这种材料沿外加磁场方向产生的附加单轴各向异性，一般称为感生各向异性。经纵向热处理后，合金的 μ_{m}、B_{r} 提高，H_{c}、μ_{i} 和铁损值一般均下降，磁滞回线呈矩形。

7.1.4　永磁材料

永磁材料具有机械能与电磁能相互转换的功能。据此可将永磁材料制作成多种形式的永磁功能器件。永磁材料已经成为高新技术、新兴产业、社会进步的重要物质基础材料之一[3]。

经饱和磁化后能储存较大的磁能量，将所加磁化磁场去掉以后，仍能在较长时间内保持强而稳定磁性的材料称为永磁材料。与软磁材料不同，永磁材料经饱和磁化后具有较高的矫顽力，磁滞回线的面积也比较大。永磁材料有着广泛的应用：一方面，当需要恒定磁场而又无能源的情况下，可用来产生磁场，因而又被称为磁铁；另一方面，利用永磁材料的磁滞特性产生转动力矩，使电能转化为机械能，如磁滞马达。绝大多数场合是前一种情况，主要用于以下几个方面：精密仪器仪表（磁电式仪表、示波器、电子钟等）、电信、电声器件（扬声器、磁录音头等）、控制器件（极化继电器、断路器等）、磁无触点轴承、磁性开关的磁铁以及医疗设备等。

其基本性能要求为：

（1）最大磁能积 $(BH)_{\mathrm{m}}$ 要大。

（2）磁稳定性好。

永磁材料包括金属和铁氧体两大类，其中金属永磁材料目前已发展到几百种。

若按制造工艺分类，可分为铸造永磁合金、粉末冶金永磁材料、塑性变形永磁材料、淬火磁钢等。

按永磁硬化机理可分为淬火硬化型、时效硬化型等。

按化学成分可分为铁基永磁合金、铁镍铝系铸造合金、稀土钴永磁合金等。

早在公元前 3 世纪，我国人民就利用天然磁铁制成了指南针和罗盘仪。近几十年来，随着工业和科学技术的发展，永磁合金经历了以下几个阶段：第一阶段以高碳钢为主，后来铬钢、钨钢、钴钢、铝钢等永磁钢；第二阶段铁镍铝、铁钴钒以及铝镍钴永磁合金的出现，使永磁材料跳出了碳钢的范围；而稀土钴永磁材料的出现则使其进入了第三阶段。稀土钴永磁材料 $(BH)_m$ 达到 $160×10^3T$，比碳钢提高了许多倍。

7.2 形状记忆合金

7.2.1 形状记忆效应

一般金属及合金材料承受作用力超过其屈服强度时，发生永久性的塑性变形。某些特殊合金在较低温度下受力发生塑性变形后，经过加热，又恢复到受力前的形状，即塑性变形因受热消失。在该变形和温度变化过程中，合金似乎对初始形状有记忆性，故称这种特性为形状记忆效应，或 "SME"（shape memory effect）。具有形状记忆效应的合金，就是形状记忆合金，或 "SMA"（shape memory alloy）。

早在 20 世纪 30 年代，格莱宁格（A. D. Greninger）等人就在 Cu-Zn 合金中观察到形状记忆现象。作为一类重要的功能材料，形状记忆合金的广泛研究与开发工作始于 1963 年。这一年比勒（J. Buehler）等人发现 Ti-Ni 合金具有良好的形状记忆效应，进行了比较深入研究。20 世纪 70 年代，人们发现了铜基形状记忆合金（Cu-Al-Ni）。20 世纪 80 年代，又在铁基合金（Fe-Mn-Si）中发现了形状记忆效应，从而大大推动了形状记忆合金的研究开发工作。至今，人们已经发现了 20 多个合金系、共 100 余种合金具有形状记忆效应。其中，具有比较优异的综合应用性能的合金，主要是上面提到的 Ti-Ni 合金、铜基合金和铁基合金[1]。

合金的形状记忆可分成单程、双程和全程形状记忆三种。单程形状记忆是指合金在较低温度下加工变形后，加热时恢复加工前的原有形状，再冷却时此形状保持不变；双程形状记忆合金经低温加工变形，加热时回复原形，再冷却时形状又回到低温下加工后的形状；全程形状记忆合金在实现双程形状记忆过程后，继续冷却，会在相反的方向上再现高温下的初始形状。

7.2.2 形状记忆效应的基本原理

合金的形状记忆效应，是与合金中发生马氏体相变密切相关的。目前所有形状记忆合金，具有记忆特征的形状变化都是在马氏体相变过程中发生的。马氏体相变是一种无原子扩散的相变。冷却时，较高温下稳定的母相到新相（马氏体相）结构转变过程中，微观上发生较大的变形。母相与马氏体相的界面共格或半共格，存在着非常严格的晶体位向对应关系。温度再回升，马氏体发生逆相变，即经历逆向变形回到母相，如图 7-4 所示。此时合金可能恢复原有形状。形状记忆效应是以马氏体相变及其逆相变过程中母相与马氏体相的晶体学可逆性为依据的。

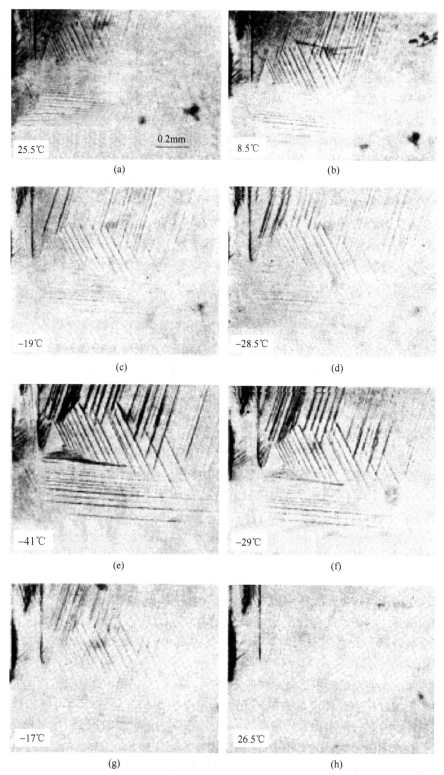

图 7-4 热弹性马氏体 (Ni-Cu14.2-Al4.3, $M_s = -38℃$) 在升温、降温过程中的弹性消长

(a) 在室温施以少量塑性变形诱发部分马氏体;(b)~(h) 降温和升温过程中的马氏体消长

为了保证相变时晶体学的可逆性，中间不能发生其他相变过程。温度升高过程中马氏体向高温母相的转变，经常发生一系列的新相形核长大过程，因而使得逆转变不可能与马氏体转变具有晶体学上的可逆性，这些合金不可能具有形状记忆效应，如碳钢。

目前人们所发现的形状记忆合金，多数发生热弹性马氏体相变。它是马氏体相变的四种类型之一。其特点是，相变时形成的马氏体片，随温度的降低（升高），通过两相界面的移动长大（缩小）。其尺寸由温度决定，随温度的变化具有"弹性"特征。这种既无其他相变参与，又通过两相界面移动进行相变的过程中，母相与马氏体相保持着严格的晶体学可逆。不过，这种晶体学的可逆性并不是在所有发生马氏体相变的合金中都能得到保证的。比如，碳钢中的马氏体，加热时通常发生回火转变，使得相变过程不可逆，因而不可能出现形状记忆现象。

热弹性转变得到的马氏体，与钢中马氏体有很大不同。它并不是很硬、强度很高的相。受力时，相邻的马氏体变体之间的界面很容易发生移动。由一个母相晶粒转变的马氏体变体，有些自身的变形与外加应力的变形方向相近，受力作用长大；而另一些差距较大的变体将缩小。此过程中，合金发生宏观的塑性变形。当发生逆相变时，所有马氏体变体变回到原始的单一母相。

综上所述，形状记忆合金的形状记忆过程为：合金的母相在降温过程中，自温度低于 M_s 起发生马氏体相变，该过程中无大量的宏观变形。在低于马氏体转变完成温度 M_f 以下，对合金施加应力，马氏体通过变体界面移动，发生塑性变形，变形量可达数个百分点；温度再升高至马氏体逆转变终了温度 A_f 以上，马氏体逆向转变回到母相，合金低温下的"塑性变形"消失，于是恢复原始形状。这就是典型的形状记忆效应。

具有形状记忆效应的合金，较高温度下稳定的母相多数是有序相。有序态的母相，其自由能低，相变的潜热小，温度滞后小，有利于马氏体相变以热弹性方式实现。有序结构提高了母相的屈服强度，可使母相在相变过程中有效地避免因周围发生的马氏体相变引发塑性变形，不发生稳定化。另外，有序结构在一定程度上减少了合金发生变形的"自由度"，有利于相变的可逆性。

7.3　贮氢合金

能源问题是人类社会发展面临的一个重要问题。解决途径之一是开发新能源，以满足社会发展的需要。围绕着能源问题开发研究的材料称为能源材料，是一类重要的功能材料，如核燃料材料、太阳能材料、贮氢材料等。其中，核燃料及贮氢材料均是金属类材料。

另一方面，人们越来越多地注意到环境问题。今天，在解决能源问题的同时，必须尽量减少能源使用过程中对环境带来的不利影响。众所周知，氢气燃烧可以释放大量的热能，而其燃烧后的产物是水，对环境无害。因而利用氢作为二次能源的技术符合社会发展的要求，引起人们的极大兴趣。要利用氢气，首先要有廉价、安全、方便的氢气储运方法。传统方法是用氢气瓶储运，不能很好地满足上述要求。贮氢合金的研究开发，比较好地解决了该问题，为氢气作为二次能源的实际应用起到重要推动作用。

贮氢材料，是一类能够大量吸收氢气并与之结合成金属氢化物的材料。当温度升高到一定程度时，氢化物分解，将氢气重新释放出来。贮氢材料有很多种：单质类材料有钛、锆、镁；合金类可分为 AB_5、AB_2、AB、A_2B 和 BCC 固溶体几种类型。不过，有关贮氢合金的分类方法并不统一，有人将镁及其合金单独作为一类[1]。

作为贮氢材料，其性能要求包括：氢气储存量大，吸收与释放速度高，并且离解温度（即氢与材料的化学结合破坏，从而还原成氢气并释放出来的温度）较低。

贮氢材料中的氢密度最高，又没有气瓶的高压危险性，是比较理想的氢储运工具。不同贮氢合金有比较大的差异。各类合金以质量比表示的贮氢量分别是：AB_5 型为 1.3%，AB_2 型为 1.8%，AB 型为 2.0%，A_2B 型为 3.6%，BCC 型为 3.8%。

AB_5 型的合金主要是 $LaNi_5$ 和 MM-Ni（MnAlCo），这里 MM 为混合稀土。它们的晶体结构为 $CaCu_5$ 型，开发于 20 世纪 70 年代。目前其实用化程度较高，主要用于电池负极材料。其特点是易活化，不易吸附杂质致使吸氢能力降低而"中毒"。

图 7-5 为 La-Mg-Ni-Sn 贮氢合金的铸态组织。

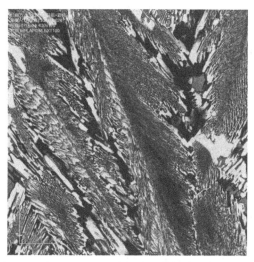

图 7-5　La-Mg-Ni-Sn 贮氢合金的铸态组织，LSCM

AB_2 型，具有 Laves 相结构，不过其成分并不固定，可在很大范围变化。代表性合金有：$TiMn_{1.5}$、$ZrMn_2$ 等多种合金。其特点是高的氢气储存能力。

AB 型合金主要是 FeTi 合金，结构是 CsCl 型。优点是贮氢量大，缺点是初期活化困难，通过添加合金元素锰、铌、氧、锆等可明显改善。

A2B 型合金主要指 Mg_2Ni 合金，故又称镁系合金。其突出特点是单位质量贮氢合金存储的氢气量高，原因是镁合金自身密度低。其重要的发展方向是车用动力型电池。

BCC 型合金是指晶体结构属于 bcc 空间点阵的合金，主要是 V-Ti、V-Ti-Cr、V-Ti-Mn、V-Ti-Ni 等合金。这些合金的特点及应用方向与镁系贮氢合金很相似。

合金吸收及释放氢的速度是这类材料使用性能的重要方面，关系到能否充分发挥贮氢能力。实验发现，有些合金在初次使用时对氢的吸收与释放很困难，速度及释放量都很低。经历若干次吸氢—放氢循环后，速度和释放量均明显增加，逐渐达到其稳定态下的水平。这种现象被称做"初期活化问题"，对合金的实际使用有不利影响。不同类别的贮氢合金，这方面的性能差异很大。其中 AB_5 型合金的此项性能很好。另外，贮存于合金内部的氢，需要通过在合金中的扩散进入或离开合金。提高吸氢、放氢速率的有效方法之一是增大合金的比表面积，降低完成氢化过程中氢的扩散距离。减小合金的粉末尺寸，有利于改善合金对氢的吸收与释放速度。贮氢合金使用时反复地吸氢—放氢，而每次吸氢、放氢都发生化学反应，伴随着一系列的其他变化。其中氢化导致晶格变形及体积变化，使合金发生严重的微粉化。经历数个吸氢—放氢循环后，合金部分地变成极细粉末，不利于氢气流通，从而降低吸氢、放氢的速度。提高合金的抗粉化能力，是贮氢合金面临的重要任务。加入适当的合金元素，可以有效地改善该项性能。如 $LaNi_5$ 合金中以钴、铝等部分替换镍，能有效地抑制使用时的微粉化。近来人们发现，非晶态或纳米晶态的贮氢合金，具有抗氢脆性好、吸氢速率高、贮氢容量高等特点。在 Mg_2Ni 合金中，还观察到其释氢温度从 250℃ 降低到大约 200℃ 的变化，对实际应用很有利。

从长远看，贮氢合金可能作为汽车等动力机械中发动机的氢气源。最近已有这种样车试车的报道。其时速达 170km，一次运行 100km。样车上使用 340kg 的贮氢合金存储了 $400m^3$ 的氢气。另外，利用合金吸氢过程放热、释氢过程吸热的特征，通过热循环过程，制成冷冻机、取暖器，并有可能成为余热系统的工作媒体。其他的应用还包括氢气的分离与净化处理，1991 年，在杭州应用 MM-Ni-Mn 合金从合成氨的吹洗气（45%～50% 的氢气）中回收并纯净化处理，得到纯度为 99.999% 的氢。此外，贮氢合金自然也可用于氢的存储及运输。

贮氢合金作为电池的负极材料是该合金目前最主要的实际应用，这就是所谓的 Ni-H 电池（或 Ni-MH 电池）。它于 20 世纪 90 年代初开始商品化，其产量及用量都在迅速增加。人们也试验了将这种电池作为电力汽车的能源，效果良好。

镍氢电池，是以镍氢氧化物作为正极，以贮氢合金为负极构成的电池，其反应是 $2NiOOH + H_2 \rightleftharpoons 2Ni(OH)_2$，向右是放电过程，反方向为充电过程。其中的负极材料目前多用 $LaNi_5$ 型贮氢合金。从降低合金成本出发，人们使用混合稀土代替纯镧，同时为了改善合金性能，用钴、铝、锰等部分取代镍。Ni-H 电池属于可充电电池，又可称为蓄电池。它具有无毒、电容量大、反复充电性好等特点，是目前人们大力推广应用的电池。它与铅蓄电池、Ni-Cd 电池（镉有毒，对环境污染大）及锂离子电池共同构成目前人们所拥有的实用可充电电池。

7.4 其他功能材料

7.4.1 生物医学材料

生物医学材料被单独地或与药物一起用于人体内组织及器官，起替代、增强、修复等医疗作用[1]。随着医学及医疗技术的提高，这类功能材料性能涉及面越来越广，用量也越来越大。金属类材料应用最早，一百多年前人们已经用耐腐蚀的金属来修复或替代人体器官；它的应用也是最多的，与聚合物类生物材料相当。现在，金属生物材料比较广泛地用于承受力的骨骼、关节和牙等硬组织的修复与替换。这类材料既要满足强度、耐磨性以及较好的疲劳性能等力学性能的要求，又要具有生物功能性（biofunctionability）和生理相容性（biocompatibility），即满足生物学性能的具体要求，还要无毒、不引起人体组织病变，对人体内各种体液具有足够抗侵蚀能力。金属类生物医学材料主要是不锈钢、钴铬合金和钛合金。其中，不锈钢与钴铬合金的生理相容性最好。

不锈钢的特点是成本低。主要问题是要求有足够的抗蚀性。通过降低碳含量及加入钼合金化，可达到要求。国外主要使用牌号为 316L、317L 的奥氏体不锈钢，其中，含碳量（质量分数）均在 0.03% 以下。

钴铬系合金（Co-Cr-Ni-Fe-Mo）强度高，耐蚀性也较好。该合金主要用于牙科及整形。这方面的另一种合金是金合金及一些其他的贵金属或合金，如 Au86-Pd8-Pt4。

钛合金主要以纯钛和 Ti-A16-V4 为主。其特点是耐腐蚀性好、疲劳强度高，但强度不如钴合金高，多用于制作人工关节。

此外，钛镍形状记忆合金因独特的形状记忆功能及伪弹性特征，近年来作为生物医学材料的应用也在增加。

现在，全世界范围内，生物医学材料（包含各类材料，不仅限于金属类）已形成很大的产业，而且高速增长。1998 年，美国产值达到 500 亿美元，与半导体行业相当。根本原因是每一个人都是这类材料的潜在用户。随着生活水平的提高，这方面的需求大大增加。生物医学材料属于典型的高技术（知识密集型）、高附加值产业范畴。

7.4.2 梯度功能材料

梯度功能材料（functionally gradient material）是将两种性能截然不同的材料组合在一起时，在它们之间建立一个可控的材料微观要素（化学成分、组织等）连续变化的过渡区，从而实现性能平缓变化的材料。其发展背景是高速飞行器中承受巨大温差部位的材料。从耐热角度出发，高温侧应选用陶瓷材料；在低温一侧，为了保证材料具有足够的强度、韧性，应选择金属材料。巨大的温差以及陶瓷材料与金属材料的热膨胀差别，使两者界面上形成很大热应力，会导致剥落或龟裂。为了减小热应力，人们提出了梯度材料的设想。即在高温侧的陶瓷与低温侧的金属之间，制造一个陶瓷与金属的混合过渡区，并且相对含量随着位置变化，实现连续过渡。适当设计该区内组成的变化，可以将各位置上的热应力均控制在材料的承受范围内[1]。

从类似的设想出发，人们已经将多种性能迥异的单组元材料合成在一起组成梯度功能材料。上面的热应力缓和型梯度功能材料已成功地用于航天飞机及火箭。此外，人们还研究开发了生物梯度材料（HA-G-Ti 材料）、异质结半导体电子材料、核反应堆材料、多模光纤材料等，使材料家族增添了具有特殊功能的新成员。

7.4.3 智能材料

智能材料比较全面、确切的概念是"智能材料与结构系统"，是指在材料或结构中植入传感器、信号处理器、通信与控制器及执行器，使材料或结构具有自诊断、自适应，甚至损伤自愈合等某些智能功能与生命特征。这种系统已被用于一些重要的工程和尖端技术领域中，如建筑、桥梁、水坝、电站、飞行器等的状态监督、振动、形状的自我调节，损伤的自愈合等。具体实例有，在机翼、潜艇甚至汽车上设计安装一个智能系统，控制其外形，达到安全、节油的目的[1]。

在这样的系统中，一些具有特殊功能的材料被用于传感器及执行器。它们被称做智能材料，也称机敏材料（intelligent/smartmaterial）。其中，传感器材料使用较多的是光纤和压电材料；执行器材料则以形状记忆合金、压电材料、电流变液和电（磁）致伸缩材料为主。

材料的自愈合（又称自修复）是智能材料与系统中另一主题。一般而言，金属材料在使用过程中，一旦发生了疲劳损伤，就意味着被淘汰更换，没有生物体的自预感及恢复功能。通过特殊处理，赋予其损伤预警功能并能使损伤处得到修复，材料就具有了"智能"特征。例如，将硼微粒复合到铝合金中，合金破坏时由它发射声波，用声发射器接收该信号，并随即发出预警；在损伤修复方面，成功的典型事例是，已发生疲劳的低碳钢，通以强脉冲电流，使其局部结构状态改变，达到疲劳寿命延长一个数量级的优异效果。又如，制备钼时，添加弥散分布的 ZrO_2 颗粒（粒径约 50nm）。金属内一旦形成微裂纹，在裂纹尖端产生的应力集中，将诱发 ZrO_2 颗粒相变，吸收部分能量，并伴随有体积膨胀，从而抑制裂纹发展，使材料的断裂韧性增加。

7.4.4　低维功能材料

低维材料是相对于大块状的三维材料而言的，可分为二维材料（即薄膜材料）、一维材料（纤维材料）和零维材料（超细粉或纳米粉），其特征是分别在 1、2 和 3 方向上的几何尺寸很小，远远低于其他方向上的尺度。

薄膜材料近年来发展很快，特别要提到人造金刚石薄膜。由于金刚石有许多极其特殊的物理、力学性能，用途很广。受到资源及价格因素的影响，其实际使用受到很大限制。现在人们可以通过多种方法，甚至用很普通的设备制得这种曾被视为极稀缺难得的材料[1]。

纳米材料属于零维材料，其晶粒尺寸一般小于 100nm，可低至数个 nm，明显低于普通材料中的晶粒尺寸（$10^0 \sim 10^2 \mu m$），一般为晶态材料。人们将相当的精力投入到纳米结构材料的研究中，并取得了许多令人振奋的实验结果。不过，纳米材料在物理性能方面显示出更多的特殊性能，具有更广泛的开发应用前景。与前面提到的薄膜材料类似，纳米功能材料也依据其特性更多地被分散到各种性能的材料中加以讨论。

纳米材料的特点是表面极其发达，处于表面层的原子在所有原子中占有很高的比例。这一特点对于主要利用表面层原子进行工作的材料，如催化剂材料，非常有利。

纳米金属粉末的电磁性能发生大幅度变化，如铁磁性会变成顺磁性，在低温下呈绝缘性等。与普通材料相比，性能发生了根本性的变化；金属纳米颗粒对光的反射能力下降到1%而成为近似的黑体。以此为依据，人们开发了隐形材料，即对电磁波吸收率高、反射率极低，从而能够使飞机等飞行器躲避雷达的探测跟踪；纳米粉末制成的陶瓷材料，在强度、韧性、塑性等方面都发生变化，扩散系数大幅度提高，具有超塑性、高韧性，制备工艺中可采用低温烧结。

低维材料在许多方面的性能都表现出与一般三维块状材料明显不同。这些性能的变化从根本上讲，是以低维材料中原子结构及电子状态的特殊性为依据的。含有原子数目不大的纳米金属粉末，其外层电子的能级虽然发生分裂，但不足以形成准连续的能带，而是量子化效应很强的分立能级。电子的波函数明显不同于块状材料。这种效应在尺寸很小的某个方向上也会表现出来。为了保持最低能态，材料的原子结构还会进行必要的自我调整，发生诸如薄膜材料中表面原子层的结构弛豫（即表层原子空间排布状态的调整）等过程。因而低维材料性能的特殊性更多地体现在其物理和化学性能方面。

7.4.5 超磁致伸缩材料

许多铁磁性、反铁磁性或亚铁磁性材料都具有磁致伸缩现象。这种现象在很大程度上影响、决定磁性材料的磁性能（特别是软磁材料）。磁致伸缩是磁有序材料的共性。作为一类功能材料，超磁致伸缩材料的特点是：饱和磁致伸缩系数 λ_s 特别高，是一般材料的几十至上百倍。这类材料处于变化的外磁场中，其尺寸也不断改变，因而可实现电与机械信号的转换。20 世纪 70 年代初，克拉克（Clark）等人发现稀土与铁的 AB2 型 Laves 化合物具有极高的 λ_s。经过不断研究，$(Tb_{0.27}Dy_{0.73})Fe_2$ 合金具有较好的使用性能，已进入实际使用阶段，如制成电声换能器，用做船舶声呐的声源。利用特殊的材料制备技术控制好合金成分，并且得到特定晶体学方向生长的单晶或定向凝固材料，保证材料达到优异的使用性能。

7.4.6 磁制冷及磁蓄冷材料

人类环境保护意识的增强，对制冷技术提出了新的要求。磁制冷是不使用氟立昂等有害工作介质达到制冷的方法之一。它利用磁性材料的磁卡效应进行制冷。磁性材料在居里点附近发生磁有序向无序态转变时，磁性熵增大，需要吸收外界热量。利用该特性，通过外磁场，控制材料的磁有序度，可以实现制冷。人们对于磁制冷的应用已有相当长的历史。最接近 0K 的极低温就是利用物质核磁的绝热退磁获得的。

近期对磁制冷材料的研究集中于具有适当的居里温度，磁性熵特别高，因而具有较大热容量的材料。在磁制冷材料中，钆及它与另外的稀土金属的合金受到特别关注。原因是居里温度接近室温，其 4f 电子层具有最大的自旋量子数，因而磁熵最大。在磁蓄冷方面，主要研究了稀土与过渡族金属的金属间化合物材料，如 $ErNi_2$、$DyNi_2$、Er_3Ni、$ErNi$ 等。它们的居里点在几 K 至二三十 K 范围内，主要用于低温蓄冷。这类材料已经开始向实用化方向发展[1]。

7.4.7 磁阻材料

材料受到磁作用时，电阻率发生变化的现象称为磁阻效应。由于导电的电子具有自旋磁矩，在原子或离子磁矩不为零的材料中运动时，彼此间必然发生磁的相互作用。材料原子磁矩的排列状态受到外磁场作用而改变时，对电子运动的影响发生变化是普遍的，因而磁阻效应是许多材料的共性。普通材料中，这种效应导致电阻率的变化通常明显低于 1%。作为一类功能材料，磁阻材料的磁阻效应要强得多。近年来，人们发现了一系列巨磁阻材料，还有效应更强烈的庞磁阻材料，后者的电阻率在强磁场中相对于无磁场时变化率高达 10^8。这类材料作为传感材料具有极好的应用前景。不过，磁阻效应在很高外加磁场强度下才能显现出来。关键问题是降低该磁场强度到目前比较容易达到的水平上。

以上材料中基本构成粒子（原子、离子或分子）具有不为零的磁矩。在满足一定条件下，基本粒子的磁矩处于有序态。磁有序是材料中电子状态有序的外在表现。电子态有序与无序的转变，常伴随着材料性质的多方面变化，从而表现出许多有实用意义的特殊性能。使用时，可通过改变磁场来影响材料的磁性，进而控制材料的电阻、几何尺寸等[1]。

复习思考题

7-1 铁磁性材料有哪些特点？

7-2 铁磁性材料有哪几种？

7-3 智能材料包括哪些？

参 考 文 献

[1] 吴承建，陈国良，强文江. 金属材料学 [M]. 北京：冶金工业出版社，2000.

[2] 肖纪美. 金属材料学的原理和应用 [M]. 包头：包钢科技编辑部发行，1996.

[3] 周寿增，董清飞. 超强永磁体 [M]. 北京：冶金工业出版社，2004.

8 亚稳态材料

（本章课件及
扩展阅读）

材料的稳定状态是指其体系自由能最低时的平衡状态，通常相图中所显示的即是稳定的平衡状态。但由于种种因素，材料会以高于平衡态时自由能的状态存在，处于一种非平衡的亚稳态。同一化学成分的材料，其亚稳态时的性能不同于平衡态时的性能，而且亚稳态可因形成条件的不同而呈多种形式，它们所表现的性能迥异，在很多情况下，亚稳态材料的某些性能会优于其处于平衡态时的性能，甚至出现特殊的性能。因此，对材料亚稳态的研究不仅有理论上的意义，更具有重要的实用价值。

材料在平衡条件下只以一种状态存在，而非平衡的亚稳态则可出现多种形式，大致有以下几种类型：

（1）细晶组织。当组织细小时，界面增多，自由能升高，故为亚稳状态。其中突出的例子是超细的纳米晶组织，其晶界体积可占材料总体积的50%以上。

（2）高密度晶体缺陷的存在。晶体缺陷使原子偏离平衡位置，晶体结构排列的规则性下降，故体系自由能增高。另外，对于有序合金，当其有序度下降，甚至呈无序状态（化学无序）时，也使自由能升高。

（3）形成过饱和固溶体。即溶质原子在固溶体中的浓度超过平衡浓度，甚至在平衡状态是互不溶解的组元发生了相互溶解。

（4）发生非平衡转变，生成具有与原先不同结构的亚稳新相，例如钢及合金中的马氏体、贝氏体，以及合金中的准晶态相等。

（5）由晶态转变为非晶态，由结构有序变为结构无序，自由能增高。

亚稳态材料还有马氏体材料、贝氏体材料、过饱和固溶体合金等。

从相图分析可知，许多材料系中存在着固态相变，如同素异构转变、共析转变、包析转变、固溶体的脱溶分解、合金有序化等。在通常情况下，固态相转变是扩散型的，即相变过程需通过原子的扩散来进行，但在特定的非平衡条件下，固态相变也可能是无扩散型的，在相变过程中原子不发生扩散，可以通过原子的非协同热激活跃迁，或原子热激活集体协同位移来重排形成亚稳态新相，如马氏体、贝氏体铁素体即为非平衡相。为什么非平衡的亚稳态能够存在？以图8-1来说明。图中纵坐标是自由焓，横坐标是距离。A点的自由焓最高，是最不稳定状态；D点状态的自由焓最低，为最稳定状态；B点状态虽然也是低谷，但是要转变为D状态，需要激活越过一个能峰C。B状态就是个亚稳态，从热力学上是可以存在的。一旦条件成熟，越过能峰就可变为稳定状态[1]。

固态相变大多数为形核和生长方式，由于此过程是在固态中进行，原子扩散速率甚低，且因新旧相的比体积不同，其形核和生长不仅有界面能，还需克服彼此间比体积差而产生的应变能，故固态相变往往不能达到平衡状态，而是通过非平衡转变形成亚稳相，且因形成时条件的不同，可能有不同的过渡相，如图8-1中B状态就是个过渡相或过渡阶段。

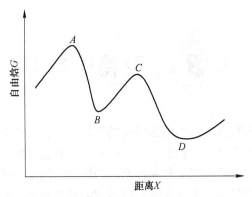

图 8-1　材料自由焓随状态的变化示意图

这种非平衡的亚稳状态不仅使材料的组织结构变化，还对材料性能有很大的影响，甚至出现特殊的性能，恰当地予以利用，可以充分发挥材料的潜力，满足不同的使用要求。

钢中固态相变形成的亚稳相有魏氏组织、贝氏体组织、马氏体组织等[2,3]。马氏体和贝氏体等在第 14 章中讲述，本章仅仅介绍纳米材料、准晶材料和非晶态材料。

8.1　纳米材料

纳米科学和技术是 20 世纪 80 年代末期兴起的一门崭新的高科技领域，是在纳米尺度上研究材料的性质、形成规律的科学，目前集中在纳米材料的制备和应用上。其目标是原子在纳米尺度上显示的物理、化学和生物学特性制备特定功能的产品[1]。

霍尔-佩奇（Hall-Petch）公式指出了多晶体材料的强度与其晶粒尺寸之间的关系，晶粒越细小则强度越高。但通常的材料制备方法至多只能获得细小到微米级的晶粒，霍尔-佩奇公式的验证也只是到此范围。如果晶粒更为微小时，材料的性能将如何变化？由于当时尚不能制得这种超细晶材料，是一个留待解决的问题。自 20 世纪 80 年代以来，随着材料制备新技术的发展，人们开始研制出晶粒尺寸为纳米（nm）级的材料，并发现这类材料不仅强度更高（但不符合霍尔-佩奇公式），其结构和各种性能都具有特殊性，称为纳米晶材料，一般称纳米材料。

纳米晶材料（或称纳米材料）已成为国际上发展新材料领域中的一个重要内容，并在材料科学和凝聚态物理学科中引出了新的研究方向——纳米材料学。

8.1.1　纳米材料的结构

纳米晶材料（纳米结构材料）的概念最早是由 H. Gleiter 提出的，这类固体由（至少在一个方向上）尺寸为几个纳米的结构单元（主要是晶体）所构成。纳米材料在三维空间中至少有一维处于纳米尺度范围（1~100nm），分为三类：（1）零维纳米材料，如纳米粉体材料。（2）一维纳米材料，即指在空间有二维处于纳米尺度，如纳米丝。（3）二维纳米材料，指在三维空间中，只一维处于纳米尺度，如纳米膜。

图 8-2 表示纳米晶材料的二维硬球模型，不同取向的纳米尺度小晶粒由晶界联结在一起，由于晶粒极微小，晶界所占的比例就相应地增大。若晶粒尺寸为 5~10nm，按三维空

间计算，晶界将占到 50% 体积，即有约 50% 原子位于排列不规则的晶界处，其原子密度及配位数远远偏离了完整晶体结构。因此，纳米晶材料是一种非平衡态的结构，其中存在大量的晶体缺陷。此外，如果材料中存在杂质原子或溶质原子，则因这些原子的偏聚作用使晶界区域的化学成分也不同于晶内成分。由于结构上和化学上偏离正常多晶结构，所表现的各种性能也明显不同于通常的多晶体材料。

人们曾对双晶体的晶界应用高分辨电子显微分析、广角 X 射线或中子衍射分析，以及计算机结构模拟等多种方法，测得双晶体晶界的相对密度是晶体密度的 75%~90%，而纳米晶材料的晶界结构不同于双晶体晶界，当晶粒尺寸为几个纳米时，其晶界的边长会短于晶界层 "厚度"，故晶界处原子排列显著地改变。这表示晶界中自由体积增加。一些研究表明，纳米晶材料不仅由其化学成分和晶粒尺寸来表征，还与材料的化学键类型、杂质情况、制备方法等因素有关，即使是同一成分、同样尺寸晶粒的材料，其晶界区域的原子排列还会因上述因素而明显地变化，其性能也相应地改变，图 8-2 所示只是一个被简单化了的结构模型。

纳米材料也可由非晶物质组成，例如，半晶态高分子聚合物是由厚度为纳米级的晶态层和非晶态层相间地构成的。

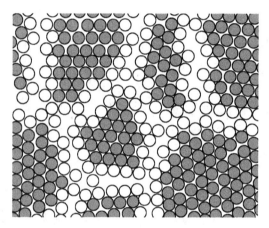

图 8-2 纳米材料的二维模型

（黑色球代表晶内原子；白色球代表晶界处原子）

8.1.2 纳米结构材料的特性

纳米结构材料因其超细的晶体尺寸，和高体积分数的晶界，而呈现特殊的物理、化学和力学性能，如力学性能远高于其通常的多晶状态。

纳米晶微粒之间能产生量子输运的隧道效应、电荷转移和界面原子耦合等作用，故纳米材料的物理性能也异常于通常材料。纳米晶导电金属的电阻高于多晶材料，因为晶界对电子有散射作用，当晶粒尺寸小于电子平均自由程时，晶界散射作用加强，电阻及电阻温度系数增加。

但纳米半导体材料却具有高的电导率，如纳米硅薄膜的室温电导率高于多晶硅 3 个数量级，高于非晶硅达 5 个数量级。纳米晶材料的磁性也不同于通常多晶材料，纳米铁磁材料具有低的饱和磁化强度、高的磁化率和低的矫顽力。

纳米材料的其他性能，如超导临界温度和临界电流的提高、特殊的光学性质、触媒催化作用等也是引人注目的。

8.1.3　纳米材料的形成

纳米晶材料可由多种途径形成，主要归纳于以下四方面：

（1）以非晶态（金属玻璃或溶胶）为起始相，使之在晶化过程中形成大量的晶核而生长成为纳米晶材料。

（2）对起始为通常粗晶的材料，通过强烈地塑性形变（如高能球磨、高速应变、爆炸成形等手段）或造成局域原子迁移（如高能粒子辐照、火花刻蚀等）使之产生高密度缺陷而致自由能升高，转变形成亚稳态纳米晶。

（3）通过蒸发、溅射等沉积途径，如物理气相沉积（PVD）、化学气相沉积（CVD）、电化学方法等生成纳米微粒然后固化，或在基底材料上形成纳米晶薄膜材料。

（4）沉淀反应方法，如溶胶—凝胶、热处理时效沉淀法等，析出纳米微粒。

以一个大气压 N_2 条件下，560℃退火，制备尺寸为 4nm、厚度为 180nm 的 $Fe_{50}Pt_{50}$ 颗粒，图 8-3 为 $Fe_{50}Pt_{50}$ 纳米颗粒的高分辨电镜照片[4]。

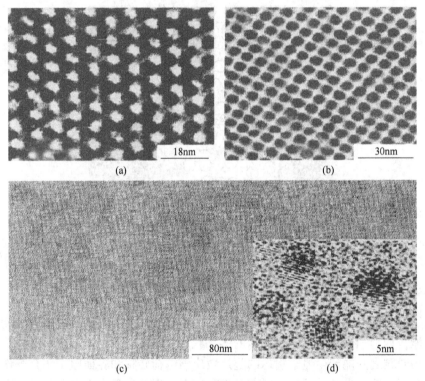

图 8-3　$Fe_{50}Pt_{50}$ 纳米颗粒的结构，HRTEM

8.2　准晶材料

经典的固体理论将固体物质按其原子聚集状态分为晶态和非晶态两种类型。晶体学分析得出：晶体中原子呈有序排列，且具有平移对称性，晶体点阵中各个阵点的周围环境必然完全相同，故晶体结构只能有 1、2、3、4、6 次旋转对称轴，而 5 次及高于 6 次的对称轴不能满足平移对称的条件，均不可能存在于晶体中。近年来由于材料制备技术的发展，出现了不符合晶体的对称条件，但呈一定的周期性有序排列的类似于晶态的固体，1984 年 Shechtman 等首先报道了他们在快冷 $Al_{86}Mn_{14}$ 合金中发现具有 5 次对称轴的结构。于是，一类新的原子聚集状态的固体出现了，这种状态被称为准晶态（quaskrystalline state），此固体称为准晶（quskrystal）[1]。准晶态的出现引起国际上高度重视，很快就在其他一些合金系中也发现了准晶，除了 5 次对称，还有 8、10、12 次对称轴，在准晶的结构分析和有关理论研究中都有了进展。

8.2.1　准晶的结构

准晶的结构既不同于晶体、也不同于非晶态。图 8-4 是应用高分辨电子显微分析获得的准晶态 $Al_{65}Cu_{20}Fe_{15}$ 合金的原子结构像，可见其原子分布不具有平移对称性，但仍有一定的规则，其 5 次对称性明显可见，且呈长程的取向性有序分布，故可认为是一种准周期性排列。

如何描绘准晶态结构？由于它不能通过平移操作实现周期性，故不能如晶体那样取一个晶胞来代表其结构。目前较常用的是以拼砌花砖方式的模型来表征准晶结构，其典型例子如图 8-5 所示，表示了 5 次对称的准周期结构。它是由两种单元（花砖）构成：一种是宽的棱方形；另一种是窄的棱方形。

准晶结构有多种形式，如一维准晶、二维准晶等。

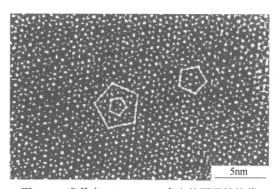

5nm

图 8-4　准晶态 $Al_{65}Cu_{20}Fe_{15}$ 合金的原子结构像

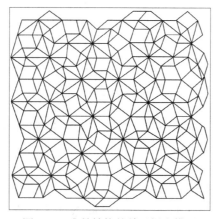

图 8-5　准晶结构的单元拼砌模型

8.2.2 准晶的形成

除了少数准晶（如 $Al_{65}Cu_{20}Fe_{10}Mn_5$、$Al_{75}Fe_{10}Pd_{15}$、$Al_{10}Co_4$ 等）为稳态相之外，大多数准晶相均属亚稳态产物，它们主要通过快冷方法形成，此外经离子注入混合或气相沉积等途径也能形成准晶。准晶的形成过程包括形核和生长两个过程，故采用快冷法时其冷速要恰当控制，冷速过慢则不能抑制结晶过程而会形成结晶相；冷速过大则准晶的形核生长也被抑制而形成非晶态。此外，其形成条件还与合金成分、晶体结构类型等多种因素有关，并非所有的合金都能形成准晶，这方面的规律还有待进一步探索和掌握。

亚稳态的准晶在一定条件下会转变为结晶相，即平衡相。加热（退火）促使准晶的转变，故准晶转变是热激活过程，其晶化激活能与原子扩散激活能相近。但稳态准晶相在加热时不发生结晶化转变，例如 Al_6Cu_2Fe 为二十面体准晶，在 845℃ 长期保温并不转变。准晶也可能从非晶态转化形成，例如 Al-Mn 合金经快速凝固形成非晶后，在一定的加热条件下会转变成准晶，表明准晶相对于非晶态是热力学较稳定的亚稳态。

8.2.3 准晶的性能

到目前为止，人们尚难以制成大块的准晶态材料，最大的也只是几个毫米直径，故对准晶的研究多集中在其结构方面，对性能的研究测试甚少报道。但从已获得的准晶都很脆的特点，作为结构材料使用尚无前景。准晶的特殊结构对其物理性能有明显的影响，这方面或许有可利用之处，尚待进一步研究。

准晶的密度低于其晶态时的密度，这是由于其原子排列的规则性不及晶态严密，但其密度高于非晶态，说明其准周期性排列仍是较密集的。准晶的比热容比晶态大，例如准晶态 Al-Mn 合金的比热容较相同成分的晶态合金高约 13%。准晶合金的电阻率甚高而电阻温度系数则甚小，其电阻随温度的变化规律也各不相同，如 $Al_{90}Mn_{10}$ 准晶合金在 4K 时电阻率为 $70\mu\Omega\cdot cm$。

8.3 非晶态材料

本节所讨论的对象着重于常温下其平衡状态应为结晶态，但由于某些因素的作用而使之呈非晶态的材料，即是亚稳态的非晶态材料；对于常温下以非晶态（玻璃态）为稳定状态的材料，不属本节讨论范围。自从晶体 X 射线衍射现象被发现以来，固态金属和合金都已确定为结晶体，但是杜威兹（Duwez）等在 1959～1960 年间用他们独创的快速冷凝方法获得了 Au-Si 和 Au-Ge 系非晶态合金（称为金属玻璃），引起科学界的轰动；而陈和包克（Chen and Polk）在 1972 年制成了塑性的铁基非晶条带，不仅有高的强度和韧性，更显示了极佳的磁性，这项发明为非晶合金的工程应用开辟了道路，一类重要的新型工程材料从此诞生。这些年来，国际上对非晶态合金的研究从理论到生产应用等各方面都取得了重要的进展，本节的内容以非晶态合金为主。

8.3.1 非晶态的形成

非晶态可由气相、液相快冷形成，也可在固态直接形成（如离子注入、高能粒子轰击、高能球磨、电化学或化学沉积、固相反应等）。

液相在冷却过程中发生结晶或进入玻璃态（非晶态）时，性质发生变化。随着温度的降低，当温度降至熔点温度（平衡凝固温度）以下时，液相处于过冷状态而发生结晶，若冷速很大使形核生长来不及进行而温度已冷至很低时，液相的黏度大大增加，原子迁移难以进行，处于"冻结"状态，故结晶过程被抑制而进入玻璃态，玻璃态的自由能高于晶态，故处于亚稳状态。

合金由液态转变为非晶态（金属玻璃）的能力，取决于冷却速度和合金成分。

非晶结构不同于晶体结构，它既不能取一个晶胞为代表，且其周围环境也是变化的，故测定和描述非晶结构均属难题，只能统计性地表达之。常用的非晶结构分析方法是用 X 射线或中子散射得出的散射强度谱求出其"径向分布函数"。结果表示非晶态合金（金属玻璃）也是密集堆积型固体，与晶体相近。从所得出的部分原子对分布函数可知：在非晶态合金中异类原子的分布也不是完全无序的，故实际上非晶合金仍具有一定程度的化学序。

8.3.2 非晶态材料的性能

8.3.2.1 力学性能

非晶合金的力学性能主要表现为高强度和高断裂韧性。非晶态合金的屈服强度、弹性模量等性能，与其他超高强度材料作对比，它们已达到或接近超高强度材料的水平，但弹性模量较低。非晶合金的强度与组元类型有关，金属—类金属型的强度高（如 $Fe_{80}B_{20}$ 非晶），而金属—金属型则低一些（如 $Cu_{50}Zr_{50}$ 非晶）。非晶合金的塑性较低，在拉伸时小于 1%，但在压缩、弯曲时有较好塑性，压缩塑性可达 40%，非晶合金薄带弯达 180° 也不断裂。

非晶合金塑性变形方式与应力大小有关，当拉伸应力接近断裂强度时，其形变极不均匀，沿着最大分切应力以极快速度形成很薄层（10~20nm 厚度）的切变带；在低应力情况下，不形成切变带而是以均匀蠕变方式变形，其蠕变速率很低，测得的总应变量通常小于 1%。当温度升至接近 T_g 时，非晶合金有可能热加工变形，例如 $Fe_{40}Ni_{40}P_{14}B_6$ 合金可热压使应变达 1 的数量级，此时合金呈黏滞性均匀流变。有些非晶合金在远低于晶化温度加热后会出现脆化现象，使原先可在室温弯曲变形的条带变为脆断，这是由于其韧—脆转变温度被提高到室温以上，故在室温下呈脆性。

8.3.2.2 物理性能

非晶态合金因其结构呈长程无序，故在物理性能上与晶态合金不同，显示出异常情况。非晶合金一般具有高的电阻率和小的电阻温度系数，有些非晶合金如 Nb-Si、Mo-Si-B、Ti-Ni-Si 等，在低于其临界转变温度可具有超导电性。目前非晶合金最令人注目的是其优良的磁学性能，包括软磁性能和硬磁性能。一些非晶合金很易于磁化，磁矫顽力甚低，且涡流损失少，是极佳的软磁材料，其中代表性的是 Fe-B-Si 合金。此外，使非晶合金部分晶化后可获得 10~20nm 尺度的极细晶粒，因而细化磁畴，产生更好的高频软磁性能。有些非晶合金具有很好的硬磁性能，其磁化强度、剩磁、顽力、磁能积都很高，例如 Nd-Fe-B 非晶合金经部分晶化处理后（14~50nm 尺寸晶粒）达到目前永磁合金的最高磁能积值，是重要的永磁材料。

8.3.2.3　化学性能

许多非晶态合金具有极佳的抗腐蚀性，这是由于其结构的均匀性，不存在晶界、位错、沉淀相，以及在凝固结晶过程产生的成分偏析等能导致局部电化学腐蚀的因素。304 不锈钢（多晶）与非晶态 $Fe_{70}Cr_{10}P_{13}C_7$ 合金在 30℃ 的 HCl 溶液中腐蚀速度的比较，304 不锈钢的腐蚀速度明显高于非晶态合金，且随 HCl 浓度的提高而进一步增大，而非晶合金即使在强酸中也是抗蚀的。

复习思考题

8-1　亚稳态材料有几种类型？

8-2　什么是纳米晶材料？

8-3　准晶的结构特点有哪些？

8-4　什么是非晶态材料？

参 考 文 献

[1] 胡赓祥，蔡珣. 材料科学基础 [M]. 上海：上海交通大学出版社，2000.

[2] 刘宗昌，任慧平，宋义全，等. 金属固态相变教程 [M].2 版. 北京：冶金工业出版社，2011.

[3] 刘宗昌等. 固态相变原理新论 [M]. 北京：科学出版社，2014.

[4] 温书林，马希聘，刘茜，等. 材料科学与微观结构 [M]. 北京：科学出版社，2007.

9 铸　铁

铸铁是人类使用最早的金属材料之一。到目前为止，铸铁仍是一种被广泛应用的金属材料。从整个工业生产中使用金属材料的数量来看，铸铁的使用量仅次于钢材。例如，按重量统计，在机床中铸铁件约占 60%~90%，在一些大型工程机械车、拖拉机中铸铁件约占 50%~70%。因此，铸铁是国民经济中的重要的基础材料。

铸铁之所以获得广泛的应用，主要是由于它的生产成本低廉和具有优良的铸造性、可切削加工性、耐磨性和吸震性。另外，随着铸造技术的进步、球墨铸铁和蠕墨铸铁的研制成功以及对铸铁进行合金化和热处理等强化手段的采用，已经可以制取各种性能优异的铸造合金。所以，尽管有来自其他新材料的激烈竞争，但铸铁仍不失为是最经济的适合千百种工程用途的材料。

铸铁是含碳量（质量分数）大于 2.11%（一般为 2.5%~4.0%）的铁碳合金。它是以铁、碳、硅为主要组成元素，并含有比钢较多的锰、硫、磷等杂质的多元合金。为了提高铸铁的力学性能或物理、化学性能，还可加入一定量的铬、钼、钒等合金元素，得到合金铸铁[1,2]。

根据碳在铸铁中存在的形式、石墨形状，铸铁可分为白口铸铁、灰口铸铁、蠕墨铸铁、球墨铸铁、可锻铸铁、合金铸铁[3,4]。

9.1　铸铁的分类和石墨化

9.1.1　铁碳合金双重相图

将 $Fe-Fe_3C$ 亚稳相图叠加在 Fe-C 稳定平衡相图上，即得到复线的双重相图，如图 9-1 所示[5]。图中实线表示 Fe-C（石墨）稳定平衡相图，虚线表示 $Fe-Fe_3C$ 亚稳相图，当实线与虚线重合时则均为实线所示。从图 9-1 中可见，在同一温度下，石墨在溶液、奥氏体和铁素体中的溶解度都比渗碳体的溶解度小；（奥氏体-石墨）共晶和共析的平衡反应温度分别高于奥氏体-渗碳体共晶（6℃）共析（13℃）。奥氏体-石墨共晶点和共析点的碳含量（质量分数）也分别低于奥氏体-渗碳体共晶点的碳含量（质量分数）（0.1%C）和共析点的碳含量（质量分数）（0.11%C）。

渗碳体不是稳定相，在较高温度、较长时间保温的条件下，渗碳体会按 $Fe_3C \rightarrow 3Fe + C_{石墨}$ 发生分解，形成石墨。在适当条件下，碳以石墨形式析出，按 Fe-C（石墨）稳定平衡相图进行结晶和固态相变。

铸铁中的石墨可以是液体铁水结晶出来，也可以按固态相变析出石墨。

9.1.2　铸铁的石墨化

铸铁中石墨的形成过程称为石墨化。在铁碳合金中，碳可以呈两种形式存在，即渗碳

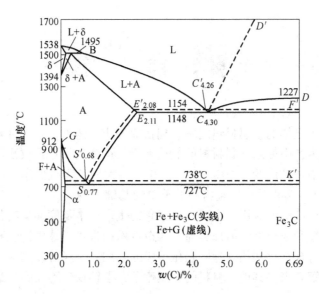

图 9-1　铁碳合金双重相图

体和石墨（用符号 G 表示）。石墨的晶格形式为简单六方[3]。

石墨依靠较弱的共价键结合，使石墨不具有金属性能（如导电性）。由于石墨面间结合力弱，层与层间易滑移，故石墨的力学性能低，硬度仅为 HB3~5，σ_b 约为 20MPa（N/m²），伸长率 δ 近于零。

当铁碳合金的含碳量比较高时，渗碳体这个相很不稳定，在一定的条件下要分解为游离状态的石墨，即 $Fe_3C \rightarrow 3Fe+G$。这是因为石墨是一个稳定的相。熔融状态的铁水，根据其冷却速度，既可以从液相中或奥氏体中直接析出渗碳体，也可从其中直接析出石墨。析出石墨的可能性不仅与冷却速度有关，而且与硅含量有关。具有相同成分（铁、碳、硅三种元素）的铁水冷却时，冷却速度越慢，析出石墨的可能性越大；反之，则析出渗碳体的可能性就越大。

铸铁石墨化过程可分三个阶段：

第一阶段，即液相至共晶结晶阶段。包括从过共晶成分的液相中直接结晶出一次石墨和共晶成分的液相结晶出奥氏体加石墨；以及由一次渗碳体在高温退火时分解为奥氏体加石墨。

第二阶段，即共晶至共析转变之间阶段。包括从奥氏体中直接析出二次石墨和二次渗碳体在此温度区间内分解为奥氏体加石墨。

第三阶段，即共析转变阶段。包括共析转变时，奥氏体变为铁素体加石墨和共析渗碳体退火时分解为铁素体加石墨。

图 9-2 为过共晶铸铁的非平衡凝固组织，包含有条片状的初生石墨+奥氏体枝晶+共晶团等复杂组织。

9.1.3　铸铁的分类

铸铁可按以下几种方式进行分类。

图 9-2 过共晶铸铁的非平衡凝固组织

（1）根据碳在铸铁中存在的形式及断口颜色可分为：

1）白口铸铁。碳除少量溶入铁素体外，其余的碳都以渗碳体的形式存在于铸铁中，其断口呈银白色，故称白口铸铁。$Fe-Fe_3C$ 相图中的亚共晶、共晶、过共晶合金即属这类铸铁。这类铸铁组织中都存在着共晶莱氏体，性能硬而脆，很难切削加工，所以很少直接用来制造各种零件。但有时也利用它硬而耐磨的特性，如铸造出的表面有一定深度的白口层。中心为灰口组织的铸铁，称为冷硬铸铁件。冷硬铸铁件常用作一些要求高耐磨的工件，如轧辊、球磨机的磨球及犁铧等。目前，白口铸铁主要用作炼钢原料和生产可锻铸铁的毛坯。

2）麻口铸铁。一部分碳以石墨形式存在，大部分以渗碳体形式存在。断口上呈黑白相间的麻点，故称麻口铸铁。这类铸铁也具有较大的硬脆性，故工业上很少应用。

3）灰口铸铁。碳全部或大部分以石墨形式存在于铸铁中，其断口呈暗灰色，故称为灰口铸铁。工业上的铸铁大多是这一类，其力学性能虽然不高，但生产工艺简单、价格低廉，故在工业上获得广泛使用。

（2）根据铸铁中石墨形态可分为：

1）灰口铸铁。铸铁中石墨呈片状存在，如图 9-3 所示。

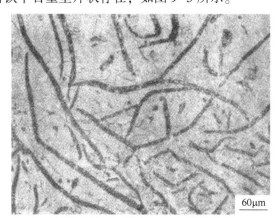

图 9-3 灰口铸铁组织

2）可锻铸铁。铸铁中石墨呈团絮状存在。其力学性能（特别是韧性和塑性）较灰口铸铁高，如图 9-4 所示。

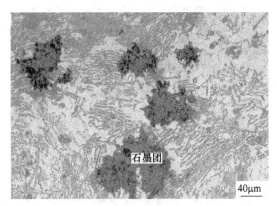

图 9-4　可锻铸铁组织，OM

3）球墨铸铁。铸铁中石墨呈球状存在，如图 9-5 所示。它不仅力学性能比灰口铸铁高，而且还可通过热处理进一步提高其力学性能，所以它在生产中的应用日益广泛。

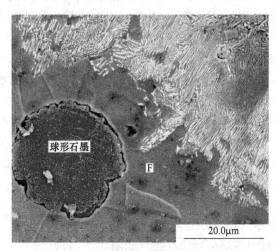

图 9-5　典型球墨铸铁组织，OM

4）蠕墨铸铁。它是 20 世纪 70 年代发展起来的一种新型铸铁，石墨形态介于片状与球状之间，呈蠕虫状，故性能也介于灰口铸铁与球墨铸铁之间，如图 9-6 所示。

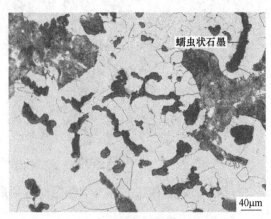

图 9-6　典型蠕墨铸铁组织

（3）根据化学成分可分为：

1）普通铸铁。即常规元素铸铁，包括灰口铸铁、可锻铸铁、球墨铸铁及蠕墨铸铁。

2）合金铸铁。合金铸铁又称特殊性能铸铁，是向普通铸铁中加入一定量的合金元素，如铬、镍、铜、钼、铝等制成具有某种特殊或突出性能的铸铁。

9.2 工业常用铸铁

工业上常用的铸铁有灰口铸铁、球墨铸铁、可锻铸铁、蠕墨铸铁、耐热铸铁、耐磨铸铁、耐蚀铸铁等[3,6]。

9.2.1 灰口铸铁

在铸铁的总产量中，灰口铸铁件占80%以上，是应用最多的铸铁。铸铁的化学成分是影响石墨化的主要因素，它对铸铁的组织和性能有很大影响。铸铁中的碳、硅是促进石墨化的元素，故可调节组织；磷是控制使用的元素；硫是应限制的元素。灰口铸铁的化学成分范围一般为：$w(C) = 2.7\% \sim 3.6\%$，$w(Si) = 1.0\% \sim 2.2\%$，$w(Mn) = 0.5\% \sim 1.3\%$，$w(P) < 0.3\%$，$w(S) < 0.15\%$。

为了细化灰口铸铁组织，提高力学性能，常在碳、硅含量较低的灰口铸铁液中加入孕育剂进行孕育处理，经过孕育处理的灰口铸铁称为孕育铸铁或变质铸铁。金相组织为在细密的珠光体基体上，均匀分布细小的石墨片，故其强度高于普通灰口铸铁。常用来制造力学性能要求高，截面尺寸变化较大的大型铸件，如重型机床的床身、液压件、齿轮等。

有时为了提高灰口铸铁表层的耐磨性，控制铸件浇铸后的冷却速度，使其表层激冷而形成一定深度的白口组织，心部则保持灰口组织，中间过渡层则为麻口组织的一种铸铁，这种铸铁称为激冷铸铁，也称冷硬铸铁。激冷铸铁适宜制造抗磨性要求高的铸件，如轧辊、火车轮、行车轮以及粉碎机的零部件等。

灰口铸铁牌号的表示方法是用"HT"符号及其后面的数字组成，如HT100。"HT"为灰口铸铁二字的汉语拼音字头，后面的数字"100"表示最低抗拉强度。

灰口铸铁的组织取决于石墨化的程度，可以获得三种基本组织的铸铁：

（1）铁素体灰口铸铁。石墨化过程充分进行，则最终获得的组织是铁素体基体上分布着片状石墨。

（2）珠光体+铁素体灰口铸铁。获得的组织是珠光体+铁素体基体上分布着片状石墨。

（3）珠光体灰口铸铁。获得的组织是珠光体基体上分布着片状石墨。

图9-7为灰口铸铁组织，石墨呈现片状分布。其中，图9-7（a）是铁素体灰口铸铁；图9-7（b）是珠光体+铁素体灰口铸铁。

灰口铸铁的抗压强度一般比其抗拉强度高出3~4倍；布氏硬度值与同样基体的正火钢相近；而伸长率则很小，大致在0.2%~0.7%之间。

灰口铸铁的成分接近共晶成分，其流动性好；凝固时，不易形成集中缩孔，也少有分散缩孔，仅有长度方向的线收缩，故可以铸造形状非常复杂的零件。

灰口铸铁组织中的石墨可以起断屑作用和对刀具的润滑减摩作用，所以可切削加工性良好。但焊接性能差，这是因为铸铁中的C、Mn含量高，淬透性好，在焊缝凝固时，极易出现硬而脆的马氏体和Fe_3C，造成焊缝脆裂。

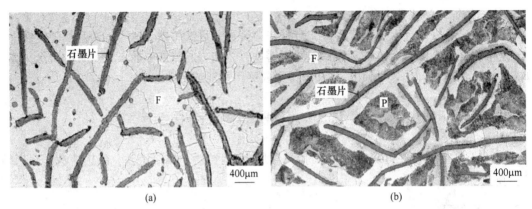

图 9-7 灰口铸铁的组织形貌，OM

由于热处理只能改变灰口铸铁的基体组织，不能改变石墨的形状和分布状况，这对提高灰口铸铁力学性能的效果不大，故灰口铸铁的热处理工艺仅有消除应力退火、改善加工性能的退火、表面淬火等。

9.2.2 球墨铸铁

球墨铸铁是将铁水经过球化处理及孕育处理而获得的一种铸铁。球化剂常用的有镁、稀土或稀土镁。孕育剂常用的是硅铁和硅钙合金。球墨铸铁的大致化学成分如下：$w(C) = 3.6\% \sim 4.0\%$，$w(Si) = 2.0\% \sim 2.8\%$，$w(Mn) = 0.6\% \sim 0.8\%$，$w(S) < 0.04\%$，$w(P) < 0.1\%$，$w(RE) < 0.03\% \sim 0.05\%$。

我国标准（GB/T 1348—2009）中列有 7 个球墨铸铁牌号。球墨铸铁牌号的表示方法是用"QT"符号及其后面的两组数字组成，如 QT400-18。"QT"为球墨铸铁二字的汉语拼音字头，第一组数字（400）代表最低抗拉强度值，单位为 kgf/mm^2（$1kgf/mm^2 = 9.8N/mm^2 = 9.8MPa$），第二组数字（18）代表最低延伸长值。

球墨铸铁的显微组织是由球形石墨和金属基体两部分组成，根据成分和冷却速度的不同，球墨铸铁在铸态下的金属基体可分为铁素体、铁素体加珠光体、珠光体三种。如果将铸件进行调质或等温淬火处理，金属基体组织可转变为回火索氏体或下贝氏体。图 9-8 为球墨铸铁的金相组织。

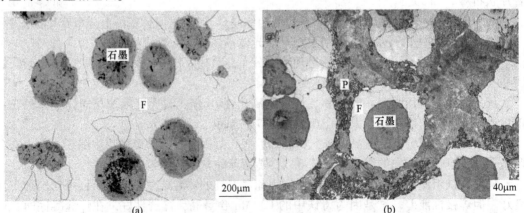

图 9-8 球墨铸铁组织，OM

在光学显微镜下，所观察到的石墨外观接近于圆形。在电子显微镜下观察，可看到球形石墨的外表面实际上为一个多面体，并且在表面上存在着许多小的包状物。球形石墨的内部结构具有辐射状和年轮层状的特征。

由于球墨铸铁中的金属基体组织是决定其力学性能的主要因素，所以，像钢一样，球墨铸铁也可以通过合金化及热处理的办法进一步提高它的力学性能。

与钢相比，球墨铸铁的屈强比高，约为 0.7~0.8，这有很大的实际意义，因为在机械零件设计时，许用应力都是按屈服强度来确定的。另外，球墨铸铁的耐磨性比钢好，这是因为石墨球嵌在坚强的基体上，基体可以承受载荷，石墨可以充当润滑剂，当石墨剥落后，留下的孔洞可以贮存润滑剂。但应指出，球墨铸铁的韧性仍较钢差，球墨铸铁的韧—脆转折温度也较高。

球墨铸铁可以部分代替锻钢、铸钢及某些合金钢来制造汽缸套、汽缸体、汽缸盖、活塞环、连杆、曲轴、凸轮轴、机床床身及破碎机床身、压缩机外壳和齿轮箱等。

9.2.3 蠕墨铸铁

蠕墨铸铁是近十几年来发展的一种新型铸铁材料。所谓蠕墨铸铁是将液体铁水经过变质处理和孕育处理后所获得的一种铸铁。通常采用的变质元素（又称蠕化剂）有稀土镁硅铁合金或稀土硅铁合金等。近年来采用的孕育剂正向多元复合孕育的方向发展，即除了选用硅铁合金外，在孕育剂中还可含有相当一部分的 Ca、Al、Be、Sr、Zr 等元素。

蠕墨铸铁的显微组织由金属基体和蠕虫状石墨组成。金属基体比较容易获得铁素体基体。在大多数情况下，蠕虫状石墨总是与球状石墨共存。图 9-9 为蠕墨铸铁组织照片，黑色蠕虫状为石墨。

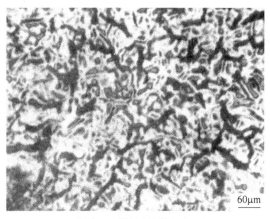

60μm

图 9-9　蠕墨铸铁组织

蠕墨铸铁的抗拉强度、伸长率、弹性模数、弯曲疲劳强度均优于灰口铸铁，接近于铁素体基体的球墨铸铁。

蠕墨铸铁的导热性、铸造性、可切削性均优于球墨铸铁，与灰口铸铁相近。因此，具有良好的综合性能。再加上组织致密，常用来制造一些经受热循环载荷的铸件（如钢锭模、玻璃模具、柴油机缸盖、排气管、刹车件等）和组织致密零件（如一些液压阀的阀体、各种耐压泵的泵体等）以及一些结构复杂，而设计上又要求高强度的铸件。

9.2.4 可锻铸铁

可锻铸铁是先将铁水浇铸成白口铸铁，然后经石墨化退火，使游离渗碳体发生分解形成团絮状石墨的一种高强度灰口铸铁。由于团絮状石墨对铸铁金属基体的割裂和引起的应力集中作用比灰铸铁小得多，因此可锻铸铁具有较高的强度，特别是塑性（伸长率 δ 可达12%）比灰铸铁高得多，有一定的塑性变形能力，因而得名可锻铸铁（或展性铸铁，又称马铁）。实际上，可锻铸铁并不能锻造。

我国可锻铸铁分两大类：铁素体可锻铸铁和珠光体可锻铸铁。共有八个牌号。其中（黑心）铁素体可锻铸铁的代号为"KTH"，代号后边的第一组数字表示最低抗拉强度，单位为 kgf/mm^2（$1kgf/mm^2 = 9.8N/mm^2 = 9.8MPa$），第二组数字表示最低伸长率。珠光体可锻铸铁的代号为"KTZ"，其后面数字的含义同上，如 KTH300—06、KTZ450-06。

由于可锻铸铁是由碳含量、硅含量 $[w(C) = 2.4\% \sim 2.7\%, w(Si) = 1.4\% \sim 1.8\%]$ 不高的白口铸铁件经长时间石墨化退火而制得的，在退火过程中主要是发生石墨化。

如果白口组织在退火过程中从第一阶段石墨化至第三阶段石墨化都能充分进行则退火后得到铁素体加团絮状石墨的组织。其断口颜色为：心部由于石墨析出呈黑色，表面因退火时有些脱碳而呈白亮色。这类可锻铸铁称为铁素体可锻铸铁或黑心可锻铸铁。

如果退火过程中使第三阶段石墨化不进行，则退火后的组织为珠光体加团絮状石墨的组织，称为珠光体可锻铸铁。

在长时间的石墨化退火过程中，由于发生氧化脱碳，致使铸件心部组织为珠光体基体加团絮状石墨，甚至残留有少量未分解的游离渗碳体，表层组织为铁素体；其断口颜色是表层呈黑色，而心部呈白色，故又称白心可锻铸铁。

可锻铸铁的强度和韧性均比灰口铸铁高，尤其是珠光体基体的可锻铸铁，强度已可与铸钢媲美。珠光体可锻铸铁的可切削加工性在铁基合金中是最优良的，可进行高精度切削加工。另外，珠光体可锻铸铁还可以通过火焰加热或感应加热进行表面淬火，以提高其耐磨性能。

由于可锻铸铁具有一定的塑性，所以常用来制造能承受小冲击的铸件，如暖气片、管弯头、三通管、自来水供水管等。

9.2.5 合金铸铁

铸铁合金化目的主要有两个，一个是为了强化铸铁组织中金属基体部分并辅之以热处理，以获得高强度铸铁；另一个目的是赋予铸铁以特殊的性能，如耐磨性、耐蚀性、耐热性等，以获得特殊性能铸铁。铸铁的合金化既适于灰口铸铁，也适于球墨铸铁和蠕墨铸铁。

常用的合金铸铁是在剧烈摩擦磨损或腐蚀介质或高温条件下使用的特殊铸铁，一般含有较多的合金元素。

9.2.5.1 耐磨合金铸铁

耐磨合金铸铁主要是在剧烈的摩擦磨损条件下使用。

根据耐磨合金铸铁具体的工作条件和磨损形式的不同可分为两类。一类是在润滑条件下工作，如导轨、缸套等铸件，要求摩擦系数要小，这类铸铁称为减磨铸铁。另一类是在干磨条件下工作，如轧辊、抛光机叶片等铸件，要求摩擦系数要大，并且有高而均匀的硬度，这类铸铁称为抗磨铸铁。

也可根据加入的主要合金元素，将耐磨合金铸铁分为铬系、镍系、锰系、钨系、钒系和硼系，其显微组织都是白口铸铁。

A 铬系耐磨合金铸铁

在铬含量（质量分数）为 12%~28% 的合金铸铁中，能形成 Cr_7C_3 和 $Cr_{23}C_6$ 合金碳化物，而其中 Cr_7C_3 具有高硬度，其硬度在 HV1400~1800。这样高的硬度足以抵抗石英（HV900~1280）的磨损。为使获得的全部碳化物为 Cr_7C_3 共晶碳化物，高铬合金铸铁的铬碳比应为 4~8。随铬含量增高，共晶碳量不断下降，在铬含量（质量分数）等于 13% 时，共晶碳量减至 3.6%。

提高碳含量能增加碳化物数量，它比提高铬含量、增加共晶碳化物数量更有效。铬含量（质量分数）一般控制在 14%~28%，而碳含量（质量分数）则根据耐磨件应力来选择，在低应力下采用上限为 3.2%~3.6%，中应力下为 2.8%~3.2%，高应力下为 2.4%~2.8%。单纯高铬铸铁的淬透性较差。若为提高其淬透性，一般可加入钼、锰、铜、镍等元素。钼锰或钼铜同时加入可有效提高淬透性。含锰量太高，则剧烈降低 M_s 点，使残余奥氏体量增加。硅可降低淬透性，故一般控制在 0.8% 以下。

高铬铸铁中加入钒、钛、稀土金属，可以细化共晶组织和碳化物。高铬铸铁中的 Cr_7C_3 碳化物不以网状出现，其韧性比一般白口铸铁好。

B 镍系耐磨合金铸铁

镍系耐磨白口铸铁为镍铬合金化的白口铸铁。铬的加入使 Fe_3C 成为 $(Fe, Cr)_3C$，其硬度可提高到 HV1100~1150。加入镍以提高淬透性，有利于得到马氏体基体，其硬度高于 HV600。镍系耐磨合金铸铁的耐磨性优于普通白口铸铁。经过电炉熔炼并铸造成成品，可在铸态获得淬硬的显微组织，经低温回火后即可使用。为改善其冲击疲劳抗力，可采用消除铸态的大量残留奥氏体的措施，提高硬度，消除内应力，以提高冲击疲劳寿命。一般采用双重热处理，经 450℃ 保温 4h，冷到 275℃ 再保温 4~16h 后空冷，此时硬度可达 HV670。镍系耐磨合金铸铁可用于制造球磨机衬板、磨球、干料或泥浆输送管道弯管等。

C 锰系耐磨合金铸铁

锰系耐磨白口铸铁主要的合金元素是锰，锰含量（质量分数）为 2.0%~8.0%，并辅之以钼、铬、铜等元素。其共晶碳化物为合金渗碳体。由于锰强烈提高淬透性，铸态的基体组织为马氏体及残留奥氏体，或者有部分贝氏体，铸件的硬度在 HRC50~60 范围。它可制作冲击磨料磨损零件，如煤粉机的锤头等。

9.2.5.2 耐热合金铸铁

铸铁中加入铬、铝、硅，与它们在耐热钢和耐热合金中一样，可大大提高其抗氧化性。这些元素可单独加入或复合加入，在表面形成稳定的致密的氧化膜；显微组织中减少石墨数量，并得到球状石墨，使之不易形成氧化性气体渗入的通道。铬、铝、硅都是铁素体形成元素，提高其含量后会得到单一的铁素体基体，使得在使用温度范围内完全消除相变，可有效地阻止铸铁的生长作用。球墨合金铸铁在 950℃ 能抗氧化，若单独加硅，硅含量（质量分数）要达到 8%；单独加铝，铝含量（质量分数）达到 10%；单独加铬，铬含量（质量分数）达到22%。若复合加入，总量可相应减少。

球墨耐热铸铁有较高的脆性，不耐温度急变。铝硅球墨铸铁在铝硅总量（质量分数）不超过10%时，其脆性较低，有一定的塑性，易切削，可耐温度急变。

9.2.5.3 耐蚀合金铸铁

常用的耐蚀合金铸铁是高硅耐蚀铸铁和高铬耐蚀铸铁。

A 高硅耐蚀铸铁

硅含量（质量分数）为14.25%~15.25%的高硅铸铁的基体是含硅合金铁素体+具有面心立方结构的 Fe_3Si_2 有序固溶体，其电极电位为正，与石墨间电位差很小，因而电化学腐蚀微弱，在氧化性腐蚀介质中能生成致密的 SiO_2 保护膜。在各种氧化性酸（如硝酸、硫酸）介质中，在各种温度下都有良好的耐蚀性。在室温的盐酸、各种有机酸和许多盐溶液中都耐蚀。在高硅耐蚀铸铁中加入铜，能进一步改善其在酸和碱介质中的耐蚀性。

高硅铸铁在氢氟酸、高温盐酸和强碱溶液中是不耐蚀的。若加入4%的钼，能显著增加高温下抗盐酸的耐蚀性。

硅可促进石墨化，使得铁素体基体上分布着点状石墨。稀土金属可降低高硅铁素体的脆性。为防止铸造后冷却时开裂，铸件采用700℃以上热送入炉，退火后缓冷。

高硅耐蚀铸铁适用于除氧化性酸之外的各种酸类介质，制作可承受小压力的容器、管件、阀、耐酸泵等。使用时要防止机械震动，在运输过程中避免机械撞击。

B 高铬耐蚀铸铁

铸铁中加入铬后，在腐蚀介质中铸铁表面能形成致密的 Cr_2O_3 钝化膜，提高铸铁基体的电极电位。它既能提高铸铁的抗电化学腐蚀，又能提高铸铁的高温抗氧化性能。因此，高铬铸铁既是耐蚀铸铁，又是耐热铸铁。高铬铸铁属于白口铸铁，其铬与碳的比值应控制在17以上。高铬铸铁在大气及硝酸、浓硫酸、浓碳酸、大多数有机酸、盐和碱溶液、海水等介质中抗蚀性均极高，常用于制造化工机械中的各种铸件，如离心泵、冷凝器、蒸馏塔、管子等。

复习思考题

9-1 耐磨合金铸铁分为哪几种？

9-2 铸铁的组织特征有哪些？

9-3 工业常用铸铁有哪些？

参 考 文 献

[1] 刘宗昌，等.金属学与热处理 [M].北京：化学工业出版社，2008.

[2] 宋维锡.金属学 [M].北京：冶金工业出版社，1980.

[3] 吴承建，陈国良，强文江.金属材料学 [M].北京：冶金工业出版社，2000.

[4] 王笑天.金属材料学 [M].北京：机械工业出版社，1987.

[5] 东北工学院，等.铸铁及其熔化 [M].北京：冶金工业出版社，1978.

[6] 崔崑.钢铁材料及有色金属材料 [M].北京：机械工业出版社，1984.

（本章课件及
扩展阅读）

10 有色金属及合金

通常将金属分成两大类。一类称黑色金属，铁、铬、锰及其合金（如钢）均属此类，另一类称有色金属，除铁、铬、锰及其合金之外的其他金属均属有色金属。

与黑色金属相比，有色金属具有许多优良的特性，从而决定了有色金属在国民经济中占有十分重要的地位。例如，铝、镁、钛等金属及其合金，具有相对密度小、比强度高的特点，在飞机制造、汽车制造、船舶制造等工业上应用十分广泛。又如，银、铜、铝等有色金属，导电性和导热性优良，是电气工业和仪表工业不可缺少的材料。再如，钨、钼、钽、铌及其合金是制造在1300℃以上使用的高温零件及电真空元件的理想材料。虽然有色金属的年消耗量目前仅占金属材料年消耗量的5%左右，但任何工业部门都离不开有色金属材料，在空间技术、原子能、计算机、电子等新型工业部门，有色金属材料则占有极重要和关键的地位。

我国地大物博，有色金属矿产资源应有尽有。钨、锡、钼、锑、汞、铅、锌的储量居世界前列，钛、铜、铝、锰的储量也很丰富。稀土金属储量更是世界第一。

摆在我们面前的任务是：第一，要千方百计地开采出更多的有色金属矿产。第二，要加强科学研究，生产出具有各种使用性能和各类规格的有色金属型材，以满足我国经济建设的迫切需要。

10.1 有色金属及生产

10.1.1 有色金属的种类

金属分为黑色金属（铁、锰、铬等）和有色金属。有色金属共64种，其分类各国并不完全统一，现在大致可分为轻有色金属、重有色金属、稀有金属和贵金属四大类。

（1）轻有色金属。一般指相对密度在4.5以下的有色金属，包括铝、镁、钛、钠、钙、钾等。这类金属一般采用熔盐电解及金属热还原法提取。

（2）重有色金属。指相对密度在4.5以上的有色金属，包括铜、镍、钴、铅、锌、锡、锑、汞、镉等。这类金属冶炼方法分火法冶炼和湿法冶炼两种。

（3）稀有金属。许多稀有金属在地壳中的含量比常用金属大得多，例如锆、钒、锂、铍、铅、锌、锡、汞等。稀有金属这个名词并不是科学的分类，主要是指大多数稀有金属在地壳中分布不广，而且又很分散，难于冶炼，工业上应用较晚等。稀有金属都是在19世纪才在工业上应用的。按其物理化学性质、提取的方法及在地壳中存在的特征又可分为以下五类：

1）稀有轻金属，包括锂、铷、铯、铍等。特点是密度小，如锂相对密度为0.53，是最轻的金属。

2）稀有高熔点金属，包括钨、钼、钽、铌、锆、铪、钒、铼等。其特点是硬度高，抗蚀性强，熔点高。

3）稀有分散金属，包括镓、铟、铊、锗、硒、碲等。其特点是在地壳中很分散，大多数没有形成单独的矿物和矿床。这类金属通常是由冶金工厂和化工厂的废料中提取的。

4）稀土金属，包括钪、钇、镧及镧系元素。其特点是各种稀土金属一起伴生于矿物中。

5）稀有放射性金属，包括钢及钢系元素（钍、镁、铀等），是原子能工业的主要原料。

（4）贵金属。贵金属包括金、银及铂族金属（铂、钯、钌、铑、铱、锇）。金和银一直是当做货币储备的。贵金属用途近来逐渐由珠宝业转向工业。这类金属除金、银和铂有单独矿物，可从矿石中生产一部分外，大部分从铜、镍、铅、锌等冶炼副产品（阳极泥等）中回收。

10.1.2 有色金属的应用

有色金属具有各种优良独特的性能。从人们日常生活到飞机、导弹、火箭、核武器、人造卫星、宇宙飞船、潜艇及海洋开发的各种设施等国防和民用部门都离不了有色金属。

常规武器制造方面，铜、铅及其合金用于制造子弹及炮弹，镁用于制造照明弹和燃烧弹；铝、镁及其合金用于制造飞机、战车和坦克。含镍合金钢用于制造各种武器的结构件等。

在火箭、导弹、宇宙航行方面，主要是铝，其次是镁、钛及其合金作为结构材料。铍用于大型运输机的圆盘制动器，可使重量减轻 26%，稀有高熔点金属是火箭发动机的关键材料。如美国"大力神"洲际导弹的燃烧室就是用钛-6 铝-4 钒合金制造的，一艘载一个人的宇宙飞船，总重为 4.5t，而高熔点金属为 1.13t；美帝的"阿波罗"11 号，使用的金属材料比例如下：75%铝材，5%特殊钢，5%钛材，15%为其他金属材料，有铜、镍、钴、镁、金、银、镧、钨、铌、铪、铼、锫等。

在原子反应堆、核潜艇等核武器方面，除放射性金属是原料外，锂-6 可用于制造氢弹，1970 年美国有 70%以上的锂用于生产氢弹。锆做核反应堆的包套材料，铪做核反应堆的控制棒。全世界动力核反应堆中，约有 1/2 用锆做包套材料。日本核动力船上使用了 12 根铪控制棒。此外，钛在核潜艇上的用量正在逐渐扩大。原子能发电机上开始采用铌合金做超导材料。

电气工业离不了铜和铝，例如，制造 3000kW 发电设备，需要约 580kg 铜。电子工业部门离不了半导体材料——硅、锗及化合物半导体。

石油工业和化学工业等部门除了采用不锈钢外，还用镍、钛、铅等作为防蚀材料，用铂族金属作催化剂等。

据统计，世界钢产量和有色金属产量之比约为 100∶5。如 1969 年，十种常用有色金属（铝、镁、铜、镍、钴、铅、锌、锡、锑、汞）产量对钢的比例：世界 4.7%，美国 5.8%。

10.1.3 有色金属的生产

有色金属种类多，发现、使用早晚不一，发展速度也参差不齐。如古老的金属铜以及铅、锌产量逐年稳步增长，铝、钛等由于现代科学技术的需要，而突飞猛进地发展。铝的产量超过了铜，跃为有色金属之首位。有的稀有金属则产量很少，也尚未广泛应用。

10.1.3.1　采矿和选矿

有色金属在矿石中的含量低，有的百分之几、千分之几、万分之几，甚至1t矿石中只含有几十克。如炼1t铁，一般只需要2~3t矿石，而炼1t铅或锌，需要矿石60~70t，1t铜需要100t矿石左右。稀有金属则更多，如炼1g金属铼就需要处理60kg辉钼矿。因此，虽然有色金属产量与钢之比约5%，但是，从总的采掘矿量来看，有色金属矿并不比铁矿少。而且有色矿山分散、矿床复杂、井下开采的多，采掘困难，成本高。

有色金属矿大部分是复杂得多金属硫化矿和低品位氧化矿，各种金属伴生，难于分离，比铁矿难选。现在，一般采用浮选和重选法，以浮选为主。

10.1.3.2　冶炼

各种金属的冶炼方法依其金属而异，工艺流程十分复杂，通常分为火法冶金、湿法冶金和电冶金。火法冶金是用各种热源（电热、焦煤、重油、富氧、天然气等燃烧的热源），熔炼精矿（或矿石）回收有色金属的方法。湿法冶金是用各种酸、碱、氨等溶液，处理精矿（或矿石），提取金属的方法。电冶金则适用于铝、镁、钠等活性较大的金属的生产。近几年来，由于富矿越来越少，贫矿处理量急剧增长，特别是低品位硫化矿和氧化矿的处理量增加，促进了湿法冶金的发展。为了强化有色金属的冶炼加工过程，发展了一系列新技术、新方法和新设备，如高压浸取、流态化焙烧、有机溶剂萃取、离子交换、金属热还原、区域熔炼、真空冶金、喷射冶金、等离子冶金等。

10.1.3.3　加工

多数有色金属的压力加工地钢铁困难，特别是难熔金属。目前，产量和消耗最大的是铜及铜合金、铝及铝合金加工材。

有色金属压力加工，就是用轧制、挤压、拉伸、锻造、等静压加工、扩散焊接、超塑成型等方法，将有色金属及合金加工成材，简称加工材，包括板、型、带、箔、管、棒、线材和锻件等。其特点是小型、灵活、精密。目前使用的轧机有二辊轧机、四辊轧机、多辊轧机（六辊、八辊、十二辊和二十辊）以及行星轧机等。最厚的铝板厚180mm以上，最大宽度达5m，最薄可生产千分之几毫米的箔材。冷轧速度已高达40m/s（超高速轧机）。

10.1.3.4　综合利用回收有色金属

有些有色金属如铜、铝、铅、锌等，主要是从矿石中冶炼出的，而许多稀有金属没有单纯矿床，主要是从钢铁、有色金属及化工厂的废料、废气中综合回收的。现在，综合利用资源是各国增加有色金属品种和数量的重要途径。苏联铅锌厂综合利用系数（以从矿石到金属的总回收率计算）为83%，回收了17种元素，包括铅、锌、铜、镉、金、银、锑、砷、铋、硒、碲、铟、镓、铊、锗和钴等。

10.2　铜及铜合金

铜是人类最早使用的金属，即从铜器时代人类就应用铜。当时使用的是自然铜。但由于铜的强度低，硬度不高，限制了工程应用。后进入了铁器时代。至今，铜及铜合金作为工程材料，是由于其高导电性和导热率，易于成型，良好的耐蚀性，仍然被广泛应用[1]。

10.2.1　工业纯铜

铜是重有色金属，其全世界的产量仅次于钢和铝。工业上使用的纯铜，其含铜量（质量分数）为99.70%~99.95%，它是玫瑰红色的金属，表面形成氧化亚铜（Cu_2O）膜后呈紫色，故又称紫铜。

纯铜的密度为8.96g/cm³，熔点为1083℃，具有面心立方晶格，无同素异晶转变。

纯铜的突出优点是具有良好的导电性、导热性及良好的耐蚀性（抗大气及海水腐蚀）。铜还具有抗磁性。

纯铜的强度不高（σ_b=230~240MPa），硬度低，塑性高。冷塑性变形后，可以使铜的强度提高到400~500MPa，但伸长率急剧下降到2%左右。

工业纯铜分冶炼产品（铜锭、电解铜）和压力加工产品（铜材）两种。

工业纯铜主要用来制作导体和抗磁性干扰的仪器、仪表零件以及配制铜合金等。

由于纯铜的力学性能不高，不宜直接用作结构件，需配制成铜合金后再使用。常用的铜合金有黄铜、青铜和白铜。

10.2.2　黄铜

以锌为主加元素的铜合金称为黄铜，其相图如图10-1所示。根据黄铜中所含其他元素的种类，可把黄铜分为普通黄铜和特殊黄铜[2]。

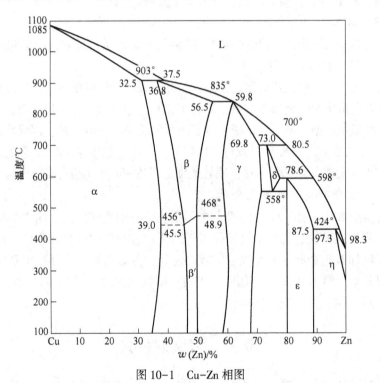

图10-1　Cu-Zn相图

10.2.2.1　普通黄铜

不含其他合金元素的黄铜称为普通黄铜。它是简单的铜和锌的二元合金。Cu-Zn合金

中的 α 相是锌在铜中的固溶体。α 黄铜具有优良的塑性、焊接性和锻造性，适宜于冷加工。

β 相是以电子化合物 CuZn 为基的固溶体，具有体心立方晶格，其塑性良好，β 相在453～468℃时将发生有序化转变，即铜锌原子由杂乱无序分布转变为分别占据顶角和体心位置有序分布的固溶体，如图 10-2 所示。

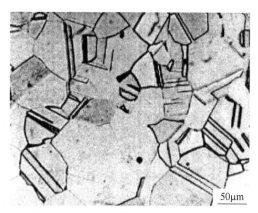

图 10-2　Cu-Zn 合金的显微组织，OM

10.2.2.2　特殊黄铜

在铜锌二元合金的基础上再加入其他合金元素，就形成特殊黄铜。加入其他合金元素是为了改善黄铜的力学性能、抗蚀性能以及铸造性能。

常加入的合金元素有铝、硅、铅、锰、锡、铁、镍等，分别称为铝黄铜、硅黄铜、铅黄铜等。

铝黄铜：铝能提高黄铜的耐蚀性，也能提高其强度、硬度，但降低塑性。铝黄铜主要用来制造船舶上要求具有高强度、高耐蚀性零件。

硅黄铜：硅可降低黄铜的裂纹敏感性，并能显著提高黄铜的强度、耐磨性、铸造性能和焊接性能。硅黄铜主要用来制造船舶及化工机械零件。

铅黄铜：铅对黄铜的强度影响不大，但能提高其耐磨性，并可改善黄铜的切削加工性。铅黄铜主要用来制造要求耐磨性和切削加工性能较好的零件，如轴承等。

锰黄铜：锰可提高黄铜的强度和弹性极限，并且不降低塑性。锰还可提高黄铜在海水中和过热蒸汽中的抗蚀性能。锰黄铜主要用来制作耐蚀零件等。

锡黄铜：锡可提高黄铜在海水中和海洋大气中的抗蚀性能，并能改善黄铜的切削加工性能。锡黄铜主要用来制造船舶零件。

铁黄铜：铁可提高黄铜的力学性能和耐磨性。如果再加入少量的锰，可提高黄铜的耐蚀性。铁黄铜一般用来制作要求耐磨、耐大气和海水腐蚀的零件。

镍黄铜：镍可提高黄铜的力学性能、热强性和耐蚀性，也可改善其压力加工性能，并能降低黄铜的裂纹敏感性。镍黄铜主要用来制作电机及船舶零件。

特殊黄铜的牌号表示方法是"H"加上主加元素符号（除锌以外）加上铜含量再加上主加元素含量。如 HSi80-3 表示含铜质量分数为 80%、含硅质量分数为 3%（余量为锌）的硅黄铜。如是铸造产品，则在其前加上字母"Z"即可。

由于铜无同素异晶转变，且锌在铜中的溶解度随温度的降低而增大，故黄铜不能像钢一样进行热处理强化，也不能进行时效强化。黄铜的热处理主要是低温退火和再结晶退火。

（1）低温退火。低温退火的主要目的是消除内应力，防止黄铜应力腐蚀破裂及切削加工过程中的变形。退火加热温度为 200～300℃。

（2）再结晶退火。黄铜的再结晶退火目的是消除加工硬化和恢复塑性。黄铜的再结晶温度约为 300～400℃，因此常用的再结晶退火温度为 500～700℃。

10.2.3 青铜

早期，人们把以锡为主加元素的铜锡合金称为青铜。近年来，工业上应用了大量的含铝、硅、铍、锰、铅等的铜基合金，习惯上统称为青铜。为了区别起见，分别称为铝青铜、硅青铜、铍青铜等。

青铜的牌号表示方法是用"青"字的汉语拼音第一个字母"Q"加上主加元素的化学符号和其百分含量再加上其他元素的百分含量来表示。如是铸造产品，则在牌号前加"Z"字。如 QAl5 表示含铝量（质量分数）为 5% 的铝青铜；ZQSn10—1 表示含锡（质量分数）为 10%，其他合金元素的含量（质量分数）为 1% 的铸造锡青铜。

10.2.4 白铜

白铜除了镍白铜外，还有铁白铜、锰白铜、铝白铜和复杂白铜等。

以镍为主要添加元素的铜基合金称为镍白铜，呈银白色，有金属光泽，故名白铜。铜镍之间彼此可无限固溶，从而形成连续固溶体，即不论彼此的比例多少，而恒为 α-单相合金。当把镍熔入红铜里，含量（质量分数）超过 16% 以上时，产生的合金色泽就变得洁白如银，镍含量越高，颜色越白。白铜中镍含量（质量分数）一般为 25%。

白铜因耐蚀性优异，且易于塑型、加工和焊接，广泛用于造船、石油、化工、建筑、电力、精密仪表、医疗器械、乐器制作等部门做耐蚀的结构件[3]。某些白铜还有特殊的电学性能，可制作电阻元件、热电偶材料和补偿导线。非工业用白铜主要用来制作装饰工艺品。

10.3 铝及铝合金

10.3.1 工业纯铝的主要特性

铝是地壳中储量最多的一种元素，约占地壳总重量的 8.2%，居四大金属元素铝、铁（5.1%）、镁（2.1%）、钛（0.6%）之首。

工业上冶炼铝应用电解法，主要原理是霍尔埃鲁铝电解法：以纯净的氧化铝为原料采用电解制铝。

工业上使用的纯铝，其纯度（质量分数）为 99.7%～98%，它具有以下的性能特点：纯铝是一种具有银白色金属光泽的金属，相对密度小（2.72），熔点低（660.4℃），沸点高（2477℃）。纯铝是一种具有面心立方晶格的金属，无同素异构转变。由于铝的化学性质活泼，在大气中极易与氧作用生成一层牢固致密的氧化膜，防止了氧与内部金属基体的作用，所以纯铝在大气和淡水中具有良好的耐蚀性，但在碱和盐的水溶液中，表面的氧化膜易破坏，使铝很快被腐蚀。纯铝具有良好的低温性能，在 0 ~ -253℃ 之间塑性和冲击韧性不降低。纯铝具有一系列优良的工艺性能，易于铸造，易于切削，也易于通过压力加工制成各种规格的半成品[1]。

纯铝具有良好的导电性和导热性，其导电性仅次于银、铜、金。因此，可用来制造电线、电缆等各种导电材料和各种散热器等导热元件。

纯铝具有很好的塑性，但强度较低（σ_b = 80 ~ 100MPa）。通过冷加变形虽可使强度提高，但塑性降低。

工业纯铝中，经常含有铁和硅等杂质，这些杂质将降低铝的塑性、导电性和导热性以及耐腐蚀性能。

工业纯铝分为冶炼产品（铝锭）及压力加产品两种。

10.3.2　铝合金的分类及时效强化

纯铝中加入合金元素配制成的铝合金，不仅能保持铝的基本特性，而且由于合金化，可改变其组织结构与性能，使之适宜于制作各种机器结构零件。经常加入的合金元素有铜、锌、镁、硅、锰及稀土元素等。

铝合金是工业中应用最广泛的一类有色金属结构材料，在航空、航天、汽车、机械制造、船舶及化学工业中已大量应用。工业经济的飞速发展，对铝合金焊接结构件的需求日益增多，使铝合金的焊接性研究也随之深入。目前铝合金是应用最多的合金。

10.3.2.1　铝合金的分类

各类铝合金按相图结晶、固溶处理和时效，根据铝合金的成分及生产工艺特点，可把铝合金分为变形铝合金和铸造铝合金两大类。

变形铝合金可分为：固溶体成分不随温度而改变，不能热处理强化，称为不能热处理强化的变形铝合金；其固溶体成分随温度变化而变化，可用热处理强化，称为可热处理强化的变形铝合金。

形变铝合金能承受压力加工，主要用在大型结构材料，如飞机上的蒙皮、梁、肋、桁条、隔框和起落架都可以用铝合金制造。发射"阿波罗"号飞船的"土星"5号运载火箭各级的燃料箱、氧化剂箱、箱间段、级间段、尾段和仪器舱都用铝合金制造。

10.3.2.2　铝合金的时效强化

由于铝无同素异晶转变，它主要是通过淬火（固溶处理）后，再进行时效处理而达到强化的目的。铝合金的固溶处理是把铝合金加热到固相线温度以下，保温一定时间，然后将其迅速淬入水中冷却，使之成为单相的过饱和固溶体。铝合金通过固溶处理后，强度、硬度提高不明显，但由于第二相（金属间化合物）消失，其塑性却有显著提高。这种过饱和固溶体是不稳定的，在一定条件下将分解析出强化相，过渡到稳定状态。因此，合金在室温下放置或低温加热时，因第二相析出，使强度、硬度明显提高。这种现象称为时效强化或时效。室温放置过程中使合金产生强化的效应称为自然时效；重新加热过程中使合金产生强化的效应称为人工时效。

例如，把含 4% 铜（质量分数）的 Al-Cu 合金，加热到溶解度曲线以上并保温一段时间后，在水中快速冷却，形成过饱和固溶体，其强度为 250MPa（N/m²），若在室温下放置，强度将随时间的延长而逐渐提高，经过 4~5 天后，强度可达 400MPa（N/m²）。

时效强化效果还与时效强化温度有关。时效温度越高，时效强化速度就越快，但合金所得的最高强度值也就越低。

变形铝合金按性能和用途可分为防锈铝合金、硬铝合金、超硬铝合金和锻铝合金等。

防锈铝合金是 Al-Mg 系或 Al-Mn 系合金。属于不能热处理强化的变形铝合金。这类铝合金塑性高，强度低，焊接性好，且有优良的抗蚀性能，故称为防锈铝。这种铝合金只能通过加工硬化方法来提高强度。

防锈铝合金主要用来制作容器、管道、铆钉等。

硬铝合金，即硬铝也称杜拉铝，是 Al-Cu-Mg 系合金，属于可热处理强化的变形铝合金。由于加入铜与镁，使合金形成强化相 $CuAl_2$ 和 $CuMgAl_2$。因此，这种合金可通过时效处理进行强化，一般采用自然时效，也可人工时效。

铝合金还有超硬铝合金、铸造铝合金等。

铸造铝合金在轿车上得到了广泛应用，如发动机的缸盖、进气歧管、活塞、轮毂、转向助力器壳体等。

10.4　镁及镁合金

10.4.1　工业纯镁

镁是重有色金属，在实用金属中是最轻的金属，镁的密度大约是铝的 2/3，是铁的 1/4。含质量分数为 99.85%~99.95% 的金属镁，常含有铁、硅、铝、铜、镍、氯等杂质。铸态下，拉伸强度 115MPa，伸长率 8%，硬度 HB36，冷加工态下，拉伸强度 200MPa，伸长率 11.5%，硬度 HB36。它是一种银白色的轻质碱土金属，主要用于配制镁合金；在化工中常用做还原剂，去置换钛、锆、铀、铍等金属；也用于制烟火、镁盐、照明弹、信号弹等。通常将氧化镁转化成氯化镁，熔融氯化镁经电解就制得金属镁。

但是纯镁的力学性能很差，化学活性很强，电极电位很低，抗蚀性较差，由于具有以上缺点，镁至今还未成为可以大规模使用的结构材料。但是纯镁的力学性能很差，化学活性很强，电极电位很低，抗蚀性较差，由于具有以上缺点，镁至今还未成为可以大规模使用的结构材料。

镁与一些金属元素如铝、锌、锰、稀土、锆、银和铈等合金化后得到的高强度轻质合金称为镁合金。镁合金的密度通常为 1.75~1.85g/cm³，在现在的金属材料中最小，约为铝的 64%，钢的 23%，而其铸件的比强度和疲劳强度均比铸铝合金高。此外，镁合金的弹性模量较低，在弹性范围内承受冲击载荷时，所吸收的能量比铝高 50% 左右，可制造承受猛烈冲击的零部件。镁合金阻尼性能好，适合于制备抗震零部件。同时，镁合金具有优良的切削加工性能，切削速度大大高于其他金属。镁合金还具有优良的铸造性能，可以用几乎所有铸造工艺来铸造成形。正因为以上优点，镁合金在汽车、电子、电器、航空航天、国防军工、交通等领域具有重要的应用价值和广阔的应用前景。

10.4.2　镁合金的分类

一般来说镁合金的分类依据有三种：合金化学成分，成形工艺和是否含锆。

按化学成分，镁合金主要划分为 Mg-Al、Mg-Mn、Mg-Zn 等二元系，以及 Mg-Al-Zn、Mg-Al-Mn 等三元系及其他多组分系镁合金。

按成型工艺，镁合金可划分为铸造镁合金和变形镁合金，两者在成分、组织性能上存在很多差异。现在往往是通过不同的成型工艺、控制组织形态、晶粒大小、第二相的析出大小等来控制镁合金使用性能。如图 10-3 所示为晶粒大小不同的组织形貌。

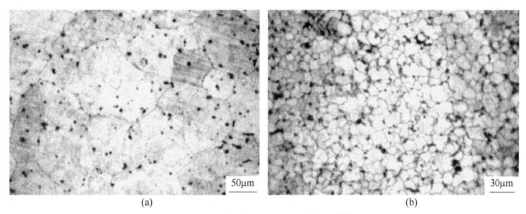

| (a) | (b) |

图 10-3　镁合金 AZ31 显微组织[4]

铝、锆为镁合金中的主要合金化元素。根据是否含铝，镁合金可划分为含铝镁合金和无铝镁合金两类。由于大多数镁合金不含铝而含锆，从而市售镁合金系也可按是否含锆划分为无锆镁合金和含锆镁合金两大类。

10.4.3　镁合金的特点及其应用

镁合金产品相对于钢铁、铜合金及铝合金材料有以下优点[5]：

（1）重量轻。镁合金的比强度高于铝合金和钢及铁，但略低于比强度最高的纤维增强塑料；其比刚度与铝合金和钢及铁相当，但却远远高于纤维增强塑料。这一特性对于现代社会的手提类产品（如 3C 用品）减轻重量、车辆减少能耗具有非常重要的意义。

（2）高的阻尼和吸震、减震性能。镁合金具有极好的吸收能量的能力，可吸收震动和噪声，保证设备能安静工作。采用镁合金材料作为汽车的结构件非常有利于减轻汽车在运动中的噪声和震动。镁合金的阻尼性比铝合金大数十倍，减震效果很显著，采用镁合金取代铝合金制作计算机硬盘的底座，可以大幅度减轻重量（约降低 70%），大大增加硬盘的稳定性，非常有利于计算机的硬盘向高速、大容量的方向发展。

（3）良好的抗冲击和抗压缩能力。其抗冲击能力是塑料的 20 倍，当镁合金铸件受到冲击时，在其表面产生的疤痕比铁和铝都要小得多。这就是旋转草坪切割机机盖采用镁合金压铸件的原因之一。

（4）良好的铸造性能。在保持良好的部件结构条件下，镁合金铸造制品的壁厚可以小于 0.6mm，这是塑胶制品在相同强度条件下无法达到的，而铝合金制品也只能在 1.2～1.5mm 范围内才可与镁制品相媲美。

（5）尺寸稳定性。在 100℃ 以下，镁合金可以长时间保持其尺寸的稳定性，不需要退火和消除应力就具有尺寸稳定性是镁合金的一个很突出的特性。这种性能对制作发动机零件和小型发动机压铸件具有重要意义。

（6）铸模生产率高。与铝合金相比镁合金的单位热含量低，可在模具内快速凝固。一般地，镁合金的生产率比铝压铸高出 40%~50%，最高可达压铸铝的 2 倍。

（7）良好的机械加工性能。镁合金的切削阻力小，约为钢铁的 1/10，铝合金的 1/3，其切削速度大大高于其他金属，切削加工时间短，切削加工而且加工成本低，加工能量仅为铝合金的 70%。

（8）良好的耐蚀性。在大气中，镁具有很好的耐蚀性，比铁的耐蚀性好。

（9）高散热性。镁合金具有高的散热性，很适合制作元件密集的电子产品。镁合金的导热能力是 ABS 树脂的 350~400 倍，因此在制作电子产品外壳或零部件时，使其充分发挥散热功能。

（10）良好的电磁扰屏障。镁合金具有优于铝合金的磁屏蔽性能、更良好的阻隔电磁波功能，更适合于制作发出电磁干扰的电子产品。可以用作计算机、手机等产品的外壳，以降低电磁波对人体辐射危害。

（11）低热容量。镁合金的热容量比铝合金小，不易粘烧在模具上，延长模具寿命。

（12）再生性。废旧镁合金铸件具有可回收再熔化利用的特性，回收率在 80% 以上，并可作为 AZ91D、AM50、AM60 铝镁合金的二次材料进行再铸造。

复习思考题

10-1　什么是有色金属，它在国民经济中有何作用？

10-2　青铜、黄铜的成分特点是什么？

10-3　铝合金分为哪几类？

10-4　镁合金有什么用途？

参 考 文 献

[1] 吴承建，陈国良，强文江. 金属材料学 [M]. 北京：冶金工业出版社，2000.

[2] 李湘洲. 铜与铜合金 [J]. 有色金属再生与利用，2003，（08）：33-34.

[3] 付亚波，阎志明，郑艺，等. 白铜冷凝管铸轧工艺关键工序的研究 [J]. 特种铸造及有色合金，2009，（05）：486-488，392.

[4] 李振亮，任慧平，金自力，等. 喷射沉积 2%Nd 镁合金热变形过程组织演变 [J]. 稀有金属材料与工程，2014，43（11）：2728-2732.

[5] 向群，屈伟平. 镁合金的发展与应用 [J]. 有色设备，2004，（05）：38-43，48.

11 非金属材料

（本章课件及扩展阅读）

由于金属材料具有许多优良的性能，所以长期以来，在工程技术领域中，起主导作用的一直是金属材料。但是，随着科学技术的迅猛发展，金属材料在许多方面已不能满足要求，这就促使新材料的不断出现和发展。

非金属材料资源丰富，又显示了许多优良的力学、物理和化学性能，因此被日益广泛地应用于工程技术领域中。目前，非金属材料已不仅仅是某些金属材料的代用品，而是一类独立使用的材料，它已成为工程材料不可缺少的组成部分。

非金属材料的种类很多，本章主要介绍工程塑料、橡胶、陶瓷和复合材料，了解其结构组成、性能特点和应用等方面的基本知识。

11.1 高分子材料

随着科学技术和经济的发展，高分子材料已经渗透到各个领域[1]。高分子材料有天然的和人工合成的两大类。天然的有纤维素、木质素、石棉等。人工的有塑料、合成橡胶等。高分子材料的分子量有分散性，因而没有明显的熔点，而是随着温度的升高逐渐软化。

11.1.1 高分子化合物的含义和组成

高分子材料是以高分子化合物为主要组成部分的材料。高分子化合物是指分子量很大的有机化合物，也称为聚合物或高聚物[2,3]。低分子化合物的分子一般只含有几个到几十个原子，分子量在 500 以下，而高分子化合物是由千百万个原子彼此以共价键连接而成的大分子化合物，其分子量在 5000 以上，可达几万、几十万，以至几百万。

分子量介于 500~5000 之间的化合物是属于低分子还是高分子，这主要依据它们是否在物理性能、力学性能等方面产生质的飞跃。一般来说，低分子化合物不具有强度和弹性，而高分子化合物具有一定的强度和弹性。例如，分子量为 1000 的多糖属于低分子，而分子量同样为 1000 的石蜡却属于高分子。

高分子化合物的分子量虽然很大，但它们的组成一般都比较简单，是由某些简单的结构单元（低分子化合物）重复连接而成。例如，聚乙烯就是由乙烯 $CH_2\!=\!CH_2$ 经聚合反应而形成的。

组成聚合物的低分子化合物（如 $CH_2\!=\!CH_2$）称为单体。聚合物的分子是很长的，像链条形状，称为大分子链。人们把这种特定的重复结构单元称为链节。一条大分子链中所含有的链节数目称为聚合度。

由此可见，同一种高分子化合物各个分子所含链节的数目是不相等的，所以各个分子的分子量也就不同。如果以 M 表示高分子化合物的分子量，m 表示链节的分子量，n 表示聚合度。其关系式为：$M=nm$。

如聚乙烯，当 $n=2500$ 时，$M=2500×28=70000$。

由于组成高分子化合物的链节数可在一定范围内变化，所以高分子化合物的分子量也只能是一个范围，而不是定值。我们所说的分子量，是指平均分子量。

11.1.2　高分子化合物的结构

聚合物材料或制品，其性能不仅与分子量和大分子链的几何形状有关，而且与聚合物的聚集状态有直接的关系。

和低分子物质一样，聚合物按其分子在空间的排列，可分为晶态和非晶态两类。所不同的是：聚合物中往往是晶态和非晶态共存，如图 11-1(a) 所示。这是因为在实际生产中，要把大分子链全部规则排列起来是非常困难的。

结晶聚合物的晶态区域分子排列规整有序；非晶态（或称无定形）聚合物分子排列杂乱不规则，像线团纠缠在一起，如图 11-1(b) 所示。

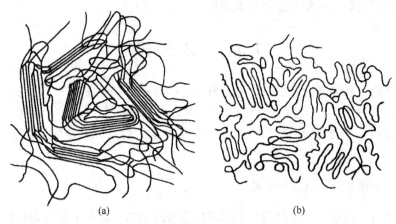

(a)　　　　　　　　　　　　　(b)

图 11-1　高分子结构示意图

（a）晶态聚合物；（b）非晶态聚合物

11.1.2.1　晶态聚合物的结构

根据"晶区"结构模型的说法，大分子链作非均匀分布，在一些区域呈规则紧密排列而形成"晶区"；在晶区中间还存在着呈蜷曲状无序排列的"非晶区"。由于大分子链长度比晶区和非晶区尺寸大得多，所以每个大分子链往往要穿过几个晶区和非晶区。

聚合物中晶区部分占总重量的百分数称为结晶度。晶态聚合物的结晶度一般为 50%～80%。一般，具有简单分子链（没有或很少支链）的聚合物结晶比较容易；机械变形（如拉丝或轧片）将增加聚合物的结晶度。

晶态聚合物的结晶度高，表示聚合物中分子排列紧密，分子间的作用力增强，这就导致强度、刚度、熔点、密度、耐热性、耐化学性能提高，而与链运动有关的性能，如弹性、韧性、伸长率等则降低。

常见的聚乙烯、聚四氟乙烯、尼龙等都属于晶态聚合物。

11.1.2.2　非晶态聚合物的结构

非晶态聚合物又称为无定性聚合物，如聚苯乙烯、有机玻璃等。

非晶态聚合物结构模型为：在各种长度无规则排列的大分子链结构间，存在着一些排列比较规整的大分子链折叠区，即属于"远程无序、近程有序"结构。这类聚合物没有严格的熔点，冷却时由黏滞液体或熔融状态进入非晶态。

目前聚合物以非晶态下表现出来的性能应用最广。如高分子材料的高弹性等性能，只有在结晶度小时才能充分表现出来，所以一般不以结晶度为准则来判断聚合物的优劣。

11.1.3　高分子材料的基本特性

11.1.3.1　物理性能和化学性能特点

高分子材料的物理性能和化学性能具有以下特点：

(1) 高绝缘性。由于聚合物以共价键结合而不能电离，若无其他杂质存在，内部也无可移动的电子，从而使其具有良好的绝缘性能。塑料、橡胶等高分子材料是电机、电子工业中必不可少的绝缘材料。

(2) 高化学稳定性。聚合物中牢固的共价键结合使大分子链不易破坏，无自由电子，不会受电化学腐蚀。因此，高分子材料的化学稳定性好，在酸、碱等溶液中表现出优异的耐腐蚀性能。例如，硬质聚氯乙烯可用于35%盐酸容器或输送氯气的管道。

但某些高分子材料在某些特定溶剂中会发生溶解，或发生"溶胀"，使尺寸增大，并使性能恶化。例如，聚碳酸酯在四氯化碳中的溶解以及天然橡胶在油中的溶胀等。

(3) 高热膨胀性。高分子材料的线膨胀系数大，为金属的3~10倍。例如，热塑性塑料为 $(6~20) \times 10^{-5}/℃$，热固性塑料为 $(2~5) \times 10^{-5}/℃$，而钢为 $1.2 \times 10^{-5}/℃$。

这是因为高分子材料受热时，分子间结合力减小使分子链柔顺性增大的缘故。因此，与金属件紧密结合在一起的高分子材料制品的设计工作中应予以注意，否则将会因线膨胀系数相差过大而造成开裂、脱落或松动。

(4) 低耐热性。耐热性指材料在高温下长期使用而保持性能不变的能力。在受热过程中，大分子链容易发生链段或整个分子链移动，导致材料软化或熔化，故其耐热性差。

塑料的耐热性是指在高温下保持高硬度和高强度的能力。当温度接近 T_g（非晶态）或 T_m（晶态）时，塑料就会软化变形或熔化而不能使用。T_g 或 T_m 越高，则塑料的耐热性能越好，如聚氯乙烯的热变形温度仅为55~75℃，聚碳酸酯为130~140℃。

橡胶的耐热性是指在高温下能保持高弹性的能力。显然，T_f 越高，则使用温度越高，其耐热性就越好。如天然橡胶最高使用温度为120℃，氟橡胶可达300℃。

(5) 低导热性。高分子材料内部无自由电子，且分子链互相缠绕在一起，受热时不易运动，故导热性差，约为金属导热性的1/100~1/1000。例如，钢为189kJ/（m·h·℃），铜为1386kJ/（m·h·℃），而塑料只有0.84~2.51kJ/（m·h·℃）。

对于要求散热的摩擦零件，导热性差是缺点。但某些情况下，又是优点，高分子材料在热、声作用下分子不易振动，使其具有良好的绝热、隔音和减震的性能。

(6) 燃烧性。高分子材料的碳、氢均为易燃元素，当形成制品后耐燃烧性分为三类：在空气中易燃烧的有聚乙烯、ABS、聚甲醛、有机玻璃等；缓慢燃烧的有聚碳酸酯、尼龙等；难燃烧的有聚氯乙烯等；完全不燃烧的有氟塑料。

11.1.3.2　力学性能特点

高分子材料的力学性能特点如下：

（1）低强度和高比强度。高分子材料的分子链排列不规则，内部含有大量杂质、空穴和微裂纹，所以其强度比金属低得多，即使是玻璃纤维增强尼龙，抗拉强度也仅相当于普通灰口铸铁。因此，成为高分子材料作为工程结构材料使用的最大障碍之一。但由于其密度小，如塑料一般为 $0.9 \sim 2.3 \text{g/cm}^3$，仅为钢铁的 1/8～1/4，所以其比强度并不比金属低。这对于要求减轻自重的装置有着特殊重要的意义。

（2）高弹性和低弹性模量。高弹性是高分子材料所特有的性能。轻度交联的聚合物在 T_g 以上具有弹性变形大、弹性模量小的特性，且弹性模量随温度升高而增大。橡胶是典型的高弹性材料，其弹性模量约为金属的 1/1000；塑料因其使用状态为玻璃态，故无高弹性，但其弹性模量仅为金属的 1/10。

（3）高耐磨性。聚合物的硬度比金属低，但其耐摩擦和磨损的性能远比金属好，尤其是塑料更为突出。塑料的摩擦系数低，像尼龙、聚四氟乙烯等本身就具有良好的自润滑性能，成为制造轴承、齿轮、轴套等摩擦磨损零件的良好材料。至于橡胶，则适合于制造要求较大摩擦系数的耐磨零件，如汽车轮胎等。

（4）塑性和韧性。聚合物的塑性相对较好，如橡胶和热塑性塑料。热塑性塑料的冲击韧性较好，但由于强度低，所以冲击韧性比金属小得多，成为高分子材料作为工程结构材料使用的主要问题之一。

（5）蠕变。高分子材料在室温下承受力的长期作用，因大分子链原来的蜷曲、缠结状态改变为伸直状态，从而发生不可回复的塑性变形，称为蠕变。它与金属材料的蠕变不同，金属材料只有在较高温度时才会发生明显的蠕变。高分子材料的蠕变是它作为结构材料使用时必须解决和考虑的问题。

11.1.3.3 高分子材料的老化

老化是一种复杂的至今尚未完全清楚的变化过程。目前认为老化原因有两种情况：其一，进一步交联，高分子化合物由线型变为网体型，使材料变硬、变脆及开裂，如橡胶轮胎长期使用后失去弹性，产生龟裂而报废；其二，进一步裂解，聚合度减小，分子量明显降低，使材料变软、发黏，如乳胶手套长期使用发黏失去弹性等。

老化是影响高分子材料使用寿命的关键问题，高分子材料抵抗老化的性能又称为耐气候性。为防止高分子材料过早老化，除了选用结构稳定的高分子化合物外，还可在材料中添加各种防老化剂（如炭黑），也可对高分子材料进行表面处理，如镀金属或喷涂料等作为防护层。

防老化问题实质上是提高材料使用寿命的问题。但经过一段时间后，高分子材料终究要失效破坏。高分子材料（尤其是塑料）日益广泛的应用，随之而来的数量巨大的废弃物也不断进入垃圾行列，污染环境，造成新的环境公害。

现在人们正从两方面着手解决这一十分迫切的问题：一是针对废塑料难以分解的特点，从改变塑料生产配方和工艺入手，研制新型材料；二是加强废物利用。

目前已研制成功几种新型塑料，如掺入玉米淀粉制成的淀粉塑料可经微生物完全分解，可在水中溶解而消失的水溶塑料，可吸收太阳紫外线迅速分解的光解塑料等。此外，用甘蔗渣、玉米秆、麦秸、稻草等粉碎后加上特制胶压制成快餐盒，可代替目前正广泛使用的几百年也不分解的聚苯乙烯快餐盒，使用后可粉碎作为饲料，污染我国环境的一大公害有望得到解决。

热塑形塑料可反复加工使用，制成新的塑料制品。此外，有资料报道：国内利用废旧聚乙烯、聚丙烯生产燃油的技术已得到应用，据介绍 1t 废弃塑料可生产 800kg 燃油，其中直馏汽油约 240kg；日本钢管公司用废弃塑料加工成直径 6mm 的颗粒，代替焦炭作为炼铁原料。

11.1.4　高分子材料的分类

高分子材料的分类方法如下：

（1）按化学组成分类，可分为碳链有机高分子（大分子主链全部由碳原子组成）、杂链有机高分子（主链中除碳原子外，还含有氧、氮、硫、磷等原子）和元素有机高分子（主链不一定含有碳原子，而由无机元素硅、钛、铝、硼等原子和有机元素氧原子等构成）三类。

（2）按大分子链的几何形状分类，可分为线型、支链型和网体型三类。

（3）按大分子链的空间排列特点分类，可分为无定形和晶态两类。

（4）按热行为及成形工艺特点分类，可分为热塑性聚合物和热固性聚合物两类。加热软化或熔融而冷却时固化，该过程可反复进行的聚合物称为热塑性聚合物。加热加压成形后不能重新熔融或改变形状的聚合物称为热固性聚合物。

（5）按实际应用分类，可分为塑料、橡胶、纤维、胶黏剂和涂料等。

11.2　陶瓷材料

传统上"陶瓷"是陶器和瓷器的总称，后来发展到泛指整个硅酸盐材料，包括玻璃、水泥、耐火材料及陶瓷。现代科学的发展不仅已将氧化物、碳化物、氮化物、硅化物、硼化物等固体材料划入陶瓷的范围，甚至将陶瓷相和金属（或合金）组成的材料也列入陶瓷的范畴。从形态上有玻璃、烧结体、薄膜、粉料等。从功能上讲有结构陶瓷和功能陶瓷[4]。

在许多方面，陶瓷的性能产生了重大的突破，其应用已渗透到各类工程和技术领域之中。陶瓷作为各种无机非金属材料的通称，同金属和高分子材料一起，成为现代工程材料的重要支柱。

11.2.1　陶瓷的基本相结构

陶瓷材料的生产工艺与金属材料不同，它首先以粉状原料组成的坯料成形坯件，脱水干燥后进行烧结而成陶瓷制品。工艺因素对制品的组织和性能影响很大，陶瓷结构中同时存在晶体相和玻璃相，并存在一些气相。

11.2.1.1　晶体相

晶体相是陶瓷的主要组成相，对性能的影响也最大，它的结构、数量、形态和分布，决定了陶瓷的主要特点（如强度、硬度、耐热性等）和应用。

陶瓷中的晶体相一般有硅酸盐、氧化物和非氧化物等三种。

（1）硅酸盐。硅酸盐的结合键为离子键和共价键的混合键。构成硅酸盐的基本单元是硅氧四面体 $[SiO_4]$，一个硅原子被四个氧原子所包围，如图 11-2 所示。

[SiO₄] 可以数个连在一起呈岛状，也可以很多连在一起呈链状，还可以形成立体结构呈架状。由于较复杂的硅酸盐结构和性质与聚合物有某些相似之处，因而把它们称为无机高分子化合物。

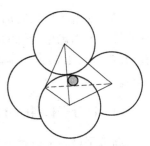

图 11-2　硅氧四面体

（2）氧化物。陶瓷本质上是金属和非金属元素的化合物构成的非均匀固体物质，但氧化物是大多数陶瓷尤其是特种陶瓷的主要晶体相。几种简单类型的重要氧化物为 AO、AO₂、A₂O、ABO₃、AB₂O₄，其结构的共同特点是：尺寸较大的氧离子作紧密堆集（如面心立方、密六方等），较小的金属正离子则填充在它们的空隙之中。

（3）非氧化物。非氧化物指不含氧的金属碳化物、氮化物、硼化物、硅化物等。它们是特种陶瓷，特别是金属陶瓷的主要结晶相。

金属碳化物大多数是共价键和金属键之间的过渡状态，以共价键为主。有两种结构类型：具有简单结构的间隙相（如 TiC）和具有复杂结构的间隙化合物（如斜方结构 Fe₃C、立方结构 WC 以及复杂结构的 Fe₃W₃C 等）。

氮化物结合键与碳化物相似，有一定程度的离子键。如 BN 属于六方晶格，与石墨结构类似。

硼化物和硅化物结构相近，为共价键结合。

与有些金属一样，陶瓷晶体相中某些化合物（如 SiO₂）也存在同素异构转变。陶瓷晶体相中也存在着点缺陷、线缺陷和面缺陷。这些缺陷除加速陶瓷的烧结扩散过程外，还影响陶瓷的性能。例如，空位影响陶瓷的电学性能，某些陶瓷的离子导电性能就与其有密切关系。由于陶瓷的结合键力强，位错运动所需能量大，而且位错密度较低不易运动，所以陶瓷脆性较大。

与上面讨论的单一组元（氧化物、硅酸盐等）不同，陶瓷材料大多是由两种以上不同组元形成的。因此，陶瓷材料为多相多晶体。组元之间可形成固溶体、化合物等不同相，也可利用相图来研究这些相的存在条件和变化规律，分析陶瓷成分、组织和性能之间的关系。当为多相时，又可分为主晶相、次晶相、第三相等，但陶瓷材料的物理、化学、力学性能主要是由主晶相决定的。

11.2.1.2　玻璃相

玻璃相是陶瓷烧结过程中，有关组元和杂质经过一系列的物理化学变化后形成的一种非晶态物质。陶瓷中玻璃相的主要作用是：黏结晶体、填充晶体间的空隙，提高陶瓷制品的致密度；降低烧结温度，加速烧结过程、阻止晶粒长大；使制品获得一定程度的玻璃特性（如透光性等）。但是，玻璃相的存在，使陶瓷制品的机械强度下降，热稳定性变差、脆性增大。如果玻璃相中渗入金属离子（如 Na⁺、Ca⁺、Mg²⁺ 等）还会使很强的硅—氧链受到削弱和破坏，使玻璃相的结构变得疏松，其电绝缘性能下降。因而陶瓷制品中，玻璃相的含量（质量分数）应适当控制，普通陶瓷一般为 20%～40%，特种陶瓷应尽量减少和避免玻璃相的出现。

11.2.1.3　气相

气相是陶瓷生产过程中产生并残留在制品组织中的气孔。除需要保留较多开口气孔的过滤陶瓷之外，气孔对陶瓷的性能都会产生不良的影响。

气孔的存在，降低了陶瓷制品的致密度和机械强度。气孔实质上是隐藏在陶瓷制品内部的缺陷，容易引起应力集中，进一步增加了陶瓷的脆性。气孔还使陶瓷制品的介电损耗增大，电击穿强度下降。因此，降低陶瓷制品的气孔率是提高其质量的一个重要措施。一般陶瓷制品的气孔率应低于10%，特种陶瓷的气孔率应控制在5%以下，金属陶瓷则应低于0.5%。

11.2.2　陶瓷的性能特点

11.2.2.1　力学性能

陶瓷的力学性能特点如下：

（1）刚度。图11-3是陶瓷、低碳钢和橡胶的应力-应变曲线。由图可以看出，陶瓷在外力作用下，不产生塑性变形，经一定弹性变形后直接脆断。其弹性模量为 $10^4 \sim 10^5 MPa(N/m^2)$ 数量级之间。陶瓷的弹性模量对组织不敏感，但随气孔率和温度增高而降低。

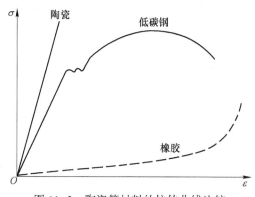

图11-3　陶瓷等材料的拉伸曲线比较

（2）硬度。陶瓷的硬度仅次于金刚石，远高于其他材料的硬度，故其耐磨性能较好。

（3）强度。由于陶瓷内部存在大量气孔，其作用相当于裂纹，在拉应力作用下迅速扩展而导致脆断，故陶瓷的实际抗拉强度比金属低得多。陶瓷在受压时，气孔等缺陷不易扩展为宏观裂纹，故其抗压强度较高，约为抗拉强度的10~40倍。

减少陶瓷中的杂质和气孔，细化晶粒，提高致密度和均匀度，可提高陶瓷的强度。

（4）塑性、韧性（或脆性）。在室温环境下陶瓷几乎不具有塑性，但在高温（约800~1500℃）条件下，陶瓷可能由脆性变为塑性。

由于陶瓷制品难以发生塑性变形，加之气孔缺陷的交互作用，其内部很容易造成应力集中，因而冲击韧性很低，脆性很大。对裂纹、冲击、表面损伤特别敏感，容易发生低应力脆性断裂，成为陶瓷材料用于受力较复杂构件的主要障碍。

11.2.2.2　物理性能、化学性能

陶瓷的物理性能和化学性能特点如下：

（1）热性能。陶瓷的热膨胀系数小，热导率低，热容量小，而且随气孔率的增加而降低，故多孔或泡沫陶瓷可作为绝缘材料使用。

陶瓷的熔点高于金属（大多在2000℃以上），在高温下不仅保持高硬度，而且基本保

持其室温下的强度。具有高蠕变抗力和抗氧化性能，故广泛用作高温材料。例如，制造火箭和导弹的雷达防护罩、发动机燃烧喷嘴、高温观察窗、冶金坩埚、炉膛等。但陶瓷承受温度急剧变化的能力差，所以在烧结和使用时应注意缓冷和缓慢加热。

（2）电性能。大部分陶瓷有较高的电阻率、较小的介电常数和损耗，可用作绝缘材料，如电气工业中的绝缘子、电容器等。此外，材料科学的不断发展，已出现了具有各种电性能的陶瓷，例如半导体陶瓷、压电陶瓷、热电陶瓷等，现已成为无线电技术和高科技领域中不可缺少的材料。

（3）磁性能。铁氧体（又称磁性瓷）作为重要的非金属磁性材料，用作磁芯、磁头等。

（4）光学性能。玻璃纤维可用作光通信传输介质，红宝石可作为固体激光材料，以及某些陶瓷可作为光敏电阻材料等。

（5）化学稳定性。陶瓷中金属正离子被四周非金属氧离子所包围，结构非常稳定，故在高温下不会氧化，并对酸、碱、盐有很好的抗蚀能力，可用作化工生产中的重要材料。某些陶瓷还能抵抗熔融金属的侵蚀，如 Al_2O_3 坩埚在 1700℃ 高温下不污染金属而保持高的化学稳定性。

综上所述，陶瓷的突出优点是结构稳定，具有优良的耐热、耐燃、耐腐蚀和电绝缘性能，高的硬度、耐磨性和抗压能力。其突出缺点是脆性大、抗拉强度低、耐急冷急热性较差。

11.2.3　常用陶瓷材料

11.2.3.1　普通陶瓷

普通陶瓷是用黏土、长石、石英为原料配制成型，经过烧结而成的。其组织中以莫来石（$3Al_2O_3 \cdot 2SiO_2$）为主晶相，占 25%～30%；次晶相为 SiO_2；玻璃相占 35%～60%；气相小于 10%。

这类陶瓷质地坚硬，绝缘性、耐蚀性、工艺性好，可耐 1200℃ 高温，且成本低廉、历史悠久，是各类陶瓷中用量最大的。除了日用陶瓷之外，广泛应用于电气、化工、建筑、纺织等工业部门，如绝缘用电瓷、耐酸碱要求不高的化学瓷以及承载要求较低的结构零件用瓷。

11.2.3.2　特种陶瓷

A　氧化物陶瓷

a　氧化铝陶瓷

氧化铝陶瓷是含 Al_2O_3 质量分数在 75% 以上的一类特种陶瓷，是特种陶瓷中应用最广的品种。

根据 Al_2O_3 的含量可以分为 75 瓷、95 瓷、99 瓷，它们分别含 Al_2O_3 质量分数为 75%、95%、99%。这类陶瓷的组织为莫来石晶体或刚玉（Al_2O_3）晶体及少量的气相。随 Al_2O_3 含量的增加，莫来石数量减少。通常含 $w(Al_2O_3) > 95\%$ 的陶瓷属于刚玉陶瓷，在氧化铝陶瓷中性能最佳。

与普通陶瓷相比，氧化铝陶瓷尤其是刚玉瓷的结构稳定、致密，强度高 2～6 倍，硬度仅次于金刚石、碳化硼、立方氮化硼和碳化硅而居第五位。它具有很高的耐热性，能在 1600℃ 以下长期使用，短时使用温度为 1980℃，氧化铝陶瓷有优良的电绝缘性和耐蚀性。每毫米厚度可耐 800V 以上的高压，在酸、碱和其他的腐蚀介质中能安全工作。此外，氧化铝陶瓷的原料丰富、分布范围广。氧化铝陶瓷的缺点是它的脆性大，耐急冷急热性能差。

氧化铝陶瓷广泛用于各类高温、耐蚀和电气绝缘工程中。如盛装高温熔体的容器、热电偶的保护套管、化工反应炉管、高压电气元件等。在机械工程中，用作某些精密、高速切削刀具、磨料、耐热、耐蚀、耐磨零件，拉丝模、量规、泵件等。

b 氧化锆陶瓷

氧化锆（ZrO_2）陶瓷呈弱酸性，导热系数很小，耐热性高，可在 2000～2200℃温度范围内使用，有良好的耐蚀性。这种陶瓷还可以加入少量碱金属氧化物或稀土金属氧化物进行韧化处理，其力学性能显著改善。它的热膨胀曲线和铸铁、铝相近。因此，氧化锆陶瓷除用于制造高温耐火坩埚、发热元件、炉衬、反应堆材料和防护涂层外，还可以用来制造与金属构件连接，又要求耐热、绝热的机械零部件，如气缸套等。

c 氧化铍陶瓷

氧化铍（BeO）陶瓷的导热性好，热稳定性优良，消散高能辐射的能力强，但强度较低。这种陶瓷可用于制造真空陶瓷、熔化纯金属的坩埚和原子能反应堆的材料。

d 氧化铀、氧化钍陶瓷

氧化铀（UO_2）、氧化钍（ThO_2）陶瓷具有很高的熔点、密度，并有放射性。这两种氧化物陶瓷主要用于制造熔化难熔金属铂、铑的坩埚，核动力反应堆的发热元件。

e 氧化镁陶瓷

氧化镁（MgO）陶瓷是一种碱性陶瓷，导热性好，熔点高，但热稳定性差。主要用于制造高温坩埚和炉衬材料。

B 非氧化物陶瓷

a 氮化硅陶瓷

氮化硅（Si_3N_4）陶瓷是共价键结合的六方晶体，原子间结合十分牢固，一般用反应烧结法和热压烧结法生产。

热压烧结法是将氮化硅粉料和少量的氧化镁添加剂置于石墨质模具内，在 1600～1700℃的高温和（200～300）×10^5Pa(200～300 大气压) 下成型烧结。反应烧结法是用一定比例的硅粉和氮化硅粉混合料，按一般陶瓷成形方法成形后，在 1150～1200℃温度下进行预氮化，使坯体产生一定的强度。然后进行切削加工得到符合规定的尺寸精度，再在 1350～1450℃温度下进一步氮化，使坯体中所有硅粉全部转变为氮化硅，坯体的强度和致密度进一步提高，形成尺寸相当精确的氮化硅陶瓷制品。

氮化硅陶瓷具有良好的热稳定性、耐磨性和耐热性，是制造高温轴承、燃气轮机叶片、测量金属液温度的热电偶保护套管的理想材料。

b 氮化硼陶瓷

氮化硼（BN）是用硼砂、尿素在高温等离子氮气加热下合成的。属于六方晶系，其晶格与石墨相似，有"白石墨"之称。它的耐热性、热稳定性、高温（约 2000℃）电绝缘性和自润滑性能优良，化学稳定性好，能抗熔融金属的侵蚀。但硬度较低。如果以碱金属或碱土金属为触媒，在 1500～2000℃、（6～9）×10^9Pa(6～9 万个大气压) 下，六方氮化硼可转变成立方氮化硼。立方氮化硼的结构更为牢固，硬度接近于金刚石，是现已开发的陶瓷材料中硬度最高的。

六方氮化硼陶瓷常用于制造高温热电偶的保护套管、熔炼半导体的坩埚、绝缘元件。它的硬度低，可以进行切削加工，也可以制成自润滑的高温轴承、玻璃成形模具。立方氮化硼陶瓷可作为优良的磨料和高速切削刀具，由于其成本较高，目前尚不能广泛使用。

c　碳化硅陶瓷

碳化硅（SiC）为共价键结合，通常的碳化硅陶瓷以六方晶系为主晶相。碳化硅具有很高的高温强度和热稳定性。即使在 1400℃ 的高温下也能保持 $500 \sim 600MPa(N/m^2)$ 的抗弯强度。它的硬度高，耐热性好，导热性仅次于氧化铍，还具有良好的耐蚀性和抗高温蠕变的性能。

碳化硅陶瓷常用于制造火箭尾喷管的喷嘴、浇注金属液用的喉嘴、热电偶保护套管、炉管、炉板、热交换器件、核燃料的包封材料、泵的密封圈等。目前还试用于制造燃气轮机的叶片、轴承等零件。

11.3　复合材料

11.3.1　复合材料的概念

复合材料应用的历史已十分悠久，远古人类就应用复合材料。然而作为材料科学中的一个专门学科不过几十年的时间。

现代社会的发展对于材料的要求越来越高，在结构材料上，不但要求高强度等力学性能，且要求重量轻，甚至要求具有功能材料特性。复合材料能够很好地满足这种发展的要求。

复合材料的观念出现在 20 世纪 50 年代，有许多定义，但是归纳起来可认为：复合材料是由两种以上具有不同物理及化学性能，形态上也不同的材料经过人工复合制成的一种新的多相材料[5]。

现代科学技术的发展对材料提出了许多特殊的要求，甚至有些构件或零件要求材料同时具有相互矛盾的性能，如既导电又绝热。这对单一材料来说是无能为力的，而采用复合技术，把一些具有不同性能的材料复合起来，就能实现这些要求。这就是本节将要讨论的复合材料。

复合材料一般是由高强度、高模量和脆性很大的强化相（增强材料）与强度低、韧性好、低模量的基体所组成。基体常用树脂、橡胶、金属、陶瓷等；增强材料常用碳纤维、硼纤维以及颗粒和片状物等。复合材料既保持组成材料各自最佳性能，又具有组合后的新特性。

11.3.2　复合材料的分类

生产及生活中，会遇到许多复合材料，种类较多。

复合材料按基体材料不同可分为金属基、陶瓷基、高分子材料基、水泥基等复合材料。目前大量研究和使用较多的是以聚合物材料为基体的复合材料。

复合材料按增强相的种类和形状可分为层叠、纤维、颗粒增强等复合材料，如图 11-4 所示。而发展最快、应用最广的是各种纤维（如玻璃纤维、碳纤维等）增强的复合材料。

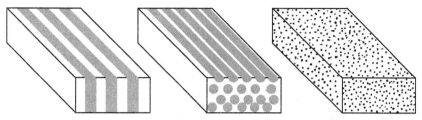

图 11-4　复合材料结构示意图

　　按用途可分为结构复合材料和功能复合材料。结构复合材料主要用材料的力学性能，如强度、刚度等以便承受载荷或变形。功能复合材料是利用材料的电、磁、光等性能以实现能量的变换或功能利用。

　　图 11-5 是铝基以氧化铝纤维增强的复合材料照片；图 11-6 是铝基碳纤维复合材料照片[5]。

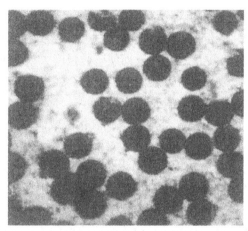

图 11-5　铝基以氧化铝纤维增强的复合材料，OM，×1000

图 11-6　铝基碳纤维复合材料，OM，×500

11.3.3　复合机理简介

11.3.3.1　颗粒增强复合

颗粒增强复合材料主要由基体承受载荷，利用高强度增强颗粒均匀分散在基体相中，阻止基体的变形，从而达到强化的目的。例如，聚合物基体上分布着陶瓷、金属类硬质点，可以阻碍大分子链的运动，使材料的基体得到强化。

复合材料增强颗粒的大小，直接影响增强效果。一般认为，当颗粒直径为 0.01～0.1μm 时增强效果最好；当大于 0.1μm 时，易造成局部应力集中或因本身缺陷多而形成裂纹源，导致强度降低；如果颗粒过小，位错容易绕过颗粒发生运动或对大分子链运动的阻碍作用减弱，当直径小于 0.01μm 时，则易形成固溶体，增强效果大为减弱。

11.3.3.2 纤维增强复合

纤维增强复合材料主要是由纤维承受载荷的。其增强作用能否充分发挥出来，既与基体性质有关，也取决于纤维的排列形式及基体间结合强度等因素。为了达到纤维增强的目的，并不是任何纤维和任何基体都能进行复合。它们必须满足下列条件：

(1) 增强纤维的强度和弹性模量应远远高于基体，这样可以使纤维承担更多的外加载荷。

(2) 增强纤维与基体应做到相互"润湿"，具有一定的界面结合强度，以保证基体所承受的载荷能通过界面传递给纤维。若结合强度过低，犹如在基体中存在大量的气孔群，纤维极易从基体中滑脱，不仅毫无作用，反而使整体强度大大降低；若结合强度过高，纤维不能从基体中拔出，以致发生脆性断裂。适当的结合强度会使复合材料受力破坏时，纤维容易从基体中拔出以消耗更多能量，从而避免脆性破坏。

为了提高纤维与基体的结合强度，常用空气氧化法或硝酸处理纤维，使其表面粗糙，以增加两者之间的结合力。

(3) 增强纤维的排列方向应与构件受力方向一致，才能充分发挥增强作用。

(4) 增强纤维和基体的热膨胀系数要匹配，相差过大则在热胀冷缩过程中引起纤维和基体结合强度的降低。

(5) 增强纤维和基体之间不能发生使结合强度降低的化学反应。

(6) 增强纤维所占体积分数越高、纤维越长、越细，则增强效果越好。

11.3.4 复合材料的性能特点

复合材料的性能特点如下：

(1) 比强度和比模量高。复合材料的比强度、比模量比钢大几倍。比强度越大，在同样强度下零件的自重可以越小；比模量越大，在模量相同条件下零件的刚度越大。这对要求减轻自重和高速运转的零件或构件是非常重要的。

(2) 良好的抗疲劳性能。多数金属材料的疲劳极限只有抗拉强度的 40%～50%，这是因为金属材料疲劳破坏时，裂纹沿拉力方向迅速扩展而造成的断裂趋向是不改变的。而碳纤维增强复合材料可达到抗拉强度的 70%～80%，这是因为这种复合材料对缺口、应力集中敏感性小，纤维对基体的分割作用能够阻碍裂纹扩展和改变扩展方向，使裂纹扩展路途更为曲折，从而显著提高其疲劳极限。

(3) 破损安全性好。纤维复合材料中存在大量独立的纤维，平均每平方厘米截面上有几千到几万根纤维，即使一部分纤维产生断裂时，其应力会迅速重新分布到未破坏的其他纤维上，使零件不会造成突然断裂。

（4）减摩、耐磨和自润滑性能好。例如，聚四氟乙烯（或聚甲醛）和多孔青铜、钢板组成的三层复合材料，同时具有增强、摩擦系数低、油吸附作用和自润滑性能，成为滑动轴承的良好材料。

（5）工艺性和可设计性好。大多数金属材料必须经过多次加工方能成为能够使用的构件或零件，而复合材料可一次整体成形。通过调整增强材料的形状、排布、含量，可以满足构件的强度、刚度等性能要求，从而使其具有良好的工艺性和可设计性。

此外，复合材料具有优良的高温性能和减震性能，化学稳定性好，具有隔热、耐烧蚀和电、光、磁等特殊性能。

当然，复合材料和其他材料一样，也会有许多不足之处，如增强塑料层间剪切强度较低，韧性比较差，产品质量不易控制等。但尽管有这些缺点，它们的应用仍与日俱增，一是因其优良的性能；二是随着科学技术的发展正在不断得到解决和改善。

11.3.5 常用复合材料

11.3.5.1 塑料基复合材料

A 玻璃纤维-树脂复合材料

玻璃纤维-树脂复合材料是以玻璃纤维或玻璃纤维制品（如玻璃布、玻璃带、玻璃毡等）为增强材料，以合成树脂为基体制成的复合材料。

玻璃纤维是将熔化的玻璃液以极快的速度拉制成细丝（直径一般为 $5\sim9\mu m$），质地柔软，且纤维越细强度越高。其比强度和比模量都比钢高。

玻璃纤维增强材料分为长纤维和短纤维两类。长纤维在增强塑料中以平行成束排列，并被树脂包围；短纤维则均匀不定向地分布于树脂之中。

B 碳纤维-树脂复合材料

碳纤维增强材料与树脂基体组成的材料称为碳纤维-树脂复合材料，或称为碳纤维增强塑料。

目前用于制造碳纤维增强塑料的树脂主要有聚酯、酚醛、环氧、聚四氟乙烯等。

碳纤维原料多为聚丙烯腈纤维，经 $200\sim300\,^{\circ}\!C$ 空气中加热并施加一定张力进行预氧化处理，在 $1000\sim1500\,^{\circ}\!C$ 氮气保护下进行碳化处理而成。这种碳纤维含碳量（质量分数）为 $85\%\sim95\%$，具有高强度而称为高强度碳纤维或 II 型碳纤维。如果将碳纤维在 $2500\sim3000\,^{\circ}\!C$ 高温下于氩气中进行石墨化处理，碳含量（质量分数）将达到 98% 以上，具有高弹性模量、高强度，称为高模量碳纤维或 I 型碳纤维。

与玻璃纤维相比，碳纤维密度更小，弹性模量比玻璃纤维高 $4\sim6$ 倍，强度略高。所以比强度和比模量均高于玻璃纤维，同时具有较好的高温性能。其缺点是脆性大、易氧化、与基体结合力差。

由此可见，碳纤维增强塑料和玻璃钢的基体相似，但由于碳纤维的优异性能，使其性能优于玻璃钢。它具有低密度、高强度、高弹性模量、高比强度和高比模量。而且还具有优良的抗疲劳性能、耐冲击、自润滑、减摩耐磨、耐蚀和耐热等性能。

在机械工业中，碳纤维增强塑料广泛用于制造承载、耐磨等零件，如轴承、密封圈、齿轮等。齿轮是最重要和用量最大的机械零件之一，用碳纤维增强塑料制作齿轮，其力学性能完全可以达到金属齿轮的设计要求，且重量轻，其最重要的优点是无需润滑，从而减少维修工作量；用塑料加碎碳纤维制作的轴承抗磨蚀性能特别好；用碳纤维与聚四氟乙烯层压制成的密封圈耐蚀、耐热、耐磨，适用于制作化工泵、高压泵和液压系统的动力密封装置。

目前，汽车工业的高速发展要求有质轻和多能的轻型结构材料，碳纤维增强塑料是较为理想的材料之一。以下几方面已得到应用：发动机系统中的连杆、推杆、摇杆、水泵叶轮；传动系统中的传动轴、离合器片；底盘系统中的悬置件、框架、散热器；车顶内外衬、地板、侧门等。在化学工业中可用作压力容器、泵阀、管道等。此外，在航空、航天、国防工业中都得到了应用。

C　硼纤维-树脂复合材料

硼纤维-树脂复合材料是以环氧树脂、聚酰亚胺等树脂为基体材料，硼纤维为增强材料的一种新型复合材料，也称为硼纤维增强塑料。硼纤维的熔点为2050℃，抗拉强度和玻璃纤维相近，但弹性模量为玻璃纤维的5倍。

硼纤维增强塑料各向异性非常明显，其纵向横向的抗拉强度、弹性模量差值高达十倍至几十倍。因此，多采用多向叠层复合材料。为了提高层间剪切强度，常采用加短纤维或陶瓷晶须的复合方式。

此外，硼纤维加工制造比较困难，成本昂贵。目前硼纤维增强塑料的应用远不如玻璃纤维和碳纤维增强塑料普遍，只在航空工业上少量应用。

D　晶须增强复合材料

晶须增强复合材料是以晶须代替纤维增强材料组成的复合材料。晶须又称为纤维状晶体，是自由长大的金属或陶瓷型针状单晶，直径为几个微米，长度为几个毫米，其抗拉强度可达 $(2\sim2.8)\times10^5$MPa(N/m^2)。所以用它作为增强材料的复合材料性能特别优良。但由于晶须制造成本高，目前多应用于尖端工程中。

E　Kevlar 有机纤维-树脂复合材料

Kevlar 有机纤维又称为芳纶纤维或聚芳酰胺纤维，是一种高强度、高模量、耐高温的新型合成纤维。Kevlar 有机纤维-树脂复合材料是由芳纶纤维和环氧、聚乙烯、聚碳酸酯、聚酯等树脂组成。其中常用的是芳纶和环氧组成的复合材料，抗拉强度大于玻璃钢，与碳纤维—环氧复合材料相似；耐冲击性超过碳纤维增强塑料；同时具有优良的疲劳抗力和减震性能。主要用作航空、航天方面的结构件；该纤维与橡胶复合时，可用作轮胎的帘子线。

11.3.5.2　金属基复合材料

金属基复合材料是指增强材料与金属基体组成的复合材料。它克服了单一金属及其合金在性能上的某些缺点；与目前广泛应用的树脂基复合材料相比，具有横向力学性能好、层间剪切强度高、冲击韧性好等特点。此外，它还具有工作温度高、耐磨、导电、导热、不吸湿、尺寸稳定、不老化和力学性能再现性好等方面的优点。

作为复合材料两大类别之一的金属基复合材料的研制成功，给科学技术尤其是航空、航天事业的发展带来重大的变革。然而，金属基复合材料制造工艺复杂，价格较贵，目前在发展水平上还落后于树脂基复合材料。

金属基复合材料是通过高强第二相得到增强的，其材料种类很多。根据增强相的形状是一维（纤维）、二维（薄片）、三维（颗粒），分别有纤维增强金属复合材料、层叠金属复合材料、颗粒增强金属复合材料。

上述三类复合材料具有各自的特点，其性能与应用范围也各不相同。其中纤维增强金属复合材料是最有发展前途的金属基复合材料。

纤维增强金属复合材料是由高强度、高模量的脆性纤维和具有较好韧性、低强度的金属组成。常用纤维为硼纤维、碳纤维、碳化硅纤维；常用基体金属为铝及铝合金、铜及铜合金、银、铅、镁合金、钛合金、镍合金等。

A 纤维增强金属复合材料

硼纤维-铝（或合金）复合材料是金属基复合材料中研究最成功、应用最广的一种复合材料，它是由硼纤维和纯铝、变形铝合金铸造铝合金组成。其性能优于硼纤维-环氧树脂复合材料，也优于铝合金。它具有高抗压强度、剪切强度、疲劳极限和高的模量。主要用于制造飞机或航天器蒙皮、大型壁板、长梁、航空发动机叶片等。

纤维-钛合金复合材料是由硼纤维、碳化硅改性硼纤维及碳化硅纤维与 Ti-6Al-4V 钛合金组成。具有高强度、高弹性模量、高耐热性、低密度、低热膨胀系数的特点，是理想的航空、航天用结构材料。

纤维-铜（或合金）基复合材料主要是由石墨纤维和铜或铜镍合金组成。石墨纤维表面镀铜或镀镍后再镀铜，可增强石墨纤维和基体的结合强度。这类复合材料具有高强度、高导电性、高耐磨性、低摩擦系数，以及在一定温度范围内的尺寸稳定性。用于制作高负荷的滑动轴承、集成电路的电刷、滑块等。

B 层叠金属复合材料

层叠金属复合材料是由两层或多层不同金属组成的。层与层之间通过轧合、挤压、熔合、爆炸焊、钎焊等工艺方法相互结合在一起，并获得不同于各组成金属性能的理想性能。

最简单的层叠金属复合材料为双金属片，利用两种金属的不同热膨胀系数，形成可控制的能再现随温度变化而引起的变形，用于温度自动调节器，从而达到控温目的。

C 颗粒增强金属复合材料

颗粒增强复合材料是由悬浮在金属基体材料内的一种或多种材料的颗粒所组成的复合材料。其增强效果受颗粒直径的影响，一般认为增强颗粒直径以 $0.01 \sim 0.1 \mu m$ 为最佳。

陶瓷相（主要为氧化物、碳化物）颗粒与金属（主要是镍、钛、铬、钴、钼、铁等）基体组成的金属陶瓷，是典型的颗粒增强复合材料。其最突出的优点是高硬度、高强度、耐磨损、耐高温、耐腐蚀、膨胀系数小等，是耐磨工具和切削工具的优良材料。

复习思考题

11-1 简述高分子化合物的含义和组成特点。

11-2 简述陶瓷材料的种类。

11-3 简述复合材料的含义和分类。

参 考 文 献

［1］温树林，马希聘，刘茜，等. 材料科学与微观结构［M］. 北京：科学出版社，2007.

［2］肖纪美. 金属材料学的原理和应用［M］. 包头：包钢科技编辑部，1996.

［3］胡赓祥，蔡珣. 材料科学基础［M］. 上海：上海交通大学出版社，2004.

［4］肖纪美. 材料应用和发展［M］. 北京：宇航出版社，1988.

［5］王玲. 赵浩峰，等. 金属基复合材料及其浸渗制备的理论与实践［M］. 北京：冶金工业出版社，2005.

12 金属材料系统

（本章课件及扩展阅读）

12.1 金属及合金复杂系统

12.1.1 金属及合金系统

金属及合金作为一个复杂系统是由许多子系统组成的。以钢为例，钢作为复杂系统包含的子系统如下[1]：

（1）溶质系统。可加入钢中的元素有 Fe、C、Si、Mn、Cr、Ni、Mo、W、Ti、V、Co、Nb、Cu、Al、B、S、P、O、H、N、RE、Pb、Ca、Sb 等 20 多种，它们在钢中的溶解度不同，有无限溶解的，有限溶解的；有大量溶解的、少量溶解的和微量溶解的。每一种固溶的化学元素都是组成钢的一个要素，元素的种类和数量决定钢的组织结构和性能。有色合金以此类推。

（2）复相系统。任何钢实际上都是复相的，单相钢是简化后的特例。钢中存在多种相结构。常见的有铁素体、奥氏体、马氏体、渗碳体、金属化合物、合金碳化物、氮化物、硼化物、非金属夹杂物、石墨等，是具有形形色色的晶体结构的相。有时还有气体相，如 H_2。每一种相都是组成此复相系统的一个要素。各种相构成钢的组织，决定钢的性能。

（3）组织系统。以基本相为要素组成各种组织，其中有单相组织，如铁素体组织、奥氏体组织、马氏体组织等；也有复相组织，如珠光体组织、贝氏体组织、回火马氏体组织、魏氏组织、索氏体组织、托氏体组织、粒状组织、莱氏体组织、郁氏体组织、时效组织等，他们是各种相构成的整合组织。

（4）晶体系统。金属是晶体，钢也是晶体，而且是多晶体，虽然有时在特殊条件下也处于非晶状态。但一般状态下由晶粒组成，晶粒是原子排列成的晶格构成的。晶格分为体心立方晶格、面心立方晶格、体心正方晶格、密排六方晶格、斜方晶格等，还有 G-P 区、Cottrell 气团等结构。钢时常处于多种晶格的匹配状态，尤其是高碳高合金钢，无论处于什么热处理状态都是由具有多种晶格结构的相组成的整合系统。

12.1.2 系统的特征

作为复杂系统的金属材料，具有如下基本特征：

（1）组成要素的多体性[2]。金属及合金是由多体有机结合构成的整体，它们是具有各自的结构和性能的子系统。如钢中的珠光体组织是由体心立方晶格的铁素体和斜方晶系的渗碳体或特殊碳化物组成整合组织，表现了多体性。

（2）空间结构的层次性。上述的溶质系统是复相系统的子系统，相又是组织系统的子系统。可见，复杂系统的钢具有明显的层次性。如由化学元素 C、Si、Mn、Cr、Ni、V、S、P 等的原子构建成各类晶格；由不同成分和晶格的区域组成相；由相组成物构成组织，如由铁素体、渗碳体、奥氏体、合金碳化物、金属间化合物等相构成的各种组织，如珠光体、索氏体、马氏体、贝氏体等；由各种组织构成的各种钢，如结构钢、工具钢、不锈钢等。层次十分鲜明。

（3）非线性相互作用[3,4]。金属及合金是由众多要素非线性相互作用构成的不可积系统。它是系统复杂性的根源，在相变中发挥重要作用。它使金属及合金在外部条件变化时，将微观的起伏，如能量起伏、结构起伏、浓度起伏等予以放大，引发相变，形成新的结构。各个元素、各个相在相变中有机结合，有序配合，发生的相互作用是非线性的。

（4）相变规律的多样性。多种化学元素、多种相结构、多种组织构成的金属材料，具有不同形状的相图，从二元相图到三元相图，越来越复杂，多元相图的建立较为困难。随着温度、压力的变化其相变行为表现了多样性、复杂性。如钢，加热奥氏体化后，在常压下，采用不同的冷却条件，会发生不同的相变过程，如共析分解、贝氏体转变、马氏体相变等一系列复杂的转变。图12-1~图12-3分别为钢中的珠光体、贝氏体、马氏体组织照片[5]。这些组织的钢具有不同的性能。

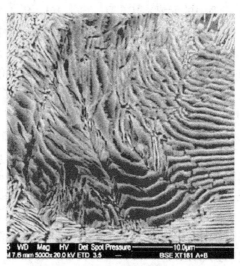

图 12-1　钢中珠光体组织，SEM

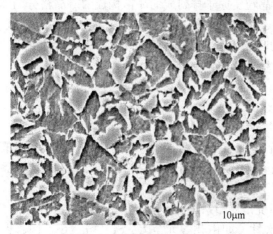

图 12-2　钢的粒状贝氏体组织，OM

图 12-3　钢的板条状马氏体组织，TEM

各相变具有各自的热力学条件、动力学条件、相变规律性和形形色色的相变产物，表现了固态相变的神奇色彩，极为复杂、多样。同时组织结构的改变又使金属性能表现了多样性，不同的性能适应了人类社会的各种需求。

12.2　金属及合金整合系统

如 12.1 节所述，金属及合金是由多元素、多相、多组织、多晶体结构所组成。这些要素不是混合，而是有机的结合，有序的配合，是一个有机的自组织的整体，即称为整合系统。整合系统具有"整体大于部分之总和"的特性和机制。以系统的整体性为基础和前提的有机结合、有序配合或组织化匹配，称为整合[1]。整合系统不同于混合系统。整合一词也广泛用于社会科学，但整合一词出自于自然辩证法，自然辩证法是自然科学哲学。

12.2.1　整合系统与混合系统

金属、合金、钢铁材料以及金属及合金的各种组成相、各种组织都不是混合系统，而是整合系统。如钢中的珠光体，不少的教材和著作中将珠光体定义为"铁素体和渗碳体的机械混合物"，这是错误的。如果各取铁素体颗粒和渗碳体颗粒按一定比例机械地混合起来是珠光体吗？显然不是。珠光体是共析分解的铁素体和碳化物的有机结合体。它们以界面相结合，以一定的比例相配合，是一个相互依赖、相互关联的整体，称为整合组织[4]。

在研究金属及合金或各种材料组织的时候始终要从整体出发，从各个元素、各个相之间的相互整合入手，去揭示内在的本质及其规律性。即使是铁素体球墨铸铁也不能视为铁素体（F）和石墨（G）的机械混合物。

混合系统中各要素具有相对独立性，没有固定的量的比例关系，混合系统的整体性质是各个要素性质的简单的线性叠加，如一堆废钢铁。而金属及合金的性能是其各个组成相的非线性相互作用的结果。

12.2.2　整体大于部分之总和的特点

金属及合金的力学性能和各种物理特性呈现为整体性的表征，具有整体大于部分之总和的特点。现举一例：45CrNi4Mo 钢（德国钢号为 X45CrNiMo4），奥氏体化后，在 640℃等温，珠光体分解的孕育期大于 10^5 s，若将它分成 45Cr、60Ni4、45Mo 3 个部分，其奥氏体共析分解的情况见表 12-1。从表可见，整合系统具有各个组成要素在各自孤立状态下不可能具有的新质，且具有整体大于部分之总和的机制[6]。X45CrNiMo4 钢奥氏体化后，奥氏体中溶有 C、Cr、Ni、Mo 等多种元素，它们相互作用，构成一个有机结合的整体，表现出新的整体性行为，具有各元素在各自单独影响时的新质。

表 12-1　X45CrNiMo4 奥氏体共析分解的情况

部分	相应的钢种	在珠光体"鼻温"处的孕育期/s	结　论
1	45Cr	约 10	Cr 的单独影响
2	60Ni4	约 2	Ni 的单独影响
3	45Mo	约 1	Mo 的单独影响
三部分之总和		约 13	部分的简单叠加值
X45CrNiMo4（整体）		$>10^5$	C、Cr、Ni、Mo 的综合影响，使 $10^5 \gg 13$

12.2.3 相变动力学问题

相变动力学是研究相变速度问题的。各个元素、各个相在相变中有机结合，有序配合，发生的相互作用是非线性的。动力学曲线反映了非线性规律。

相变动力学是相变时的形核率 N_s，核长大速度 v，转变时间 t 和转变量之间的关系的科学。实际上多采用 Avrami 方程描述：

$$f(t) = 1 - \exp\left[-Bt^k \right]$$

式中，B 为一常数，对三维空间 $3 \leqslant K \leqslant 4$。

钢在冷却时发生的固态相变，其形核率和长大速率与转变量之间的关系曲线都有一个极大值，通常呈 C-曲线的形状。但是，钢中的 C-曲线（TTT 图、CCT 图）却是千变万化的，每一种钢都有自己特殊的 C-曲线，即使同一种钢，尤其是高碳高合金钢，奥氏体化温度不同，测得的 C-曲线的形状或位置也是有差别的。

在《钢的奥氏体转变曲线》一书中[7]，列举了 643 幅 TTT 图和 201 幅 CCT 图，有些钢的 C-曲线尚未测出或尚未录入。动力学曲线与奥氏体中的合金元素有关。钢中所有化学元素加起来总共约 20 多种，包括 Fe、C、Si、Mn、S、P、Cr、Ni、W、Mo、V、Ti、Nb、Cu、Co、B、RE、Al、Zr、N、O、H 及其他更微量的元素，如 As、Sb 等。其中，Fe、C、Si、Mn、Cr、Ni、W、Mo、V、Ti、Nb、Cu、Co、B、RE、Al、N 等约 17 种是钢中常用的。O、N、H 属气体杂质。

作为合金元素加入钢中时，每种钢中只有 Fe+C+Me，而合金元素 Me 可以是 1~6 种，但多数是 1~4 种。如 40Cr、35CrMo、W18Cr4V、35CrNiMoV。虽然，钢中合金元素种类和数量不多，但 C-曲线却达到上千种，而且合金元素的种类和数量越多，对钢的动力学曲线影响越复杂。这是由于钢是整合系统，奥氏体中的碳和各种合金元素的相互作用是非线性的，具有整体大于部分之总和的机制，因而呈现千变万化的相变动力学曲线及转变图。图 12-4 总结了钢中的各类 TTT 图。

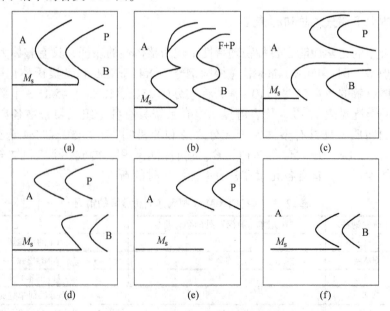

图 12-4　钢中各类 TTT 图示意图

合金元素的不同种类和数量的组合，其整合作用，非线性相互作用，大大提高了奥氏体的稳定性，导致了奥氏体转变动力学曲线千差万别的变化。Cr、Ni、Co 对珠光体转变开始线的影响，如图 12-5 所示，Fe+Cr、Fe+Cr+Co、Fe+Cr+Ni 系统表现了不同的作用。2.5%Ni 使 8.5%Cr 合金的最短孕育期由 60s 增加到 20min。5%Co 使 8.5%Cr 合金的最短孕育期增到 7min。

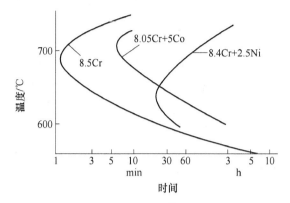

图 12-5 Cr、Ni、Co 对珠光体转变开始线的影响

T8 钢的动力学的 TTT 图如图 12-6 所示。可见其 550℃ 附近具有最快的转变速度，孕育期最短。此温度一般称为 TTT 图的"鼻温"。

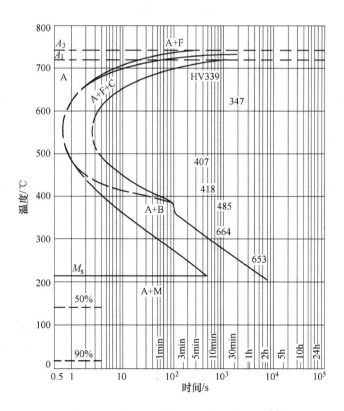

图 12-6 T8 钢的动力学曲线——TTT 图[7]

12.3 非线性相互作用

12.1 节已经叙及，自然界中物质系统的相互作用实际上都是非线性的。金属及合金是由众多要素非线性相互作用构成的不可积系统。相变动力学、相变热力学、相变过程等都是非线性相互作用的结果。线性作用只是实际情况的近似[1]，仅仅是个特例。近代金属科学理论研究中，有时假定各组成要素之间只具有简单的线性关系，割断联系来研究各个部分，并把部分的性质和规律加和起来作为整体的性质和规律。但是，复杂系统各组成要素彼此之间存在着复杂的非线性相互作用，必须以整合的科学思维进行研究。

线性的相互作用只能强化（弱化）原有的功能，只有非线性相互作用才会导致系统向新的有序结构转化。以往将物质视为简单性问题进行研究，虽然成绩斐然，但在理论上留下不少缺憾。20 世纪中叶兴起了自然物质系统的复杂性的系统科学研究。在金属及合金的系统中也有待开展这方面的工作。12.2 节已经提到相变动力学是个非线性问题，以下再举几个例子说明非线性问题研究的必要性。

12.3.1 相变临界点的非线性问题

Fe-C 合金的相变临界点有平衡临界点：A_1，A_3，A_{cm} 等；在非平衡情况下有：A_{c_1}，A_{c_3}，$A_{c_{cm}}$，A_{r_1}，A_{r_3}，$A_{r_{cm}}$，M_s 等。合金元素对临界点的影响是非线性的，但以往大都进行了简化处理，使之呈线性关系。如计算钢的临界点 M_s、A_{c_1} 等，采用了简化的线性处理法。计算马氏体点的公式很多，仅举几例：

$$M_s(℃) = 550 - 361w(C) - 39w(Mn) - 35w(V) - 20w(Cr) -$$
$$17w(Ni) - 10w(Cu) - 5w(Mo + W) + 15w(Co) + 3w(O)$$

$$M_s(℃) = 550 - 361w(C) - 39w(Mn) - 35w(V) - 20w(Cr) -$$
$$17w(Ni) - 10w(Cu) - 5w(Mo + W) + 15w(Co) + 30w(Al)$$

式中，$w(元素)$ 表示该元素的质量分数，%。

从上式可见，把合金元素对马氏体点的影响看成了各个合金元素作用的简单的线性叠加，即马氏体点与合金元素含量呈线性关系，这种计算是近似的，不够准确。

钢的共析点 A_1：

$$A_1(℃) = 723 - 26w(Si) + 20w(Cr) + 8w(W) + 16w(Mo) +$$
$$55w(V) - 14w(Cu) - 18w(Ni) - 12w(Mn)$$

式中，$w(元素)$ 表示该元素的质量分数，%。

从上述例中可见，把钢的临界点视为简单对象，进行线性处理，得出线性方程。用这些方程来进行计算，其结果是不准确的，往往有较大误差。现代热处理技术要求温度控制十分精确，因此，不如直接测定的结果更有使用价值。有的钢的加热温度十分严格，如 X45CrNiMo4 钢的退火温度特别狭窄（620~640℃），靠计算值难以指导热处理实践。

有人将 Fe-C 合金马氏体点处理为线性关系，即随着含碳量的增加，马氏体点降低，如下式[8]：

$$M_s(℃) ≈ 520 - [\%C] × 320$$

　　并且用图 12-7 表示，这是近似的。马氏体点与碳含量之间实际上不是线性关系，而是非线性关系。如图 12-8 所示的实际测得的不同碳浓度的 Fe-C 合金的马氏体点，从图可见马氏体点 M_s 和 M_f 与含碳量并非线性关系。

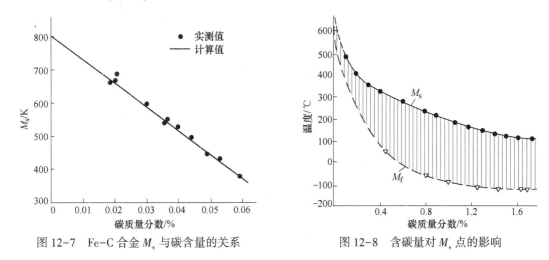

图 12-7 Fe-C 合金 M_s 与碳含量的关系   图 12-8 含碳量对 M_s 点的影响

　　各种合金元素对马氏体点的影响也都是非线性的。图 12-9 所示为合金元素对铁合金马氏体点的影响，可见为非线性关系。实际应用中主要还是采用试验方法测定 M_s 点。如计算 P20 钢的马氏体点为 372℃，应用 ForMaster-Digitol 全自动相变膨胀仪测得 M_s 为 336℃，两者有一定偏差。这个偏差在实际生产中是不可忽视的。

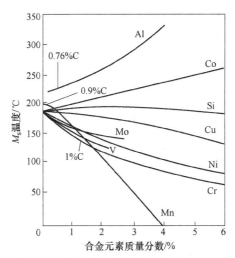

图 12-9 合金元素对铁合金 M_s 点的影响

12.3.2 珠光体片间距与过冷度呈非线性关系

　　珠光体片间距与过冷度之间应当呈非线性关系，如图 12-10 所示[9]。但 Marder 把碳素钢中珠光体的片间距与过冷度的关系处理为线性关系：

$$S_0 = \frac{C}{\Delta T}$$

式中　　C——$C = 8.02 \times 10^3$，nm·K；

　　　　S_0——珠光体的片间距，nm；

　　　　ΔT——过冷度，K。

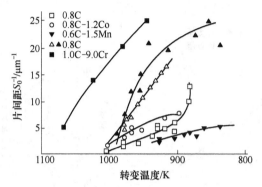

图 12-10　珠光体片间距与形成温度的非线性关系

12.3.3　合金元素对珠光体长大速度的非线性影响

　　钢中奥氏体的共析分解是扩散型相变，扩散系数是非线性的。各种合金元素对珠光体长大速度的影响应当均呈非线性关系。如合金元素 Mo 降低珠光体的形核率 N_s（单位界面形核率），如图 12-11 所示[9]。图 12-11（a）处理为线性关系是不妥当的，应当为非线性关系，如图 12-11（b）所示。

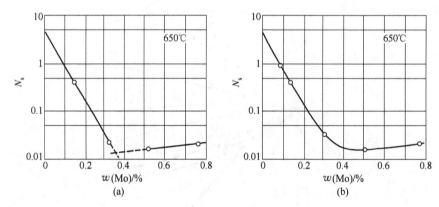

图 12-11　Mo 对 650℃珠光体形核率的影响

（a）线性关系；（b）非线性关系

12.3.4　力学性能的非线性问题

　　金属及合金的性能是成分、合金相等组成要素非线性作用的结果。如珠光体的性能，由于珠光体不是铁素体和渗碳体的机械混合物，是共析铁素体和碳化物的整合组织，因而这类钢的屈服强度和抗拉强度与珠光体在钢中所占的体积分数之间呈非线性关系。

　　亚共析钢经珠光体转变后得到先共析铁素体和珠光体的整合组织。钢的成分一定时，随着冷却速度的增加，转变温度越来越低，先共析铁素体数量减少，珠光体（伪珠光体）

数量增多，并且珠光体的含碳量下降。这种铁素体+珠光体的整合组织，其力学性能是非线性的，与铁素体的晶粒大小、珠光体片间距以及化学成分等因素有关。

如铁素体-珠光体钢的屈服强度为[10]：

$$\sigma_Y(MPa) = 15.4\{f_\alpha^{\frac{1}{3}}[2.3 + 3.8w(Mn) + 1.13d^{-\frac{1}{2}}] +$$
$$(1 - f_\alpha^{\frac{1}{3}})[11.6 + 0.25S_0^{-\frac{1}{2}}] + 4.1w(Si) + 27.6\sqrt{(N)}\}$$

式中　f_α——铁素体的体积分数；

　　d——铁素体晶粒的平均直径，mm；

　　S_0——珠光体平均片间距，mm；

　　N——铁素体的晶粒度；

　　w——质量分数，%。

式中的指数 $\frac{1}{3}$ 表明屈服强度同铁素体量之间呈非线性关系，与珠光体片间距，晶粒度呈现非线性关系。如果将珠光体定义为"铁素体和渗碳体的机械混合物"，那么其力学性能将与两相的相对量呈线性关系，而实际上是非线性关系。

此外，如淬火钢回火后的强度、塑性、韧性与回火温度的关系也都是非线性的。

12.4　相变的自组织特征

自然界的物质系统的演化是自组织的，自组织是整合系统的又一特征。钢是一个复杂的系统，任何系统的出现都是一个组织化或有序化的过程。一个系统可能是自组织产生的，也可能是被组织产生的。如果系统在获得其空间结构、时间结构的过程中没有特定的外界干预，而是一个自发的组织化、有序化和系统化的过程，这就是自组织[1]。

12.4.1　相变自组织的条件

科学技术哲学，即自然辩证法，告诉我们：自然界中系统的演化，物质结构的形成或有序化都是自组织的。固态相变也是自组织的。自组织必须具备一定的环境和条件：（1）开放系统；（2）远离平衡态；（3）随机性涨落；（4）非线性相互作用[1,11]。

12.4.1.1　开放系统

只有开放系统才可能实现自组织。开放系统具有足够大的负熵流，是系统维持有序性或进化的必要条件。钢是一个开放系统，钢在热加工、热处理过程中与外界发生能量交换或物质交换。如果没有与外界的能量交换或物质交换就不可能发生相变。系统的自组织并不排除外部对它的控制，如由外部来控制钢的非平衡程度等。

12.4.1.2　远离平衡态

处于热力学平衡态的系统没有发展活力，不能发生自组织。当外部条件加强并超过临界点，到达远离平衡态，系统不断从外界引入负熵流，熵减过程加强，才能出现自组织。如根据热力学条件，将钢加热或冷却，使其偏离临界点，具有一定过热度或过冷度时，系统新旧两相的自由焓差小于零（$\Delta G^{\alpha \rightarrow \gamma} < 0$），相变才能自发地进行。

12.4.1.3　涨落

涨落（或起伏）是对系统稳定状态的偏离。如浓度起伏、结构起伏、能量起伏等。涨落是随机的，它是系统演化的契机，是相变的诱因。当将钢加热或冷却时，超过临界点，出现过热或过冷，钢的原有定态，虽然已不稳定，即处于亚稳状态，但是，如果没有任何扰动，也即没有涨落时，系统仍然不会离开原有的状态，即钢不会发生相变。然而，任何实际过程中总是存在涨落。在相变有可能发生的上述条件下，涨落必然发生，一旦出现就会被迅速放大，使得系统离开定态，即发生相变，形成新的有序结构❶。因此，涨落是系统自组织的诱因，它是发育成为新的有序结构的种子，也即新相的晶核是以这种涨落作为种子的。如钢在相变孕育期内，出现溶质原子的贫化区和富化区就是涨落的必然结果。

在贝氏体相变的学说论争中，忽视了涨落形成贫碳区的作用，甚至否认存在贫碳区，这种观点是不妥当的。

12.4.1.4　自组织还必须有系统内部的非线性相互作用

非线性的正反馈作用可以把微小的"涨落"或"起伏"迅速放大，使系统的定态失稳而形成新的结构，如浓度涨落、结构涨落的迅速放大，而形成新相晶核，导致相变。如奥氏体形成、共析分解，贝氏体转变、马氏体相变以及回火转变、时效等都是系统内非线性相互作用的结果，都是一个涨落→形核→新相长大的自组织过程。

以往的固态相变研究注重热力学条件，而忽视了涨落和非线性相互作用，涨落是相变的诱因，而非线性作用是成因，然后才是形核与长大过程。涨落和非线性相互作用应当是自组织的条件，也是相变形核的机制的一个组成部分。

12.4.2　钢中的相变过程的自组织

将钢加热奥氏体化，得到一定化学成分的奥氏体。此奥氏体当满足自组织条件时（如环境、温度等），它好像有"灵性"一样对本系统进行自组织。如在珠光体转变区，面心立方晶格改组为体心立方的铁素体和斜方的渗碳体的共析体结构；在中温区转变为贝氏体组织；在 M_s 点以下，面心立方的奥氏体转变为 bcc、bct、hcp 等晶格的马氏体。在不同的条件下，系统自组织功能会调动铁原子、碳原子或合金元素原子进行不同方式的位移运动，构建不同的晶格，即发生不同类型的固态相变。

（1）当原子扩散迁移方向是下坡扩散时，进行形核—长大型的不连续型相变：1）原子长程扩散时，则相变有共析分解、沉淀等。2）原子只能短程扩散时，发生有序化、多形性转变等相变。

（2）当原子扩散迁移方向是上坡扩散时，进行无核型的连续型相变：连续有序化和调幅分解。

（3）当原子在某些条件下难以扩散或丧失扩散能力时，奥氏体通过自组织，以无扩散方式进行相变，完成晶格改组的，转变为马氏体。

（4）当只有碳原子可以扩散，而铁原子和替换原子难以扩散时，奥氏体则转变为贝氏体组织。

无论是扩散相变，还是无扩散相变，同一种固态相变，依据不同的外部条件和内在因素，系统自组织"能动"地形成各种组织，使之具有形形色色的形貌，如珠光体组织有片状、细片状、极细片状、粒状、类珠光体等多种形态；马氏体有板条状、片状、蝶状、薄

---

❶　这里的有序是哲学概念，不是指金属中的有序相等。

片状等形态。贝氏体形态更为复杂，可概括为上贝氏体、下贝氏体两大类。而上贝氏体和下贝氏体又可以划分为更多的形态各异的贝氏体。这些都是在成分、温度、冷速等条件下，也即在远离平衡态、随机涨落和非线性相互作用的条件下，系统自组织的杰作。

复习思考题

12-1 金属及合金作为复杂系统是由哪些了系统组成的？

12-2 简述整合、整合系统的概念。

12-3 自组织必须具备的条件有哪些？

12-4 简述涨落和非线性相互作用在相变中地位。

参 考 文 献

[1] 陈昌曙. 自然辩证法概论新编 [M]. 沈阳：东北大学出版社，1997.

[2] 肖海涛，张法瑞. 自然辩证法简编 [M]. 北京：北京航空航天大学出版社，1998.

[3] 刘宗昌. 钢的系统整合特性 [J]. 钢铁研究学报，2002，14(5)：35-41.

[4] 刘宗昌. 钢中相变的自组织 [J]. 金属热处理，2003，28(2)：13-17.

[5] 刘宗昌，等. 合金钢显微组织辨识 [M]. 北京：高等教育出版社，2017.

[6] 刘宗昌，等. 材料组织结构转变原理 [M]. 北京：冶金工业出版社，2006.

[7] 林慧国，傅代直. 钢的奥氏体转变曲线 [M]. 北京：机械工业出版社，1988.

[8] 徐祖跃. 马氏体相变与马氏体 [M]. 北京：科学出版社，1980.

[9] 刘宗昌，任慧平，宋义全. 金属固态相变教程 [M].2 版. 北京：冶金工业出版社，2011.

[10] 刘宗昌，任慧平. 过冷奥氏体扩散型相变 [M]. 北京：科学出版社，2007.

[11] 刘宗昌. 钢的整合系统及其复杂性 [J]. 钢铁研究学报，2002，14(5)：35-41.

材料科学理论知识概要

材料专业要学习"材料科学基础"课程，它是材料科学与工程专业的主要理论基础课程，是研究材料成分、组织结构、加工工艺与材料性能之间相互关系及其变化规律的科学，对于生产、研发材料具有重要理论价值和使用价值。该课程是在原"金属学原理"内容基础上，从材料的共性出发揭示材料普遍规律，拓宽了知识面，从金属材料扩展到无机非金属材料、高分子材料、复合材料等[1]。

材料科学基础包括材料内部微观结构、固体中原子的移动、金属变形及回复再结晶、材料组织结构转变规律以及金属材料、非金属材料、高分子材料复合材料等许多内容。有关各种材料的知识已经在 2~12 章中分别阐述过了，本章主要概要地介绍金属学原理的有关知识。

13.1 材料的结合方式与键性

13.1.1 材料的结合方式

组成物质整体的粒子（原子、分子或离子）间的相互作用力称为化学键。由于原子等粒子相互作用时，其吸引和排斥情况的不同，形成了不同类型的化学键，主要有共价键、离子键和金属键[2]。

13.1.1.1 共价键

有些同类原子，例如周期表ⅣA、ⅤA、ⅥA族中大多数元素或电负性相差不大的原子互相接近时，原子之间不产生电子的转移，此时借共用电子对所产生的力结合，形成共价键。金刚石、单质硅、SiC 等属于共价键。实践证明，一个硅原子与 4 个在其周围的硅原子共享其外壳层能级的电子，使外层能级壳层获得 8 个电子，每个硅原子通过 4 个共价键与 4 个邻近原子结合，如图 13-1 所示。共价键具有方向性，对硅来说，所形成的四面体结构中，每个共价键之间的夹角约为 109.28°。在外力作用下，原子发生相对位移时，

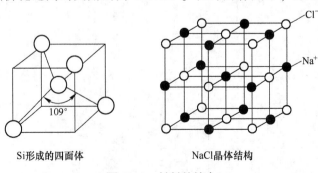

Si形成的四面体   NaCl晶体结构

图 13-1　材料的结合

键将遭到破坏，故共价键材料是脆性的。为使电子运动产生电流，必须破坏共价键，需加高温、高压，因此共价键材料具有很好的绝缘性。金刚石中碳原子间的共价键非常牢固，其熔点高达3750℃，是自然界中最坚硬的固体。

13.1.1.2 离子键

大部分盐类、碱类和金属氧化物在固态下是不能导电的，熔融时可以导电。这类化合物为离子化合物。当两种电负性相差大的原子（如碱金属元素与卤族元素的原子）相互靠近时，其中电负性小的原子失去电子，成为正离子，电负性大的原子获得电子成为负离子，两种离子靠静电引力结合在一起形成离子键。由于离子的电荷分布是球形对称的，因此它在各方向上都可以和相反电荷的离子相吸引，即离子键没有方向性。离子键的另一个特性是无饱和性，即一个离子可以同时和几个异号离子相结合。例如，在NaCl晶体中，每个Cl^-离子周围都有6个Na离子，每个Na离子也有6个Cl^-离子等距离排列着。离子晶体在空间三个方向上不断延续就形成了巨大的离子晶体。NaCl晶体结构如图13-1所示。

离子型晶体中，正、负离子间有很强的电的吸引力，所以有较高熔点，离子晶体如果发生相对移动，将失去电平衡，使离子键遭到破坏，故离子键材料是脆性的。离子的运动不像电子那么容易，故固态时导电性很差。

13.1.1.3 金属键

金属原子的结构特点是外层电子少，容易失去。当金属原子相互靠近时，其外层的价电子脱离原子成为自由电子，为整个金属所共有，它们在整个金属内部运动，形成电子气[3]。这种由金属正离子和自由电子之间互相作用而结合称为金属键。金属键的经典模型有两种，一种认为金属原子全部离子化，一种认为金属键包括中性原子间的共价键及正离子与自由电子间的静电引力的复杂结合。

金属键无方向性和饱和性，故金属的晶体结构大多具有高对称性，利用金属键可解释金属所具有的各种特性。金属内原子面之间相对位移，仍旧保持着金属键结合，故金属具有良好的延展性。在一定电位差下，自由电子可在金属中定向运动，形成电流，显示出良好的导电性。随温度升高，正离子（或原子）本身振幅增大，阻碍电子通过，使电阻升高，因此金属具有正的电阻温度系数。因此，将金属定义为具有正的电阻温度系数的物质。

固态金属中，不仅正离子的振动可传递热能，而且电子的运动也能传递热能，故比非金属具有更好的导热性。金属中的自由电子可吸收可见光的能量，被激发、跃迁到较高能级，因此金属不透明。当它跳回到原来能级时，将所吸收的能量重新辐射出来，故使金属具有金属光泽。

13.1.1.4 范德华键

许多物质其分子具有永久极性。分子的一部分往往带正电荷，而另一部分往往带负电荷，一个分子的正电荷部位和另一分子的负电荷部位间，以微弱静电力相吸引，使之结合在一起，称为范德华键，也称分子键。分子晶体因其结合键能很低，所以其熔点很低。在金属与合金中这种键不多，而聚合物通常链内是共价键，而链与链之间是范德华键。

13.1.2 工程材料的键性

在实际的工程材料中，原子（或离子、分子）间相互作用的性质，只有少数是这四种键的极端情况，大多数是这四种键型的过渡。

金属材料的结合键主要是金属键，但四价锡却有明显共价键特点，而Mg_3Sb_2这样的金属间化合物却显示出强烈的离子键特性。陶瓷材料的结合键主要是离子键与共价键。高分子材料的链状分子间的结合是范德华键，而链内是共价键。材料的键型不同，表现出不同的特性。

13.2　晶体和非晶体

13.2.1　晶体和非晶体概述

如果不考虑材料的结构缺陷，原子的排列可分为无序排列、短程有序和长程有序，如图13-2所示。

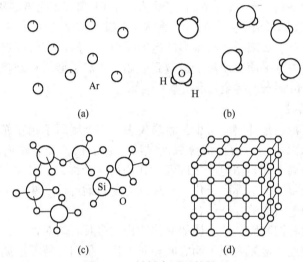

图13-2　材料中原子的排列

(a) 惰性气体无规则排列；(b)，(c) 有些材料包括水蒸气和玻璃的短程有序；(d) 金属及其合金

许多材料的长程有序排列物质的质点（分子、原子或离子）在三维空间作有规律的周期性重复排列所形成的物质称为晶体，如图13-2(d) 所示。

非晶体在整体上是无序的，但原子间也靠化学键结合在一起，所以在有限的小范围内观察还有一定规律，可将非晶体的这种结构称为近程有序，如图13-2(b) 和 (c) 所示。

晶体与非晶体中原子排列方式不同，导致性能上出现较大差异。首先晶体具有一定的熔点，而非晶体则没有。熔点是晶体物质的结晶状态与非结晶状态互相转变的临界温度，对于一定的晶体其熔点是一恒定的值。固态非晶体则是液体冷却时，尚未转变为晶体就凝固了，它实质是一种过冷的液体结构，往往称为玻璃体，故液-固之间的转变温度不固定。其次，晶体的某些物理性能和力学性能在不同方向上具有不同的数值称为各向异性，而非晶体则是各向同性。

13.2.2　空间点阵

实际晶体中，原子、分子或离子在空间的排列是有规则的。不同的材料中，原子、分子或离子在空间的排列方式是多种多样的，为了便于研究晶体中这些质点的排列情况，近似地将晶体看成是无错排的理想晶体，忽略其物质性，抽象为规则排列于空间的无数几何点。这些点代表原子（分子或离子）的中心，也可是彼此等同的原子群或分子群的中心，各点的周围环境相同。这种点的空间排列称为空间点阵，简称点阵，这些点称为阵点。从点阵中取出一个仍能保持点阵特征的最基本单元称为晶胞，如图 13-3 所示。将阵点用一系列平行直线连接起来，构成一空间格架称为晶格。显然晶胞作三维堆砌就构成了空间点阵[1]。图 13-4 为某金属（Sm-Co 系永磁体）的高分辨点阵像[4]。可见，Sm、Co 原子在空间排列是非常规则的。

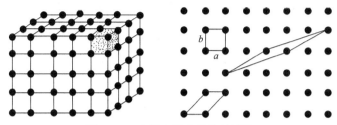

图 13-3　空间点阵和晶胞的选取

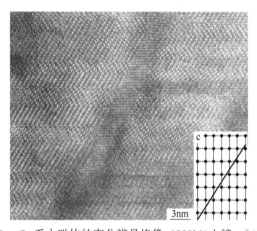

图 13-4　Sm-Co 系永磁体的高分辨晶格像（200kV 电镜，［110］入射）

　　布拉菲在 1948 年根据"每个阵点环境相同"，用数学分析法证明晶体的空间点阵只有 14 种，故这 14 种空间点阵叫做布拉菲点阵，分属 7 个晶系。

13.2.3　典型金属的晶体结构

　　在元素周期表中有 80 余种金属元素，大多数金属具有简单的高对称性的晶体结构。最常见的金属晶体结构有体心立方、面心立方和密排六方。图 13-5 是面心立方晶胞和密排六方晶格的示意图。

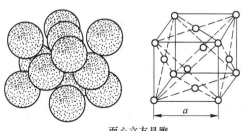

面心立方晶胞

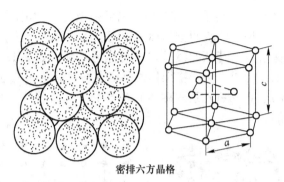

密排六方晶格

图 13-5　面心立方晶胞和密排六方晶格

13.3　金属及合金的结晶

在物质状态的转变过程中，通常把液态向固态的转变称为"凝固"，如果该物质为晶体，则将此转变过程称为结晶。液体金属与合金在一定条件下，转变产物是晶体。因此，将金属自液态经冷却转变为固态的过程称为金属的结晶。由液态通过凝固转变为晶体的过程又称为一次结晶。

液态金属和固态金属在结构上的主要差别在于：液态无一定形状，原子间距较大，容易流动。但是，液态金属在一定温度下存在许多近似于晶体排列、尺寸十分小的原子集团，它们时而形成又瞬间消失，这种结构称为"近程有序排列"。

13.3.1　结晶的能量条件

在自然界中，任何物质都具有一定的能量，而且一切物质都是自发地由高能量状态向低能量状态转变。例如，水往低处流，山顶上的石块可以向山下滚动，山体滑坡。物质在一定条件下能够对外以做功或放热等方式，自动地释放出一部分多余的能量，称为自由能。如果用自由能 F 代表体系的能量，那么，只有当固态金属的自由能低于液态金属的自由能，即体系自由能的变化 $\Delta F = F_{固} - F_{液} < 0$ 时，或者说液态金属的实际结晶温度 T_1 低于理论结晶温度 T_0，结晶过程才能自发地进行。显然，ΔF 的绝对值越大，说明液、固两相自由能的差值越大，推动力也就越大，结晶则越容易进行[1]。

13.3.2　冷却曲线和过冷度

各种纯金属都有一定的结晶温度，如铁为 1538℃，铝为 660℃。但这里指的是冷却速度非常缓慢的平衡结晶温度，称为理论结晶温度。在此温度下液态金属与晶体处于平衡状态，即液态金属与晶体同时存在，达到可逆平衡。实际上，只有将液态金属冷却到低于平衡结晶温度时，才能有效地进行结晶。或者说，实际结晶温度总是低于平衡结晶温度。由于在液态金属结晶时会放出结晶潜热，所以可利用结晶时的放热现象，来测定金属的实际结晶温度。金属的实际结晶温度常用热分析方法测定。测定时，先将纯金属加热溶化为液体，然后缓慢冷却下来。同时，每隔一定时间测量一次温度，并把记录的数据绘制在温度-

时间坐标中，这样便获得如图 13-6 所示的冷却曲线。

由冷却曲线可见，液态金属随着冷却时间的增加，热量随之向外散失，温度将不断降低。当温度下降到平衡结晶温度 T_0 时，并不结晶，而是要冷却到 T_0 以下某一温度 T_1 时，才具备结晶的能量条件，只有这时液态金属才开始结晶。在结晶过程中，由于放出的结晶潜热补偿了金属冷却时散失的热量，使结晶的温度不变，因而在冷却曲线上出现一个水平线段，它所对应的温度 T_1 就是金属的实际结晶温度。

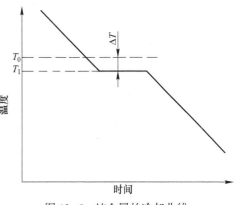

图 13-6　纯金属的冷却曲线

水平线段的长度代表了结晶从开始到终了的时间。当结晶终了后，因没有结晶潜热补偿散失的热量，所以温度又重新下降。

正如在上面所阐述的，金属实际结晶温度 T_1 低于平衡结晶温度 T_0，这一现象称为过冷现象。两者之间的温度差称为过冷度，以 ΔT 表示。过冷度的大小与金属的本性和液态金属的冷却速度有关。冷却速度越大，则过冷度越大，金属的实际结晶温度就越低。

13.3.3　金属结晶的一般过程

金属的结晶过程就是从液态金属转变为固态金属晶体的过程，它是在冷却曲线水平线段上所经历的这段时间内发生的。其结晶过程可用图 13-7 简要地加以说明。

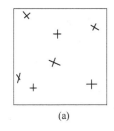 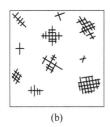 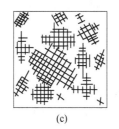 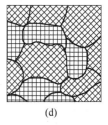

(a)　　　　　　　(b)　　　　　　　(c)　　　　　　　(d)

图 13-7　液态金属结晶过程示意图

当液态金属过冷到实际结晶温度后，由于涨落（或称起伏），从液体中形成许多核坯，核坯尺寸极小。在浓度涨落和能量涨落的非线性相互作用下，某些核坯成为原子规则排列的晶核。随后，这些晶核不断地长大，与此同时，在液态金属的其他部位也产生新的晶核，新的晶核又不断长大。上述过程如此逐步进行，直到液态金属全部消失，结晶也就完全结束。金属组织中的每一晶粒都是由一个晶核成长形成的，晶粒外形是不规则的，但晶粒内部的晶格却是大体相同的。各晶粒之间的晶格位向因晶核成长的方向不同而异，那些不同位向的晶粒在成长时互相接触而形成的界面，称为晶界。由于晶界部位比晶粒本身稍后凝固，因而晶界上容易富集低熔点的杂质。

由此可知，液态金属的结晶包括形核与晶核长大两个基本环节。晶核的形成有自发和非自发两种方式。自发形核是在一定的条件下，从液态金属中直接产生、原子呈规则排列的结晶核心，它们是由那些液态金属中存在的"近程有序"原子集团形成的。非自发形核是液态金属依附在一些未熔微粒表面所形成的晶核，这些未熔微粒可能是液态金属中原来就存在的，也可能是人们特意加入的。

非自发形核所需能量比单独形核时少得多，形核比较容易。在工业生产中，金属材料的结晶主要是非自发形核。

13.3.4 非晶态凝固基本知识

如前所述，一般结晶条件下金属具有外形不规则的多边形晶粒，即形成多晶体。但是，当结晶条件改变时，其产物的形态也会发生变化。例如，电子工业中使用的单晶体材料，是用特殊方法使结晶中只有一个晶核存在，并使其长大为单晶体。

现有的铸造方法所提供的冷却速度一般不超过 $10℃/s$，但当液态金属以超高速（$>10^5 \sim 10^6℃/s$）冷却时，将会发生什么现象呢？

当冷却速度达到足够大时，液态金属急剧过冷到低温，液体的黏度在小温度范围内突然提高几个数量级，原子的热运动迁移不能进行，形核以及晶核的长大完全处于被压抑的状态。从而使液态金属原子的混乱无序状态被"冻结"下来，将这种原子无规则排列的固体状态称为非晶态。

非晶态金属和金属晶体不同，原子没有固定的晶格位置，即无"远程有序"的特点，非晶态金属无任何可滑移的晶面，所以其力学强度极高（远优于高强度钢），其硬度、塑性和韧性都比较好。同时，具有极为优良的耐蚀性能，如果添加少量 Cr，其耐蚀性高出几倍。此外，由于没有晶界和晶粒取向，非晶态金属具有高的磁导率。

Fe、Co、Ni 等过渡族金属易形成非晶态。由于非晶态金属具有上述综合性能，所以可作为一种新型材料使用，如制造变压器及电机硅钢片材料、通信用纤维材料等。

尽管制取非晶态金属的超高速冷却工艺还相当年轻，但目前已出现不少方法，如离心式激冷和轧辊轧制激冷等。离心式激冷是将金属熔液，借助气体压力通过喷嘴注射到高速旋转铜轮外侧，金属连续凝固成带状，由于离心力的作用，带状金属很容易从铜轮上分离，该方法冷却速度约 $10^6℃/s$。金属带厚度为 $20 \sim 80\mu m$，生产速度 $20 \sim 50m/s$，轧辊轧制激冷是将熔液在两个相对转动的铜轮间凝固，制出的金属带平行而对称。

需要指出，非晶态金属的缺点是热稳定性差，当使用温度达到液相线温度的 1/3 时，组织将会向稳定的结晶态转变，而且是不可逆的。

13.4 金属的多型性

许多化学元素的晶体结构具有多型性。从元素周期表中可见许多固态金属元素和非金属具有多种晶体结构，有 12 种金属元素和两种非金属元素是具有多种晶型的元素，列在表 13-1 中[5]。当具有多晶型的金属元素形成金属间化合物，碳化物等化合物时晶型还会有复杂的变化[6]。金属的多形性及其生成的形形色色的化合物造就了丰富多样的合金等金属材料，它们具有各种性能，适用于工业和国民经济的方方面面，促进了社会发展和文明。

表 13-1 具有多型性转变的元素

元素符号	元素名称	原子序数	晶型		元素符号	元素名称	原子序数	晶型	
Fe	铁	26	α	体心立方	Mn	锰	25	α	复杂立方 58
			γ	面心立方				β	复杂立方 20
			δ	体心立方				γ	面心四方
			ε	密集六角				δ	面心立方
Cr	铬	24	α	体心立方	Hf	铪	72	α	密集六角
			β	密集六角				β	体心立方
Ce	铈	58	α	面心立方	La	镧	57	α	密集六角
			β	密集六角				β	面心立方
Ca	钙	20	α	面心立方	Co	钴	27	α	密集六角
			β	密集六角				β	面心立方
C金刚石 C石墨	碳	6	钻石立方 六角		U	铀	92	α	正交
								β	四方
								γ	体心立方
W	钨	74	α	体心立方	Zr	锆	40	α	密集六角
			β	复杂立方				β	体心立方
Np	镎	93	α	正交	S	硫	16	α	正交
			β	四方				β	单斜
			γ	体心立方					

不同的晶体结构存在于不同的温度、压力之下，如铁有 α-Fe、γ-Fe、δ-Fe，三种晶型。但常温下，加大压力，在超高压条件下可以产生全温度范围不可能出现的新物质，如室温下 α-Fe 转变为密排六方的 ε-Fe，如图 13-8 所示。

从表 13-1 可见，Fe、Mn、U、Np 是具有复杂多变的晶型的四种元素。国民经济中应用最广泛的 Fe 及其合金是典型的具有多型性转变的金属，是人类开发利用较早并对社会文明发挥了突出作用的金属。

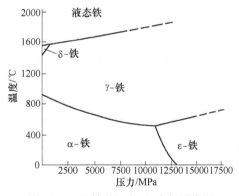

图 13-8　纯铁的温度-压力相平衡图

金属及合金中的多型性是固态相变复杂多变的根源。铁的多形性转变是钢中固态相变复杂多变的根源[7]：

（1）纯铁在常压下具有 A_3 和 A_4 两个相变点，低温和高温区都具有体心立方结构，即 α-Fe、δ-Fe。而在 $A_3 \sim A_4$ 之间则存在面心立方的 γ-Fe。

（2）Fe 与 C 形成 Fe-C 合金，含 $w(C) = 0.0218\% \sim 2.0\%$ 的 Fe-C 合金称为钢。Fe-C 合金中加入合金元素形成合金钢及合金，形成多种代位固溶体、间隙固溶体、合金碳化物、金属间化合物等，导致更加复杂多变的固态相变。

钢中，具有奥氏体的形成、共析分解、贝氏体相变、马氏体转变、马氏体的回火转变等相变类型。

在有色金属和合金中也存在复杂的固态相变，如铜合金、铝合金。

金属及合金的固态相变造成组织结构的多样性，从而产生丰富多彩的性能变化，为人类所利用，在国民经济中发挥着重要作用。

13.5　原子迁移方式

金属中的原子是不断运动着的。在温度、压力、应力、自由焓等因素变化时会发生迁移。迁移的方式有扩散迁移、非协同热激活跃迁、无扩散的集体协同位移等方式[7]。

各类固态相变中都涉及原子的迁移，相变过程得以进行的标志是原子以不同的位移方式迁移而导致晶格重组。在扩散型的共析分解相变中，铁原子、置换型合金元素原子和间隙型碳原子均会发生长程扩散，其原子每次移动距离大于或等于1个原子间距；低温区的马氏体相变是不需要扩散的集体协同位移，其原子每次移动距离远远小于1个原子间距；中温区的贝氏体相变具有过渡性，除碳原子能够长程扩散外，铁原子和替换原子在相界面上进行非协同热激活跃迁位移，每次移动距离也小于1个原子间距。

钢作为一个整合系统，从原子层面上分析在不同临界条件下的迁移规律有助于相变机理的研究。可以说，过冷奥氏体相变过程中原子的迁移方式决定了所对应的相变类型。一般说来，过冷奥氏体随着相变温度的降低，原子的迁移方式发生演化，从而依次发生铁素体—珠光体转变、贝氏体相变和马氏体相变等。

13.5.1　扩散

13.5.1.1　扩散的定义

各种书刊、不同作者给扩散下的定义有所区别，多数认为扩散是原子的宏观迁移。由于原子的宏观迁移，造成成分的变化，这当然是扩散过程。但是在大量的固态相变中，原子的迁移仅仅造成微观成分的改变，如新相形核时，新相尺寸很小，一般仅在100nm以下，如极细的片状珠光体中，铁素体片或渗碳体片的厚度只有几十个纳米，而铁素体片中，几乎不含碳，而渗碳体片含碳量（质量分数）达6.67%。原子的迁移距离是纳米级。因此，在固态相变中，原子的宏观的迁移和微观迁移造成成分改变，均为扩散。

扩散的定义为：在金属和合金中，原子（分子、离子）在扩散力的作用下，进行无规则运动导致的传质过程，称为扩散[8,9]。这种传质过程是粒子的定向的、不规则的运动，可以是下坡扩散，也可以是上坡扩散，可能是宏观的物质迁移，也可能是微观迁移（纳米尺度范围）的物质流。

这种传质过程导致金属不同区域成分的变化，如金属的氧化、烧结、渗碳、渗金属、均质化、成分发生改变的固态相变等过程都与扩散密切相关。

13.5.1.2　菲克第一定律

菲克（Fick）第一定律表示了物质的扩散通量 J 与浓度梯度 $\dfrac{\partial C}{\partial X}$ 的关系，即在一维扩散条件下，在单位时间通过单位面积的扩散物质量为：

$$J = - D\left(\frac{\partial C}{\partial X}\right)$$

式中，负号表示下坡扩散；D 为扩散系数。

原子在晶格中占据确定的位置，但扩散的事实是原子将从一个位置位移到另一个位置。各个原子在其结点附近连续振动，偶尔它及其近邻原子的振动变得十分剧烈，足以使该原子跃迁到相邻位置上。试验表明，金属中的扩散系数与温度的关系为：

$$D = D_0 \exp\left(-\frac{Q}{RT}\right)$$

式中　D_0——指前因子；

　　　Q——扩散激活能。

可见，随着温度的升高，扩散系数急剧增加。相反，在冷却过程中，扩散系数随着温度的降低急剧减小，扩散速度大幅度降低。

13.5.1.3　扩散机理简介

扩散过程的微观机制主要有空位机制和间隙机制两种。空位扩散机制是固态材料中质点迁移的主要机制。间隙扩散机制中，处于间隙结点的原子在从某一间隙位置移入另一邻近间隙位置的过程必然引起其周围晶格的畸变，与空位机制相比，所产生的晶格畸变大，该机制主要对应间隙原子的扩散过程。

金属和合金具有晶体结构，在这样致密的晶格中原子通过什么方式从一个平衡位置跃迁到另一个平衡位置，目前还不能借助于任何仪器直接观察到晶体内部单个原子的运动。在多晶体金属中，扩散物质可以沿着金属表面、晶界、位错线进行迁移，称为表面扩散、晶界扩散、位错扩散；也可以在晶粒点阵内部发生迁移，称为晶格扩散或体扩散。

在间隙固溶体中，间隙原子从一个间隙位置跃迁到相邻的空着的间隙位置（见图13-9③），称为直接间隙机制。小的间隙原子，例如钢中碳就是通过这种机制扩散的。

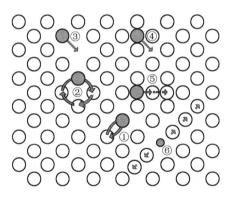

图 13-9　晶体中原子扩散机理示意图
①—直接交换；②—轮换；③—空位；④—间隙；⑤—推填；⑥—挤列

热力学计算表明，在一定温度下，晶体中总是存在一定的平衡空位浓度，这是因为一定数量空位的存在可以增加晶体的组态熵，从而降低体系自由能。空位最近邻的原子有可能和空位交换位置而迁移，如图13-9③所示。空位机制引起的晶格畸变能（对应扩散激活能）相对较小。对于金属与合金中的溶剂原子和置换型溶质原子，空位机制是优先选择的方式。

　　线缺陷（位错）和面缺陷（表面、晶界和相界等）中原子排列比较无序，原子在这些缺陷处的扩散比晶体内部更容易进行。金属与合金中沿晶界扩散主要是通过空位机制，但在某些情况下也不排除间隙机制和其他机制。晶界上某些原子排列较为紧密，有些区域原子间距较远，这种不规则的排列的原子可能以比晶内原子更高的跃迁频率运动，具有较低的扩散激活能。在较低温度下，晶界扩散的相对贡献增加得多。在发生固态相变时，最快的方式经常是晶界扩散。

　　沿着晶界、相界、位错的扩散，是扩散的快速通道，或称为短程扩散。因为这些缺陷处的扩散激活能远比点阵中的小，其扩散系数大得多，在接近熔点（T_m）处约高1000倍，而在$0.5T_m$以下要高10^6倍。原子在晶界、相界、位错线上的快速扩散以及组元的偏聚具有重要意义，如低碳钢中C、N元素扩散偏聚到位错线上是应变时效和蓝脆的原因。溶质原子在晶界上的偏聚会引起回火脆性，影响晶界的迁移率，从而对再结晶、晶粒长大过程产生明显的影响。溶质原子在晶体缺陷处的偏聚对固态相变的形核与长大产生重要影响。

　　试验表明，沿着晶界的快速扩散使平均扩散速率增加，虽然在高温区晶界扩散和晶内扩散的差异不大，但是在较低温时晶界扩散将起主导作用，当温度小于（$0.75\sim0.8$）T_m时，晶界扩散就很重要了，这就是说，对于一般钢，在1000℃以下，奥氏体中的晶界扩散就不可忽视了。在（$0.3\sim0.5$）T_m温度范围内，晶界扩散占主导地位[10]。那么，对于纯铁，$T_m=1539℃+273=1812K$。当温度在$540\sim900K$（$270\sim630℃$）之间，晶界扩散起主导作用；而对于T8钢来说，$T_m\approx1670K$，当温度在$500\sim840K$（$230\sim560℃$）之间，晶界扩散起主导作用。

　　一般情况下，晶界扩散系数（D_b）大于体扩散系数（D_L），即$D_b>D_L$。影响D_b的因素主要有温度、晶界结构、合金元素等。降低温度，沿晶界的扩散系数减小。

13.5.2　成分不变的原子热激活跃迁位移

　　无扩散相变过程中新相和母相化学成分相同，此时扩散过程将不再发生作用，原子以新相与母相化学势之差为驱动力，依靠原子热激活跃迁越过界面能垒而实现相变过程。新相与母相界面的移动即对应界面控制的生长过程。

　　在界面控制生长下，新相与母相间的界面移动控制着新相的生长。而界面移动的速率取决于界面两侧原子的流动性。这种界面两侧原子的流动，既包括原子从母相中迁入新相中，还包括原子从新相中迁出进入母相，其总体效果是这两种迁移的平衡叠加的结果。原子的迁移流量与迁移的路径有关，这样处于新相中的原子与母相中的原子由于其所处的位置及其环境的不同就有不同的迁移流量。相变时，新相与母相有一个自由能差ΔG，如图13-10所示，新相中的原子与母相中的原子的迁移将经历不

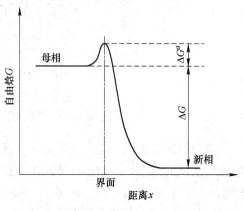

图13-10　界面势垒示意图

同的路径和能量势垒[11]。

13.5.3 原子位移方式不同是区别相变机制的重要判据

随着温度的降低，过冷奥氏体转变为珠光体、贝氏体、马氏体。晶体结构、组织形貌、动力学等方面均发生了显著的变化，而根本上的区别是原子位移方式的不同。三个相变中原子位移方式分别是：

（1）高温区的珠光体转变是扩散型相变，原子进行长程扩散位移，每次位移距离大于或等于 1 个原子间距。存在体扩散和界面扩散。

（2）贝氏体相变是半扩散型相变。碳原子进行扩散位移，铁原子和替换原子进行界面非协同热激活跃迁位移。原子位移距离小于 1 个原子间距，各原子位移矢量不等，贝氏体铁素体的形成是无扩散过程，而贝氏体碳化物（渗碳体）的形成是碳原子的扩散过程。原子位移方式存在过渡性[7,12]。

（3）马氏体相变无成分变化，仅进行晶格改组，相当于同素异构转变，是无扩散相变，所有原子进行集体协同位移，原子每次移动距离远远小于 1 个原子间距。为了配合晶格改组，以形成位错、孪晶、层错等亚结构来调整应变能[7,13]。

这三种相变中原子位移方式不同，既有区别，又存在密切联系，不是各自孤立的，随着温度从高温到低温的过渡，原子位移方式是逐渐演化的，由体扩散→界面扩散→界面非协同热激活跃迁→热激活集体协同位移。

13.6 两大图形和临界点

学习金属材料科学与工程，掌握并应用钢的物理参数十分重要，其中经常应用的两大图形，即相图和动力学曲线（C-曲线），在两大图形中还有一个重要参数，即临界点。它们具有重大的理论意义和工程应用价值。

其中 Fe-C 相图需要牢牢记忆在脑海中，以便熟练地运用。钢的动力学曲线可查看有关手册。本书附录中列举了各种钢的临界点数据[14]，可供查阅。

13.6.1 相图

相图是描绘合金体系在热力学平衡条件下，相与温度、成分之间变化规律的图形，是研究三者之间关系的有力工具，已在金属、陶瓷、高分子材料中得到广泛的应用。

相图有一元相图、二元相图、三元相图等，是金相学、金属学中的重要图形之一。合金相和组织均反映在相图上。

最常用的 $Fe-Fe_3C$ 平衡相图如图 13-11 所示[15]，是 Fe 和 Fe_3C 两个组元组成的合金相图。它是钢铁材料科学研究和热加工技术中的重要依据。图 13-11 中，包括液相（L）、奥氏体（A）、铁素体（F）等单相区，还有一些双相区，如（F+A）、（F+Fe_3C）、（A+Fe_3C）等。

铁碳相图中还有几个重要的临界点，如 A_1（727℃、738℃）、A_2（770℃）、A_3（GS 线）、A_4（1394℃）、A_{cm}（ES 线）等。

铁碳相图中存在固溶体和渗碳体两种固态相，固溶体有铁素体、奥氏体，渗碳体是碳化物。在 Fe-C 合金中，碳原子溶入体心立方晶格的 α-Fe 中，形成的间隙固溶体称为铁

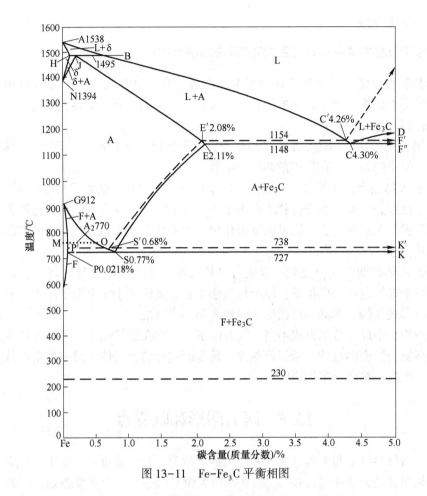

图 13-11　Fe-Fe₃C 平衡相图

素体。在合金钢中，铁素体中除了碳原子外，还溶入各种合金元素。

碳原子溶入面心立方晶格的 γ-Fe 中，形成的间隙固溶体称为奥氏体。同样，在合金钢中，奥氏体中除了碳原子外，还溶入各种合金元素。

渗碳体是铁原子和碳原子化合形成的碳化物，具有复杂晶格的间隙化合物。渗碳体是钢中的主要强化相。

根据铁碳合金相图，可将铁碳合金分为工业纯铁、钢、白口铸铁三大类。

（1）工业纯铁。含碳量（质量分数）小于 0.0218% 的铁碳合金。组织为铁素体晶粒组成，如图 13-12 所示。

（2）钢。钢是含碳量（质量分数）在 0.0218%~2.11% 之间的铁碳合金。根据室温组织不同，钢又可分为三类：

1）亚共析钢 [$w(C)$ = 0.0218%~0.77%]，组织是铁素体和珠光体。

2）共析钢 [$w(C)$ = 0.77%]，组织是珠光体。图 13-13 为珠光体的组织照片。

3）过共析钢 [$w(C)$ = 0.77%~2.11%]，组织是珠光体和二次渗碳体。

（3）白口铸铁。含碳量（质量分数）在 2.11%~6.69% 之间的铁碳合金。根据室温组织不同，白口铸铁又可分为三类：

1）亚共晶白口铸铁 [$w(C)$ = 2.11%~4.3%]，组织是珠光体、二次渗碳体和低温莱氏体。如图 13-14 所示，黑色团状物是珠光体，细小鱼骨状组织为莱氏体。

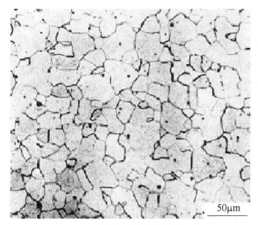

图 13-12 纯铁的铁素体等轴状晶粒，OM

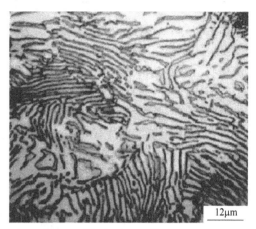

图 13-13 共析钢的珠光体组织形貌，OM

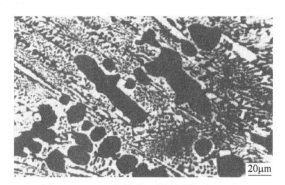

图 13-14 亚共晶白口铸铁的组织，OM

2）共晶白口铸铁 $[w(C) = 4.3\%]$，组织是莱氏体。

3）过共晶白口铸铁 $[w(C) = 4.3\% \sim 6.69\%]$，组织是莱氏体与一次渗碳体。图 13-15 为过共晶白口铸铁照片。图中白色长条状的为一次渗碳体，鱼骨状分布的为共晶莱氏体，黑色团状的是珠光体。

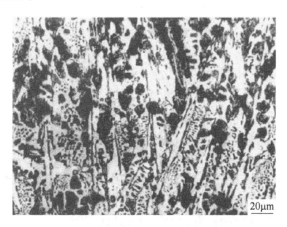

图 13-15 过共晶白口铸铁组织，4%硝酸酒精溶液侵蚀，OM

13.6.2　动力学图——C-曲线

相变动力学是研究相变的速度问题的。各个元素、各个相在相变中有机结合、有序配合，发生的相互作用是非线性的。动力学曲线反映了相变速度的非线性规律。

相变动力学是相变时的形核率 N_s，核长大速度 v，转变时间 t 和转变量之间的关系的科学。钢从高温冷却时发生的固态相变，其形核率和长大速率与转变量之间的关系曲线都有一个极大值，通常呈 C-曲线的形状。图 13-16 为共析钢的等温转变 C-曲线，也称 TTT 图。但是，钢中的 C-曲线却是千变万化的，每一种钢都有一条 C-曲线，即使同一种钢，尤其是高碳高合金钢，奥氏体化温度不同，测得的 C-曲线的形状或位置也是有差别的。

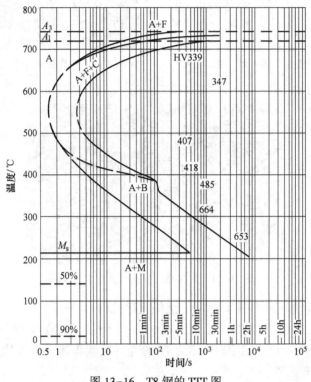

图 13-16　T8 钢的 TTT 图

在 C-曲线手册中列举了数百幅 TTT 图和 CCT 图。动力学曲线与奥氏体中的合金元素有关。钢中所有化学元素加起来总共约 22 种，包括 Fe、C、Si、Mn、S、P、Cr、Ni、W、Mo、V、Ti、Nb、Cu、Co、B、RE、Al、Zr、N、O、H 及其他更微量的元素，如 As、Sb 等。其中，Fe、C、Si、Mn、Cr、Ni、W、Mo、V、Ti、Nb、Cu、Co、B、RE、Al、N 等约 17 种是钢中常见的。O、N、H 属气体杂质。作为合金元素加入钢中时，每种钢中只有 Fe+C+Me，而合金元素 Me 可以是 1~6 种，但多数是 1~4 种。如 40Cr、35CrMo、W18Cr4V、35CrNiMoV。虽然，钢中合金元素种类和数量不多，但 C-曲线却达到上千种[16]，而且合金元素的种类和数量越多，对钢的动力学曲线影响越复杂。这是由于钢是整合系统，奥氏体中的碳和各种合金元素的相互作用是非线性的，具有整体大于部分之总和的机制，因而呈现千变万化的相变动力学曲线及转变图。

合金元素的不同种类和数量的组合，其整合作用，非线性相互作用，造成了奥氏体转变动力学曲线千差万别的变化。

钢的过冷奥氏体转变动力学曲线分为等温转变图（TTT 图）和连续冷却转变图（CCT图）。图 13-17 是 S7 钢的 TTT 图和 CCT 图，图中右边的是具有连续冷却曲线的动力学图，为 CCT 图[17]。

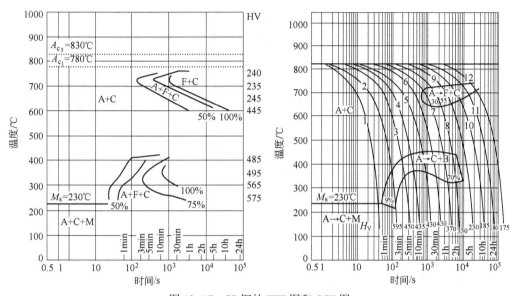

图 13-17　S7 钢的 TTT 图和 CCT 图

TTT 图可以用来指导制定等温热处理工艺；CCT 图直接反映了冷却速度与奥氏体冷却转变温度与转变产物之间的关系，可以用来分析钢的热处理组织。

13.6.3　临界点

1868 年俄国冶金学家 D. K. 切尔诺夫发现钢在加热和冷却过程中存在组织转变。F. 奥斯孟德应用热分析法确定了钢中相变临界点。从此金属热加工、热处理技术从工匠手艺逐步走向了科学[18]。临界点是钢的热加工、铸造、锻压、焊接、热处理等工艺中的重要物理参量。临界点温度主要应用热膨胀法测定。

Fe-C 相图上表明的平衡状态下钢的临界点有：

（1）A_1 是在平衡状态下，奥氏体、铁素体、渗碳体或碳化物共存的温度，Fe-C 相图上 A_1 为 727℃。A_1 温度受合金元素的影响。

（2）A_2 是铁素体的磁性转变点，在 Fe-C 相图上 A_2 为 770℃。

（3）A_3，在 Fe-C 相图上为溶解度 GS 线。

（4）A_4，在 Fe-C 相图上为 1394℃。

（5）A_{cm}，在 Fe-C 相图上为溶解度 ES 线。

在非平衡加热时，临界点数值随着加热速度的升高而增大，为了便于各钢种的比较，测定临界点时采用一致的加热速度。其值在下角标标注 c，如下：

（1）A_{c_1}，钢加热时，开始形成奥氏体的温度。

（2）A_{c_3}，亚共析钢加热时，所有铁素体都转变为奥氏体的温度。

（3）A_{c_4}，低碳亚共析钢加热时，奥氏体开始转变为 δ 相的温度。

（4）$A_{c_{cm}}$，过共析钢加热时，所有渗碳体完全溶入奥氏体的温度。

在非平衡冷却时，临界点数值随着冷却速度的加快而变低，为了便于各钢种的比较，测定临界点时采用一致的冷却速度。其值在下角标标注 r，如下：

（1）A_{r_1}，钢高温奥氏体化后冷却时，奥氏体分解为珠光体的温度。

（2）A_{r_3}，亚共析钢高温奥氏体化后冷却时，铁素体开始析出的温度。

（3）A_{r_4}，钢在高温形成的 δ 相在冷却时，开始转变为奥氏体的温度。

（4）$A_{r_{cm}}$，过共析钢高温完全奥氏体化后冷却时，渗碳体开始析出的温度。

附录列举了 400 余种国内外钢的临界点数据，是目前书刊中临界点的综合，较为齐全，有重要实用价值。

复习思考题

13-1   物质的化学键有哪几种？

13-2   什么是金属键，有何特性，什么是金属？

13-3   什么是晶体和非晶体，典型的金属的晶体结构有哪几种？

13-4   金属原子的迁移方式有哪些？

13-5   动力学图和临界点的作用是什么？

参 考 文 献

[1] 胡赓祥，蔡珣．材料科学基础［M］．上海：上海交通大学出版社，2000．

[2] 宋维锡．金属学［M］．北京：冶金工业出版社，1980．

[3] 曹明盛．物理冶金基础［M］．北京：冶金工业出版社，1988．

[4] ［日］进藤大辅，平贺贤二．材料评价的高分辨电子显微方法［M］．刘安生译．北京：冶金工业出版社，2002．

[5] 刘宗昌，任慧平，宋义全．金属固态相变教程［M］．2 版．北京：冶金工业出版社，2011．

[6] 刘宗昌，等．材料组织结构转变原理［M］．北京：冶金工业出版社，2006．

[7] 刘宗昌，等．固态相变原理新论［M］．北京：科学出版社，2014．

[8] 刘宗昌，任慧平．过冷奥氏体扩散型相变［M］．北京：科学出版社，2007．

[9] 刘宗昌，袁泽喜，刘永长．固态相变［M］．北京：机械工业出版社，2010．

[10] R. W. 卡恩．物理金属学［M］．北京：科学出版社，1985．

[11] 戚正风．固态金属中的扩散与相变［M］．北京：机械工业出版社，1998．

[12] 刘宗昌，任慧平，等．贝氏体与贝氏体相变［M］．北京：冶金工业出版社，2009．

[13] 刘宗昌，任慧平，安胜利．马氏体相变［M］．北京：科学出版社，2012．

[14] 刘宗昌，冯佃臣．热处理工艺学［M］．北京：冶金工业出版社，2015．

[15] 刘宗昌，赵莉萍，等．热处理工程师必备基础理论［M］．北京：机械工业出版社，2013．

[16] 林慧国，傅代直．钢的奥氏体转变曲线［M］．北京：机械工业出版社，1988．

[17] 刘宗昌，任慧平，王海燕．奥氏体形成与珠光体转变［M］．北京：冶金工业出版社，2010．

[18] 樊东黎，潘建生，徐跃明，等．中国材料工程大典第 15 卷材料热处理工程［M］．北京：化学工业出版社，2005．

14 金属固态相变理论概要

（本章课件及扩展阅读）

材料专业的学习课程分为三大步：（1）材料科学基础；（2）材料组织结构转变规律，核心内容是固态相变理论；（3）材料各论及应用。

在学习材料科学基础理论的基础上，学习金属固态相变理论极为重要，金属热加工、热处理、铸造、焊接、锻压、粉末冶金等工程都涉及固态相变问题，固态相变理论是研发材料，工艺设计的基础，是解决实际问题的钥匙[1-3]。可以说，不懂得固态相变理论就不懂得材料。一般院校材料专业均讲授"固态相变"课程，或金属热处理原理，内容体系基本相同。

本章仅简单叙述固态相变的分类和固态相变理论梗概。

14.1 固态相变的分类

分类是根据研究对象的共同点和差异点，将对象划分为不同的种属的方法。金属中的固态相变的种类很多，分类方法不一。按相变的平衡状态可以分为平衡相变和非平衡相变；按热力学分类，可分为一级相变和二级相变；按原子的迁移特征分类，可分为扩散型相变和无扩散型相变等[4]。

14.1.1 按平衡状态分类

14.1.1.1 平衡转变

定义：**在极为缓慢的加热或冷却的条件下形成符合状态图的平衡组织的相的转变，属于平衡转变**。平衡转变有以下七种：

（1）纯金属的同素异构转变。定义：**纯金属在温度、压力改变时，由一种晶体结构转变为另一种晶体结构的过程，称为同素异构转变**。如，锰不同温度下，具有 α-Mn、β-Mn、γ-Mn、δ-Mn；铁在不同温度下，具有 α-Fe、γ-Fe、δ-Fe 等晶体结构[1]。钛、钴、锡等金属也都具有同素异构转变。

（2）多形性转变。定义：**金属固溶体的同素异构转变称为多形性转变**。

纯金属中溶入溶质元素形成固溶体时，也可发生同素异构转变。如奥氏体是碳及合金元素溶入 γ-Fe 的固溶体。奥氏体能转变为 α-铁素体（F）、δ-铁素体。同素异构转变和多形性转变是固态相变的主要类型，是固态相变的根源之一。

（3）共析转变。定义：**冷却时，固溶体同时分解为两个不同成分和结构的相的固态相变称为共析转变**。可以用反应式 $\gamma \rightarrow \alpha+\beta$ 表示。共析分解生成的两个相的结构和成分都与反应相不同。如钢中的珠光体分解：$A \rightarrow F+Fe_3C$，是母相分解为两相，即共析共生的过程，不存在领先相。

钢中的珠光体：**过冷奥氏体分解为共析铁素体和共析渗碳体（或碳化物）的整合组**

织。钢中的片状珠光体组织如图 14-1 所示。

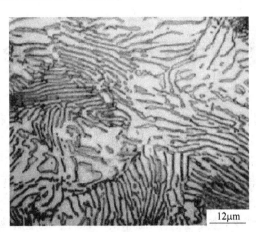

图 14-1　钢中的珠光体组织，OM

（4）包析转变。定义：**冷却时由两个固相合并转变为一个固相的固态相变过程称为包析转变。**用 α+β → γ 表示。在 Fe-B 系中，于 910℃ 发生 γ+Fe₂B → α 的包析反应。此外，在 Mg-Zn 系、Cu-Zn 系合金中也有包析转变。

（5）平衡脱溶。定义：**在高温相中固溶了一定量的合金元素，当温度降低时溶解度下降，在缓慢冷却的条件下，过饱和固溶体将析出新相，此过程称为平衡脱溶。**在这个转变中，母相不消失，但随着新相的析出，母相的成分和体积分数不断变化。新相的成分、结构与母相不同。例如，缓慢冷却过程中奥氏体中析出二次渗碳体就属于这种转变。

（6）调幅分解。定义：**某些合金在高温时形成单相的均匀的固溶体，缓慢冷却到某一温度范围时，通过上坡扩散，分解为两相，其结构与原固溶体相同，但成分不同，这种转变称为调幅分解。**用反应式 α → α₁+α₂ 表示。图 14-2 为 Cu-Ni-Cr 合金的调幅分解组织形貌（透射电镜照片）。

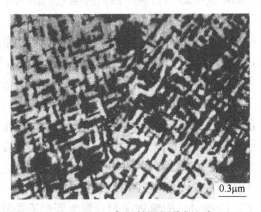

图 14-2　Cu-Ni-Cr 合金的调幅分解组织，TEM

（7）有序化转变。定义：**在平衡条件下，固溶体中各组元原子的相对位置由无序到有序的转变过程称为有序化转变。**铁-铝合金、金-铜合金、铜-锌合金等合金系中都可以发生有序化转变。如，在铁铝系平衡图中，铝含量（质量分数）从 0~36% 的 Fe-Al

合金存在有序—无序转变。铝含量（质量分数）在 13.9% ~ 20% 的 Fe–Al 合金，从 700℃ 以上的无序 α-相缓冷下来时，发生 α → β₁(Fe₃Al)，Fe₃Al 为有序固溶体，具有体心立方结构。

14.1.1.2 非平衡转变

在非平衡加热或冷却条件下，平衡转变受到抑制，将发生平衡图上不能反映的转变类型，获得不平衡组织或亚稳状态的组织。钢中及有色合金中都能发生不平衡转变。如钢中可以发生伪共析转变、马氏体相变、贝氏体相变等。

A 伪共析转变

定义：某些非共析成分的钢，当奥氏体以较快的速度冷却时，奥氏体被过冷到 *ES* 线和 *GS* 线的两个延长线以下时，如图 14-3 所示的阴影线范围，这时奥氏体同时满足析出铁素体和渗碳体的条件，将同时析出铁素体和渗碳体，两相共析共生，这一过程称为伪共析转变。

这种珠光体中的铁素体和渗碳体的比例与平衡共析转变得到的珠光体不同，若是亚共析钢冷却得到伪珠光体，其中的铁素体含量较多；若是过共析钢，则其伪珠光体中的渗碳体量较多。图 14-4 是含碳量（质量分数）为 0.82% 的碳素钢轧后穿水+风冷后的组织，扫描电镜照片，没有网状的渗碳体，是伪珠光体组织。

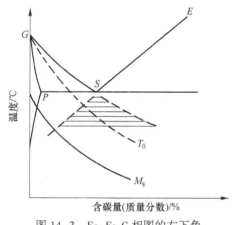

图 14-3　Fe–Fe₃C 相图的左下角

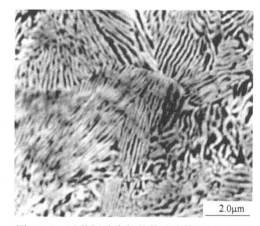

图 14-4　过共析碳素钢的伪珠光体组织，SEM

B 马氏体相变

钢中，将奥氏体以较大的冷却速度过冷到低温区，马氏体点以下，奥氏体以无扩散方式转变为马氏体组织，如板条状马氏体、片状马氏体等多种组织形态。图 14-5 为低碳板条状马氏体的组织形貌，可见，组织由细小而不规则的条片状马氏体组成。

有色金属及其合金中也存在马氏体相变。

马氏体的新定义：马氏体是经无（需）扩散的，原子集体协同位移的晶格改组过程，得到具有严格晶体学关系和惯习面的，相变产物中伴生极高密度位错、精细孪晶或微细层错等晶体缺陷的整合组织。该定义描述了马氏体自身的物理本质，也指出了马氏体相变过程的属性[5]。

依据马氏体相变的特征，抽象出马氏体相变的新定义：**原子经无需扩散的集体协同位**

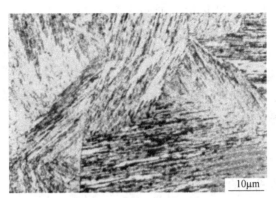

图 14-5 低碳板条状马氏体组织形貌，TEM

移，进行晶格改组，得到的相变产物具有严格晶体学位向关系和惯习面，极高密度位错、或层错或精细孪晶等亚结构的整合组织，这种形核-长大的一级相变，称为马氏体相变[5]。

C 贝氏体相变

钢中的奥氏体过冷到中温区，在珠光体和马氏体转变温度之间，发生贝氏体转变。形成以贝氏体铁素体为基体，其上分布着渗碳体，或 ε-碳化物，或残留奥氏体等相的整合组织。有色金属及合金中也存在贝氏体相变。

钢中的贝氏体是过冷奥氏体的中温转变产物，它以贝氏体铁素体为基体，铁素体内部有亚单元及较高密度的位错等亚结构，时有渗碳体、残留奥氏体等相构成的整合组织，称为贝氏体[5]。

据贝氏体相变的特征，钢中贝氏体相变的定义为：**过冷奥氏体在中温区发生的具有过渡性特征的非平衡相变。以贝氏体铁素体（BF）形核—长大为主要过程，时有渗碳体（或 ε-碳化物）析出，或形成残留奥氏体，或生成 M/A 岛等相构成的多种形貌的整合组织的一级相变，称为贝氏体相变**[5]。

D 不平衡脱溶沉淀

定义：与上述平衡脱溶不同，合金固溶体在高温下溶入了较多的合金元素，之后快冷，固溶体中来不及析出新相，一直冷却到较低温度下，得到过饱和固溶体。然后，在室温或加热到其溶解度曲线以下的温度进行等温保持，从过饱和固溶体中析出一种新相，该新相的成分和结构与平衡沉淀相不同，此称不平衡脱溶沉淀。如将含铜质量分数为 1.2% 的低碳钢加热到 850~950℃ 固溶处理，得到过饱和铁素体组织，然后于 550~650℃ 时效，析出富铜沉淀相，即是不平衡脱溶沉淀过程。

14.1.2 按原子迁移特征分类

固态相变发生相的晶体结构的改造，需要原子迁移才能完成。若原子的迁移造成原有原子的邻居关系的破坏或成分的变化，则属扩散型相变，如钢中的珠光体转变；反之，相变的结果无成分的变化，则为无扩散型相变，如钢中的马氏体相变。

（1）扩散型相变。在相变时，新旧相界面处，在化学位差的驱动下，旧相原子单个地、无序地、统计地越过界面进入新相，在新相中，原子重排，新旧相原子排列顺序不同。界面不断向旧相推移。

（2）无扩散型相变。马氏体相变即属无扩散相变，新旧相的结构不同，但化学成分相同。马氏体相变存在于钢中，有色金属中以及陶瓷等材料中。此外，贝氏体铁素体的形成也是没有成分变化的相变，也属于无扩散相变。

14.1.3　按热力学分类

相变的热力学分类是按温度和压力对自由焓的偏导函数在相变点的数学特征，将相变分为一级相变、二级相变等。

一级相变时，有体积和熵的突变，即有体积的胀缩及潜热的释放或吸收。金属中大多数固态相变属于这种一级相变。

二级相变时，没有体积和熵的突变，即没有体积的胀缩及潜热的释放或吸收。但压缩系数 k，等压热容 C_p，膨胀系数 α 有突变。有序转变即为二级相变。

14.2　固态金属五大转变理论概要

金属固态相变主要包括奥氏体的形成、珠光体转变、贝氏体相变、马氏体相变、脱溶及淬火钢回火转变等五大转变。本节主要叙述这五大转变的基本理论概要。

现代金属材料工程专业覆盖了金属热处理、铸造、焊接、锻压、轧钢、金属腐蚀、表面技术等专业。固态相变原理是这些专业技术的必备基础理论，是解决实际问题的钥匙，是推动技术创新的源泉。

固态相变原理是材料工艺技术的理论基础，是技术创新的源泉。随着现代工业发展，实用的、创新性的相变理论和应用技术理论越来越显得重要。提高材料固态相变原理的理论水平，培养 21 世纪创新型材料工程技术人才，实现技术创新、提高产品质量，发展生产，对实现 2020 年成为创新性国家、实现中国梦具有重要意义。

19 世纪末到 20 世纪，各国材料科学家在固态相变理论研究方面取得了长足进步，而我国当时为清末和"中华民国"时期，腐败的政治、连年的战乱，缺乏开展材料科学研究的环境和条件。建国后，大力开展材料科学研究，20 世纪 50~60 年代学习前苏联材料科学和热处理理论，70~80 年代学习欧美日的固态相变理论，培养了一大批材料科学家，促进了我国材料科学的研究和金属材料工业的发展。20 世纪末以来，试验装备、仪器大幅度更新和增置，国家政策激励中华儿女为实现中国梦而创新，取得了巨大进展，我国材料科学家的理论水平已经接近、在某些方面或已超过国外水平。

多年来科学试验和教学内容研究发现以往的固态相变原理并不完全正确，需要与时俱进地进行更新和修正，以适应材料科学和国民经济发展的需求。在进行金属材料、热加工工艺研发的同时，开展了固态相变理论的新试验、新观察、新探讨，提出了一系列新概念、新理论，力求为我国材料科学事业的发展添砖加瓦[5]。

14.2.1　奥氏体的形成

钢件在热处理、热加工等热循环过程中，大部分需要将钢加热到临界点以上进行奥氏体化，或部分奥氏体化。然后以设定的速度冷却下来，以便得到预定的组织结构，获得某些预定的性能。因此，掌握奥氏体的形成规律至关重要。

共析钢的过冷奥氏体在 A_{r_1} 温度将共析分解为珠光体组织；在 B_s 点以下温度可转变为贝氏体组织；在 M_s 点以下将转变为马氏体组织。这些低温组织被加热到 A_{c_1} 温度，珠光体将转变为奥氏体组织，称为逆共析转变。贝氏体、马氏体组织被加热到 A_{c_1} 温度以上，也会转变为奥氏体组织。此奥氏体的形成是扩散性相变。奥氏体形成时吸收相变潜热，体积收缩（比体积变小），是一级相变[6,7]。

奥氏体的形成定义为：**钢的低温组织加热到 A_{c_1} 以上形成面心立方 γ-相固溶体的形核——长大的一级相变**[8]。

奥氏体的形成在钢的热加工、热处理等工程中是一个重要的工序。通过奥氏体的形成获得理想的奥氏体组织状态，为下一步工序做好组织准备。

共析钢奥氏体冷却到临界点 A_1 以下温度时，存在共析反应：$A \rightarrow F+Fe_3C$。加热时，发生逆共析反应：$F+Fe_3C \rightarrow A$。F 和 Fe_3C 两相合二为一，转变为单相奥氏体，这就是逆共析转变，成分发生了变化，是高温下进行的扩散性相变。转变的全过程可以分为四个阶段，即：奥氏体形核，奥氏体在晶界形核；奥氏体晶核长大；剩余渗碳体溶解；奥氏体成分相对均匀化[9,10]。

奥氏体状态包括奥氏体的成分、晶粒大小、亚结构、均匀性以及是否存在碳化物、夹杂物等其他相。这些对于奥氏体在随后冷却过程中的相变产生重要影响，对于相变产物的组织、性能有直接的作用，因此研究钢中的奥氏体的形成机理、控制奥氏体状态，具有重要理论意义和实际工程价值。

奥氏体过冷到临界点以下将发生一系列转变，其转变贯序是：高温区发生铁素体-珠光体转变，中温区进行贝氏体相变，在马氏体点以下发生马氏体转变。

图 14-6 是 1Cr18Ni9Ti 不锈钢的奥氏体组织形貌，可见在奥氏体晶粒中存在孪晶（平直的条片状）[11]。

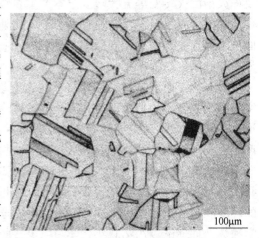

图 14-6　奥氏体组织形貌，OM

14.2.2　钢的共析分解——珠光体转变

1864 年索拜（Sorby）首先在碳素钢中观察到珠光体，并建议称其为"珠光的组成物"（Pearly Constituent），后命名为珠光体（Pearlite）。20 世纪上半叶对珠光体转变进行了大量的研究工作，60~80 年代，主要在马氏体和贝氏体相变等方面集中进行研究，而珠光体转变理论的研究缺乏迫切性；珠光体钢应用也有限，故研究受到冷落。80 年代，由于珠光体钢应用的增加，珠光体组织转变的研究又引起了人们的兴趣，使珠光体组织转变的研究有了新的进展，但共析分解的某些问题尚未真正搞清，如珠光体的定义、领先相问题、共析分解机理等。21 世纪以来，刘宗昌等人进行了大量试验研究，对珠光体的概念、转变机制进行了修正，并第一次发现了珠光体表面浮凸现象[8,12-14]。珠光体表面浮凸的发现具有重要学术价值[15,16]。

14.2.2.1 珠光体的组织形貌

奥氏体的共析分解产物为珠光体组织。珠光体是共析铁素体和共析碳化物的整合组织，是有机结合，不是混合，以往的书刊中称其为机械混合物，是不正确的[5]。

珠光体的组成相有铁素体、渗碳体、合金渗碳体、各类合金碳化物等。各相的形态及分布不同，因而珠光体组织形貌形形色色。珠光体组织形貌有片状、细片状、极细片状的；碳化物有点状、粒状、球状的以及不规则形态的。片状珠光体由共析铁素体和共析碳化物片组成，依片间距不同，可以分成珠光体、索氏体、托氏体三种。图14-7为片状珠光体组织形貌。图14-8为35CrNiW钢的TTT图。

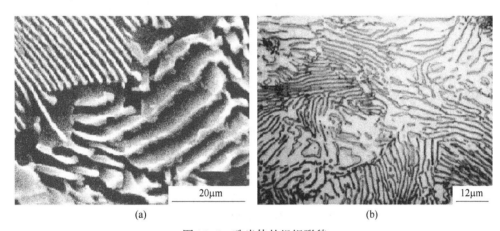

(a)   (b)

图14-7　珠光体的组织形貌

（a）片状珠光体的立体形貌[11]，SEM；（b）T8钢索氏体组织，OM

14.2.2.2 珠光体转变机理要点

掌握珠光体转变规律，对于材料研发、珠光体钢的应用是至关重要的。

过冷奥氏体在A_{r_1}温度同时析出铁素体和渗碳体或合金碳化物两相构成珠光体组织的扩散型一级相变，称为钢中的共析分解或珠光体转变。 即过冷奥氏体在高温区发生的扩散性相变。

在A_1以下，珠光体的自由焓低于奥氏体的自由焓，即$\Delta G = G_p - G_\gamma < 0$，相变驱动力约为$-200 \sim -700 \text{J/mol}$。过冷奥氏体将转变为珠光体组织。

过冷奥氏体在一定过冷度（ΔT）下，在孕育期内，将出现贫碳区与富碳区的涨落。加上随机出现的结构涨落、能量涨落，一旦满足形核条件，则在贫碳区建构铁素体核坯的同时，在富碳区也建构渗碳体（或碳化物）的核坯，二者同时同步，共析共生，非线性相互作用，互为因果，共同建构一个珠光体的晶核（$F + Fe_3C$）。铁素体和渗碳体同步出现，不存在领先相。

珠光体的晶核可以由一片铁素体和一片碳化物相间组成，也可能是几片铁素体和几片碳化物组成。只要大于其临界晶核尺寸，均可能长大为一个珠光体领域（称珠光体团）。

经典理论认为珠光体转变是体扩散，实际上是以界面扩散为主的扩散性相变。铁素体+渗碳体共析共生，共享台阶，协同竞争，扩散性长大。

所谓的"相间沉淀"实质上也是过冷奥氏体在某一特殊温度下的共析分解，也即是珠光体转变的产物[18]。

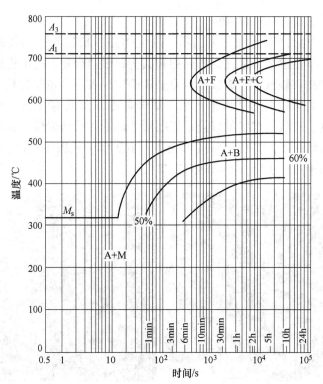

图 14-8　35CrNiW 钢的 TTT 图[17]

（Fe-0.36C-1.34Cr-1.4Ni-0.8W 钢，奥氏体化温度：900℃）

14.2.3　贝氏体转变机理要点

贝氏体组织比马氏体、珠光体组织发现较晚，争论较多。Bain 及其合作者于 1930 年，在美国第一次发表贝氏体显微照片[19]。20 世纪 40 年代为了纪念 Bain 的功绩，将过冷奥氏体在中温区转变的组织命名为贝氏体（Bainite）。后来 R. F. Mehl 将钢中的贝氏体分为上贝氏体和下贝氏体。50 年代初，柯俊及其合作者 S. A. Cottrell 第一次对贝氏体相变进行开拓性研究，提出了贝氏体相变理论的切变学说。康沫狂等学者支持这一观点。60 年代末，美国冶金学家 H. I. Aaronson 及其合作者从能量上否定贝氏体转变的切变可能性，认为贝氏体转变是共析转变的变种，认为是扩散机制。徐祖跃和方鸿生等学者支持这种观点。形成了两个学派，半个世纪以来，切变学派和扩散学派的学者们不断进行学术论争，但争论近40 年而无果[7,20,21]。

21 世纪以来，刘宗昌等人与时俱进，开拓创新，应用科学技术哲学的理论，进行了大量实验研究，纠正了两派的错误观点，认为贝氏体相变既不是切变过程，也不是扩散过程。指出贝氏体相变存在界面原子非协同热激活跃迁位移方式，提出了贝氏体相变新机制[22-28]。

钢中的贝氏体相变是发生在共析分解和马氏体相变温度范围之间的中温过渡性转变。它既不是珠光体那样的扩散型相变，也不是马氏体那样的无扩散型相变，而是一个过渡性质的相变。贝氏体相变过程中，只有碳原子能够扩散，铁原子及替换合金元素的原子实际上已经难以扩散。贝氏体相变中铁原子和替换原子以非协同热激活跃迁方式位移。贝氏体铁素体的形成没有成分变化，是无扩散的相变过程。

　　近10多年来，由于检测仪器的升级和多样化，对贝氏体的观察更加全面、深入、细致，促进了贝氏体理论的更新。《贝氏体和贝氏体相变》[19]一书论述了贝氏体相变的新理论，其试验结果新、概念新，阐述了贝氏体相变新机制，并与客观实际相符合。该书阐述了贝氏体的成分、组织形貌和精细亚结构，从本质上揭示了贝氏体的本质。在此基础上阐述贝氏体热力学问题，分析贝氏体相变动力学，总结了贝氏体相变的过渡性特征，明确贝氏体相变不同于共析分解。在此基础上给贝氏体和贝氏体相变做出了科学的定义。在分析固态相变中原子的位移方式后，阐述了贝氏体相变机理，指出界面处的铁原子和替换原子以非协同热激活跃迁方式位移，实现晶格改组，形成贝氏体铁素体、贝氏体碳化物，构成的贝氏体组织的各种形貌。图14-9为条片状贝氏体，图14-10为羽毛状贝氏体，图14-11为针状下贝氏体的组织形貌，图14-11(a)为60Si2CrV钢下贝氏体组织的光学金相照片，为针状，在图14-11(b)中揭示了针状贝氏体的亚结构，是扫描电镜高倍观察的照片。图14-12为粒状贝氏体组织形貌，可见其中存在许多灰色的颗粒状区域，它是奥氏体相[11]。

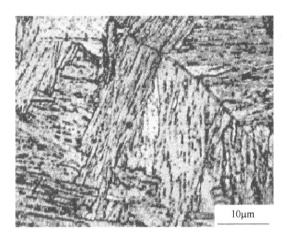

图14-9　超低碳贝氏体钢的贝氏体组织，OM

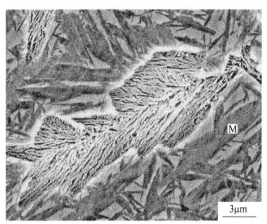

图14-10　高碳钢的羽毛状贝氏体组织，OM

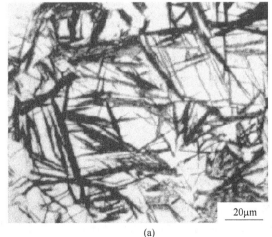

(a)

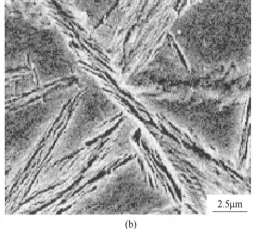

(b)

图14-11　针状下贝氏体的组织形貌

(a) 60Si2CrV钢下贝氏体组织，OM；(b) 亚结构，SEM

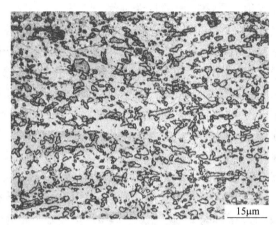

$15\mu m$

图 14-12　粒状贝氏体组织，OM

钢中的贝氏体定义为：**贝氏体是过冷奥氏体的中温转变产物，它以贝氏体铁素体为基体、同时可能存在 θ-渗碳体或 ε-碳化物、残留奥氏体等相构成的整合组织。贝氏体铁素体的形貌多呈条片状，内部有规则排列的亚单元及较高密度的位错等亚结构**[5]。

14.2.4　马氏体相变理论概要

《世界冶金发展史》中记载，公元前 900 年，在埃及已将斧头淬火硬化，斧刃经检验具有马氏体组织，硬度 HRC45。在中国，公元前 206~前 24 年，一柄汉代的钢剑具有马氏体组织。我国是世界上钢淬火技术先进的国家，具有领先的淬火工匠手艺，但长期对其内部组织结构缺乏科学认识。人类认识淬火组织的变化规律则是 19 世纪中期的事情，当时进入了材料科学时代[29-31]。

1878 年，德国冶金学家 Martens 等用金相显微镜观察到淬火钢中的这种硬相，首先发现的是高碳针状马氏体。1895 年法国人 Osmond 将其命名为马氏体（Martensite）[1,7]。

20 世纪，马氏体相变是材料科学中研究最活跃的学科之一。发现钢、有色金属及合金，陶瓷材料中均有马氏体相变发生。

马氏体相变极为复杂，具有多种晶体结构、亚结构和形形色色的组织形貌。图 14-13~图 14-15 为马氏体组织的典型形貌。图 14-13 是低碳钢的板条状马氏体组织，马氏体呈现板条状特征；图 14-14 为片状马氏体组织形貌，这是马氏体的二维形貌，其立体形貌应当是扁针状；图 14-15 是 Cu-11.42Al-0.35Be-0.18B 合金的马氏体组织组织，马氏体片有竹节状孪晶亚结构。

以往马氏体的定义较多，但是都不正确或已过时，如马氏体是碳在 α-Fe 中的过饱和固溶体（产生于 20 世纪 20 年代）。此定义早已过时。

100 多年来，马氏体及马氏体相变的研究取得了显著的进步，马氏体相变热力学、动力学、组织学、性能学和应用马氏体材料的工艺技术，各种马氏体材料的开发应用等各方面的研究均获得了显著进展，促进了经济的发展，促进人类社会文明。

无扩散型相变是母相通过自组织，以无扩散方式进行晶格改组的。马氏体相变与中温区的贝氏体相变存在密切的联系，以往的研究割裂了这一联系，使马氏体相变机制的研究陷入了误区。

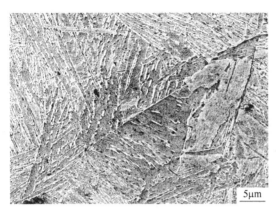

图 14-13　低碳钢板条状马氏体组织，SEM

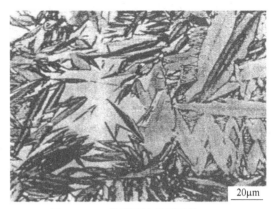

图 14-14　高碳钢片状马氏体，OM

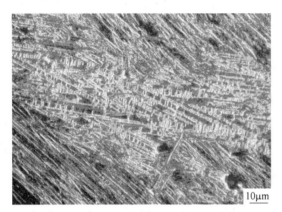

图 14-15　Cu-11.42Al-0.35Be-0.18B 合金的马氏体组织组织，OM

　　刘宗昌等人应用 SEM、TEM、STM 等设备进行了大量试验观察，结合理论分析，指出了马氏体相变切变机制缺乏试验依据，相变驱动力不足以进行切变过程，所有切变模型均不能与实际相吻合，切变机制难以解释惯习面、位向关系、组织形貌变化、亚结构等试验现象，说明马氏体的切变机制不正确，并提出了马氏体相变的新机制[5,32-36]。

　　马氏体相变的切变机制并非成熟的理论。近年来，从热力学、晶体学、组织学、表面浮凸等多方面逐一对切变机制进行了实践检验和理论检验，发现切变机制存在以下误区：

　　（1）切变过程缺乏热力学可能性。提出 K-S 模型（1930 年）、西山模型（1934 年）时，只应用光学显微镜观察马氏体组织，当时尚未提出位错理论，更没有发现孪晶。因此只设计了晶格切变模型。

　　对于 K-S 切变模型，计算两次切变消耗的变总能量 $N_k = N_{1q} + N_{2q} = 44.9 \times 10^3 \text{J/mol}$。

　　西山切变模型，切变耗能 $N_x = N_{1q} = 35 \times 10^3 \text{J/mol}$。

　　G-T 模型两次切变共耗能 $N_G = N_{G1} + N_{G2} = 25.3 \times 10^3 \text{J/mol}$。

　　按照切变模型，在完成 1~2 次切变后，均没有得到实际的马氏体晶格（变形不改变晶格类型），还需进行晶格参数调整，这实际上还需要原子再移动，再耗能，在上述计算的切变能量基础上还需要追加晶格参数调整的能量[5]。切变模型的设计者没有考虑能耗问题。

　　将相变驱动力与相应的切变耗能相比，可见马氏体相变驱动力远远不能支持切变过程的进行。

　　（2）马氏体相变晶体学模型与实际不符。20世纪提出的切变模型与实际的马氏体相变不符。表象学假说将Bain模型和切变模型组合起来，并以矩阵式F＝RBS描述。现研究表明表面浮凸是新旧相比容差所致；上述切变模型，即简单切变均不能获得真正的马氏体晶格；因此，将形状应变（表面浮凸）F用RBS三因素的组合来描述，这个计算式的物理模型是错误的，因而其计算结果必不符合实际[36]。

　　按照科学技术哲学理论，与实际不符的假说或未被试验证实的观点不能称为理论，实践是检验真理的唯一标准。因此，切变机制是脱离马氏体相变实际的，应当摒弃。

　　（3）切变机制缺乏试验依据。20世纪初发现马氏体相变表面浮凸现象，认为是切变造成的，并且将表面浮凸形貌描绘为N形，以作为马氏体相变切变机制的试验依据。显然，对表面浮凸的错误认识是导致切变机制误区的根源。表面浮凸实际上是试样表面的过冷奥氏体转变产物的一种普遍表征，为帐篷形（∧），是比体积变化导致的表面应变[5]。

　　马氏体表面浮凸均为帐篷形（∧），帐篷形浮凸不具备切变特征[5]。马氏体表面浮凸主要是由于新旧相比体积不同，马氏体片形成体积膨胀，而且形成有先后，故相变体积不均匀膨胀造成表面应变，形成复杂的表面畸变应力，从而引起试样表面的畸变，突出于试样表面的尺寸不等，因而产生与组织形貌相适应的浮雕，即为浮凸。

　　切变机制认为切变过程导致N形浮凸，并设想在试样表面刻一条划痕STS′，马氏体转变后，该划痕变成折线S′T′TS′，折线应当连续，不间断。试验表明：划痕变成曲线，有间断，不连续现象，说明表面马氏体的形成使直线划痕变成了曲线，且断裂，不连续。所谓的"不变平面应变"的"不畸变面"实际上是不存在的[36]。

　　破旧立新，提出了钢中马氏体相变新机制[5,12,37,38]，其要点为：**过冷奥氏体在相变驱动力推动下，碳原子、铁原子等所有原子有组织的集体协同地热激活跃迁位移，每个原子移动距离远远小于一个原子间距，实现面心立方晶格（fcc）到体心立方（bcc）或体心正方（bct）的晶格改组，在晶格改组过程中，为了调节应变能而形成高密度缠结位错或精细孪晶或层错等亚结构，是无扩散性的一级相变。这种原子的位移方式不是简单的机械式的切变过程。**

　　马氏体高密度缠结位错和层错是奥氏体向马氏体晶格重构过程中为了保持共格界面和调整应变能而必须形成的，是相变位错、层错，与滑移变形无关。

　　以往书刊中关于马氏体相变的定义不正确，马氏体相变的定义应为：原子经无需扩散的集体协同位移，进行晶格改组，得到的相变产物具有严格晶体学位向关系和惯习面，极高密度位错、或层错或精细孪晶等亚结构的整合组织，这种形核—长大的一级相变，称为马氏体相变[5]。

14.2.5　过饱和固溶体的脱溶

　　工程上大量应用的金属及合金通过固溶、脱溶或时效处理等来提高材料的强度等性能。

　　固溶处理是将钢或合金加热到一定的温度，使碳或合金元素溶入固溶体中，然后以较快的速度冷却下来，得到过饱和状态的固溶体或过饱和的新相的一种工艺过程[5,39]。

脱溶是固溶处理的逆过程，经过固溶处理而得到的固溶体或新相大多是亚稳的，在室温保持一段时间或者加热到一定温度，过饱和相将发生脱溶过程。

钢件以预定的速度加热到预定的温度奥氏体化，然后以适当的方式冷却，得到马氏体或贝氏体组织，这种工艺操作称为淬火，也是一种固溶处理。淬火马氏体的回火也是过饱和固溶体的脱溶过程。

过饱和的固溶体中形成溶质原子聚集区（G-P 区）、亚稳定过渡相、新相的过程称为脱溶。在 Fe-C 合金中，奥氏体缓慢冷却到 A_3 稍下，将析出先共析铁素体，为负脱溶；而奥氏体缓慢冷却到 A_{cm} 稍下，将析出先共析渗碳体，则为正脱溶。

合金脱溶将引起组织结构、性能、内应力的改变，这种热处理工艺称为时效[40]。脱溶显著提高合金的强度和硬度，被称为时效强化，它是强化金属材料的重要途径之一。

时效处理分为自然时效和人工时效。自然时效是指经过固溶处理以后的金属或合金在室温放置而进行的脱溶过程；人工时效是指经过固溶处理以后的金属或合金，加热到某一温度下等温进行的时效过程。

14.2.5.1　淬火钢的回火转变

淬火获得的马氏体组织一般不能直接使用，需要进行回火，以降低脆性，增加塑性和韧性，获得强韧性的良好配合后才实际应用。其原因如下：第一，一般情况下，马氏体是在较快冷却速度下获得的非平衡组织，在马氏体状态下，处于较高的能量状态，系统不稳定；第二，淬火组织中一般存在残留奥氏体，在使用过程中，残留奥氏体可能发生转变；第三，淬火钢件中往往存在残留内应力。

为了满足零件对性能的要求，将淬火零件重新加热到低于临界点的某一温度，保温一定时间，使亚稳的马氏体及残留奥氏体发生某种程度的转变，再冷却到室温，从而调整零件的使用性能。这种工艺操作称为回火[3,40,41]。

钢经淬火得到的是非平衡的马氏体组织，在回火过程中发生的转变较为复杂，主要有马氏体的脱溶分解，残留奥氏体的转变，马氏体脱溶将析出碳化物。析出的碳化物存在转化、聚集长大过程；回火马氏体中的 α 相存在一个回复、再结晶过程；钢中的残留内应力将随着回火温度的升高，而逐渐减小直至消除。

等温淬火可得到贝氏体组织，贝氏体在 A_1 以下温度加热也发生一些转变，称为贝氏体的回火转变。贝氏体也是非平衡组织，且往往存在残留奥氏体，因此贝氏体也发生回火转变。

对于不同成分的钢以及不同性能要求，其淬火马氏体的回火温度范围不同。抗回火性越强的钢，马氏体的回火转变越移向高温。对于 Fe-C 马氏体，其抗回火性较差，比较容易脱溶，渗碳体颗粒也容易聚集长大。

为了不同的强韧性要求，应当得到不同的回火组织，即得到回火马氏体、回火托氏体、回火索氏体组织，采用不同的回火温度可获得不同的回火组织。图 14-16 为低碳钢淬火马氏体于 190℃的回火马氏体照片，可见在板条状马氏体中析出了细小颗粒的碳化物。图 14-17 为 $w(C) = 0.2\%$ 钢不同回火温度得到的力学性能。

14.2.5.2　合金的脱溶与时效

随合金成分及时效条件的不同，过饱和固溶体可通过不同的序列或不同的途径进行脱溶，并可以在中途停止在不同的进程上。整个脱溶过程对合金的性能的变化来说是很剧烈的，也是很敏感的，各个阶段都对应于不同的性能。这就要求对脱溶过程进行细致地分析以掌握其规律性。

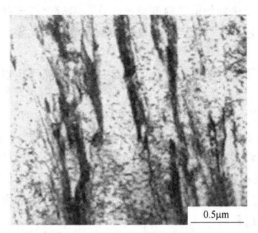

图 14-16　回火马氏体组织，TEM

图 14-18 为 Al-Cu 合金平衡相图的一角[3]。图中：α 代表以 Al 为基的固溶体；θ 代表以化合物 CuAl₂ 为基的二次固溶体。α 的点阵与 Al 或 Cu 一样为面心立方，θ 则属于正方晶系。由图 14-18 中可见，6%Al-Cu 合金从过饱和 α 相中脱溶的贯序应为：G.P 区→θ″→θ′→θ。

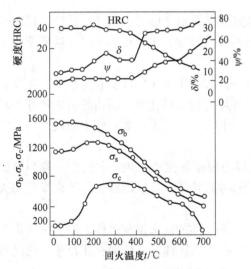

图 14-17　$w(C)=0.2\%$ 钢不同回火温度
得到的力学性能

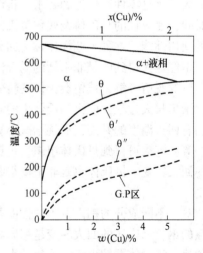

图 14-18　Al-Cu 合金平衡相图的一角及过渡性相
（θ′、θ″和 G.P 区在 α 相中的溶解度曲线）

将合金 Al-4%Cu，加热到 α 区（例如 520℃）使 Cu 完全固溶于 α 相中，并使其均匀化，然后以较快的速度进行冷却，得到过饱和固溶体 α 相，然后在一定温度下加热进行脱溶。

实验表明，随过饱和度（或过冷度）的不同，Al-Cu 合金的脱溶过程可以发生很大变化，脱溶过程也可停留在任何过渡阶段，并赋予合金不同的使用性能。

复习思考题

14-1　学习固态相变理论的重要性。

14-2　解释名词：奥氏体，珠光体，铁素体，贝氏体，马氏体，回火托氏体，脱溶。

14-3　钢中会发生哪些固态相变，转变贯序是什么？

14-4　简述珠光体转变、贝氏体相变、马氏体相变中原子位移形式。

14-5　简述珠光体、贝氏体、马氏体组织的过渡性特征。

参 考 文 献

[1] 刘宗昌，任慧平，宋义全. 金属固态相变教程 [M]. 2 版. 北京：冶金工业出版社，2011.

[2] 刘宗昌，等. 材料组织结构转变原理 [M]. 北京：冶金工业出版社，2006.

[3] 刘宗昌，冯佃臣. 热处理工艺学 [M]. 北京：冶金工业出版社，2015.

[4] 刘宗昌，等. 材料组织结构转变原理 [M]. 北京：冶金工业出版社，2006.

[5] 刘宗昌，等. 固态相变原理新论 [M]. 北京：科学出版社，2014.

[6] 刘宗昌，赵莉萍，等. 热处理工程师必备基础理论 [M]. 北京：机械工业出版社，2013.

[7] 陈景榕，李承基. 金属与合金中的固态相变 [M]. 北京：冶金工业出版社，1997.

[8] 刘宗昌，任慧平，王海燕. 奥氏体形成与珠光体转变 [M]. 北京：冶金工业出版社，2010.

[9] 刘宗昌，王海燕. 奥氏体形成机理 [J]. 热处理，2009，24 (6)：13-18.

[10] 赵连城. 金属热处理原理 [M]. 哈尔滨：哈尔滨工业大学出版社，1987.

[11] 钢铁研究总院结构材料研究所，等. 钢的微观组织图像精选 [M]. 北京：冶金工业出版社，2009.

[12] 刘宗昌，袁长军，计云萍，等. 珠光体转变形核的研究 [J]. 金属热处理，2011，36 (2)：14-17.

[13] 郭正洪. 钢中珠光体相变机制的研究进展 [J]. 材料热处理学报，2003，24 (3)：1-7.

[14] 刘宗昌，任慧平. 过冷奥氏体扩散型相变 [M]. 北京：科学出版社，2007.

[15] 刘宗昌，段宝玉，王海燕，等. 珠光体表面浮凸的形貌及成因 [J]. 金属热处理，2009，34 (1)：24-28.

[16] 刘宗昌，王海燕，任慧平. 过冷奥氏体转变产物的表面浮凸 [J]. 中国体视学与图像分析，2009，14 (3)：227-236.

[17] 林慧国，傅代直. 钢的奥氏体转变曲线 [M]. 北京：机械工业出版社，1988.

[18] 刘宗昌，等. 合金钢显微组织辨识 [M]. 北京：高等教育出版社，2017.

[19] 刘宗昌，任慧平，等. 贝氏体与贝氏体相变 [M]. 北京：冶金工业出版社，2009.

[20] 刘宗昌. 贝氏体相变的过渡性 [J]. 材料研究学报，2003，24 (2)：37-41。

[21] 刘宗昌. 钢中贝氏体相变的论争及前景 [J]. 包头钢铁学院学报，2003，22 (1)：1-5.

[22] 刘宗昌. 贝氏体相变的过渡性 [J]. 材料研究学报，2003，24 (2)：37-41.

[23] 刘宗昌，王海燕，任慧平，等. 贝氏体相变特点的研究 [J]. 材料热处理学报，2007，28 (增刊)：168-171.

[24] 刘宗昌，计云萍，任慧平. 珠光体、贝氏体、马氏体相变的形核 [J]. 材料科学，2013，3 (2)：193-208.

[25] 刘宗昌，王海燕，任慧平. 贝氏体铁素体形核机理求索 [J]. 材料热处理学报，2007，28 (1)：53-58.

[26] 刘宗昌，王海燕，任慧平，等. 贝氏体铁素体形核长大的热激活迁移机制 [J]. 金属热处理，

2007, 32 (11): 1-5.

[27] 刘宗昌, 计云萍, 任慧平. 贝氏体铁素体的形核 [J]. 材料热处理学报, 2011, 32 (10): 74-79.

[28] 刘宗昌, 计云萍, 任慧平. 贝氏体相变时原子的位移 [J]. 材料科学, 2013, 3 (6): 243-247.

[29] 华觉明, 等. 世界冶金发展史 [M]. 北京: 科学技术文献出版社, 1985.

[30] 北京钢铁学院《中国冶金简史》编写组. 中国冶金简史 [M]. 北京: 科学出版社, 1978.

[31] 樊东黎, 潘建生, 徐跃明, 等. 中国材料工程大典第 15 卷材料热处理工程 [M]. 北京: 化学工业出版社, 2005.

[32] 刘宗昌, 王海燕, 任慧平. 再评马氏体相变的切变学说 [J]. 内蒙古科技大学学报, 2009, 28 (2): 99-105.

[33] 刘宗昌, 计云萍, 林学强, 等. 三评马氏体相变的切变机制 [J]. 金属热处理, 2010, 35 (2): 1-6.

[34] 刘宗昌, 计云萍, 王海燕, 等. 四评马氏体相变的切变机制 [J]. 金属热处理, 2011, 36 (8): 63-66.

[35] 刘宗昌, 计云萍, 任慧平. 马氏体相变不是"不变平面应变" [J]. 热处理, 2013, 28 (3): 19-24.

[36] 刘宗昌, 计云萍, 任慧平. 马氏体相变唯象"理论"的评述——五评马氏体相变的切变学说 [J]. 材料科学, 2014, 4 (4): 119-126.

[37] 刘宗昌, 计云萍, 段宝玉, 等. 板条状马氏体的亚结构及形成机制 [J]. 材料热处理学报, 2011, 32 (3): 56-61.

[38] 刘宗昌, 袁长军, 计云萍, 等. 马氏体的形核及临界晶核的研究 [J]. 金属热处理, 2010, 35 (11): 18-22.

[39] 戚正风. 固态金属中的扩散与相变 [M]. 北京: 机械工业出版社, 1998.

[40] 刘宗昌, 袁泽喜, 刘永长. 固态相变 [M]. 北京: 机械工业出版社, 2010.

[41] 夏立芳. 金属热处理工艺学 [M]. 哈尔滨: 哈尔滨工业大学出版社, 1996.

15 材料科学的中心内容和学习方法

（本章课件及扩展阅读）

15.1 中心内容和研究方法

科研是科学研究的简称。材料科学的研究涉及材料内部的变化规律以及其所表现的各种自然现象，还有材料对于社会和经济所起的作用，包括微观材料学研究和宏观材料学研究等内容。

联合国教科文组织将科研分为基础研究、应用研究和开发研究三大类[1]。

（1）基础研究——为使科学知识进步的、为近期或远期的应用而进行的原始性研究。

（2）应用研究——为特定产品或工艺而进行的、发现新知识的研究。

（3）开发研究——是将研究成果或科学知识转移到产品或工艺而进行的一系列技术活动。

这三者的终极目标是创新，是为国民经济服务，提高经济效益。

15.1.1 材料科学的中心内容

以材料为研究对象的材料科学是一门综合性的固体或凝聚态的科学。涉及固体物理、固体力学和固态化学。固态物理以完整的周期性结构为重点，研究晶体理论和电子理论以及各种物理性能；固态力学是从宏观的连续介质和微观的晶体缺陷，研究固体形变断裂等力学性能。固体化学则偏重研究化学键、相图、相稳定性、各种化学反应等。

金属材料科学的中心内容是研究金属和合金的成分、结构、组织和性能，以及它们之间的相互关系和变化规律。其目的是运用这些规律研发创新材料，指导生产实践，发展生产，促进国民经济的发展，满足人民的需求[2]。

材料科学需要基础研究、应用研究和材料研发，但是材料科学基本上是一门应用科学，也是偏重于试验的科学。

15.1.2 研究方法

15.1.2.1 试验研究方法

分析化学成分、测定组织结构、观察和鉴别组织结构、检测性能以及从动力学角度分析结构和组织的形成是基本试验内容。X线分析法、光学显微镜分析法、电镜和电子探针等技术以及各种测试力学、电磁学、热学和化学性能的实验技术等，是进行金属材料试验的重要方法和手段[3]。

研究内部组织的最简单的方法是肉眼观察，这种方法称为宏观分析法，它能分辨出金属和合金的低倍组织——材料在宏观范围内的化学的和物理的不均匀性，如铸件的偏析、气孔、疏松、裂纹、压力加工所造成的流线、经化学热处理后的渗碳层、断口的韧断或脆断等。宏观分析作为一种检查产品质量的方法，广泛地应用于生产中。

观察细微组织可借助于光学显微镜。在光镜下所观察到的组织，一般称为显微组织。光学显微镜由于受到光波长的限制，分辨能力约为 $1.5×10^{-4}$cm，有效放大率为 1000~1500 倍。如果要观察更细致的组织，必须借助电子显微镜、激光共聚焦显微镜、原子力显微镜等设备。电子显微镜的分辨能力可达 10^{-7}cm。在电镜下所观察到的组织称电镜组织和高分辨电镜组织。场离子显微镜可将分辨能力提高到近于原子尺度。

利用 X 线衍射方法可以测定金属和合金内部各种相的晶体结构，电子探针（微区 X 线分析）则可用于分析组织中显微区域内的化学成分。

借助于机械的、电学的、热学的、热电的、磁学的和化学的实验方法可以测定金属和合金的各种有关性能。同时，由于材料性能的变化是内部组织结构变化的反映，所以也可以利用这些方法来间接地研究组织结构的形成和变化过程。

加工处理过程对组织结构有极其重要的影响。围绕金属材料的组织结构，讨论它在加工处理过程中，如在凝固过程、形变过程、再结晶过程及固态相变过程中是如何产生、如何变化的。进而阐明影响、控制组织结构的因素，以便为了满足某种需要，通过调整这些因素来调整金属材料的性能。

15.1.2.2   理论研究方法

金属材料科学的理论研究主要有热力学、动力学、电子理论、凝固与固态相变等。热力学是研究金属与合金中，各种相平衡，相的转变的条件以及条件变化时相变进行的方向、驱动力，即相变的可能性问题。动力学是研究相变过程的速度问题、相变机理等。电子理论研究可使金属结构与性能方面的认识更深一步。

在实际的研究工作中，往往需要将各种方法结合起来，综合分析，相互补充，取得丰富可靠的数据，找出规律性。

15.2   学习目的和方法

孔子曰："学而时习之，不亦说乎。"这里的"说"同"悦"。译为"学习了，然后安排一定的时间去实习，不也高兴吗?"已故肖纪美院士阐述了学习的目的和方法[1]。

15.2.1   学习目的

生存竞争，适者生存，即为了适，必须学习。学习的目的是为了提高人的能力或素质，包括技能和品质。前者是各行各业的具体的技术能力；后者包括道德品质和科学素质。学习的目的不仅要适应环境，而是要改变环境。要储存知识能量，要博学。知识越丰富，则产生重要设想的可能性越大。有创新性贡献的科学家，往往是博学的人。读书和学习也可提高人的精神境界，做文明人。

学习材料科学与工程，就要达到熟悉材料、掌握材料、应用材料、创新材料，成为卓越的材料科学工程师或专家，以服务于国家和社会。

15.2.2　学习方法

学、思、问相结合。要勤学、慎思、善问。

学以致用。学完了用，只有使用过的，才能理解深刻，记得牢固。对于知识结构要注重基础、方法、外语和计算机能力。

学习材料科学要首先着重于实验事实的翔实分析和总结，从实验事实中抽象物理概念，注意从成分、相图、相结构、动力学图、热循环条件、相变过程等方面分析所获得的组织结构，分析其与性能和工艺的关系，从中找出解决实际问题的思路和方法。特别要注重固态相变理论的学习，它是解决金属热加工，铸锻焊、热处理等工程以及材料研发的钥匙。不可或缺。

要掌握科学的基本概念。自然科学技术哲学指出：概念是构成科学理论的细胞。可见概念极为重要。爱因斯坦曾指出：发明科学概念，并且在这些概念上面建立起理论，这是人类精神的一种伟大创造特性。

概念是反映研究对象的本质属性的思维形式。人类在认识过程中，从感性认识上升到理性认识，把所感知的事物的共同本质和特点抽象出来，加以概括，就成为概念。概念都有内涵和外延，即其涵义和适用范围。概念随着认识的发展而变化[4]。

定义描述一个概念，并区别于其他相关概念的表述。定义是认识主体使用判断或命题的语言逻辑形式，确定一个认识对象或事物在有关事物的综合分类系统中的位置和界限，使这个认识对象或事物从有关事物的综合分类系统中彰显出来的认识行为。

人们的相互交流必须对某些名称和术语有共同的认识才能进行。为此，就要对名称和术语的含义加以描述，作出明确的规定，也就是给出它们的定义。定义是通过列出一个事物或者一个物件的基本属性来描写或者规范一个词或者一个概念的意义。

例如，以往的书刊中，多年来将珠光体组织说成是"铁素体和渗碳体的机械混合物"。这一定义是错误的。钢中的珠光体是共析分解的铁素体和共析碳化物的整合组织，是有机结合体，不是混合。该定义强调铁素体和碳化物的来源是共析分解而来的，所谓有机结合是指两相以界面相结合，在界面处原子呈键合状态，两相以一定的位向关系相配合，而且两相的相对量有一定比例。

对各类金属的组织结构要有一个明晰的概念。只有当测定和说明了金属的组织结构之后并且与实际相吻合，才可以认为研究工作是科学的。也只有在测出了化学成分和性能数据，并且拍摄出组织结构的照片，找出了这些数据和图片资料之间的内在联系之后，才能了解金属材料在特定的处理状态下所发生的变化。所以成分分析、组织形貌观察和性能测定，是在施加某种加工处理之后，研究金属材料的三个重要步骤。

要对固态相变、组织结构形成规律有一个深刻的理解。提倡自己去学习、自己去研究、自己去培养分析问题和解决问题的能力。方法是要注意组织结构变化所反映的现象，寻找这种现象与组织结构间的联系，注重揭示这些现象的物理实质，以及出现这些现象的冶金历史和条件，思考这些现象演化的规律性。还要注意有关学科之间的纵横联系，运用已学过的课程（物理化学、物理化学、材料力学等）中有关知识去分析问题。

要十分注意金属材料组织结构的多变性，它们与成分、性能的依存性以及它们受加工处理过程的约束性，从而洞悉材料科学，培养创新能力。

15.3　显微组织辨识方法

材料显微组织的辨识方法，是材料的研究方法，也是工程应用方法。材料检测方法非常重要，对于材料工作者的能力素质来说，不可或缺。

许多从事金属材料研究和应用的工作者，经常苦于不能识别钢的显微组织，因此阻碍了工程应用和研究工作。辨识金属显微组织难易不等，对于简单的已经看过的图片尚可识别，而生疏的则有一定难度，甚至不能辨识。实际上组织辨识是一个系统工程，不管难易均遵循着一个基本的识别程序：

（1）首先要了解钢的牌号和化学成分。

（2）要明了该钢的加工履历，如铸造、锻压、焊接、热处理等工艺，即要了解其物理状态。

（3）采用什么类型的设备进行观察，如 OM、SEM、TEM、STM、LSCM 等，由于不同的观察设备，成像原理不同，放大倍数不同，所得的图像形貌色调不同或灰度不等。

（4）熟悉钢的相图，了解该钢的临界点、动力学曲线，如 TTT 图，CCT 图等，作为分析判断的依据。

（5）掌握钢的相变机制，熟悉该钢在相应工艺条件下的相变过程。

（6）将有关材料、相变等知识丰富而系统地储存在脑海里，形成一个"软件"，能够随时从"脑海"中调出来，作为分析的工具，即应用"智能软件"识别显微组织。

15.3.1　确定测试钢的牌号或化学成分

对于微观组织的黑白图像（灰度不等），其图案除了"白"线条、就是"黑"线条，除了"白色"区域、"黑色"区域，或灰度不等的区域（注：白色区域、黑色区域，均指灰度不等的区域，是相对的色调差别，因为实际上的黑白照片的不同色调区难以确定灰度百分比，所提到的白色并非灰度 0%，提到的黑色也并非灰度 100%，而且照片的对比度、亮度在计算机中是可调的，为了讲解方便，采用"白色"、"黑色"，"灰白色"、"灰黑色"等名词）。

对于微观组织黑白图像，其图案是以不同程度的灰度来呈现的，除了形貌、层次不同的灰、白线条，就是层次不同的灰、白区域。如何辨识这些显微组织呢？

例如，怎样分辨是贝氏体、马氏体、珠光体等组织呢？首先要明确是什么成分，或具体钢号。这是判断组织的基础数据。众所周知，金属学是研究金属材料的化学成分、组织结构、性能三者之间的关系及其变化规律的科学。成分—组织—性能是个关系链，如果不知道成分，就难以准确识别组织类型了。

例如：图 15-1 是不同成分材料的片状组织的比较。眨眼一看图 15-1（a）是珠光体组织，那就错了！其实它是 Cu-11.8%Al 合金的共析组织，是 α-Al 固溶体（灰度近于 0%，呈白色）+γ 相（灰度 90% 以上，近黑色，）的两相的共析体。按照珠光体的定义：**钢中的珠光体是共析铁素体和共析渗碳体（或碳化物）有机结合的整合组织。**图 15-1（b）才是钢的珠光体组织，是共析渗碳体+共析铁素体（灰白色基体）的整合组织。图 15-1（a）和（b）两者均呈黑白相间的片层状特征，但成分不同，其相组成也不同。因此，**检测第**

一步：要了解试样是什么成分，什么钢号？

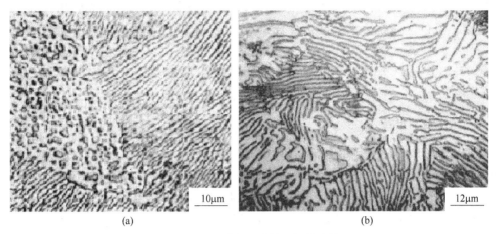

图 15-1 两种合金片状组织的比较

（a）Cu-11.8%Al 的共析组织，OM；（b）T8 钢的片状珠光体组织，OM

15.3.2 了解实验钢的加工履历

不同的加工工艺会得到不同的组织形貌，因此只了解钢的成分是不够的，还要调查了解实验钢的加工过程，如铸造、锻压、焊接、热处理等工艺过程，了解其工艺参数，以便判断在该工艺下应当得到什么组织？为准确识别显微组织类型提供实验背景或前提条件。

图 15-2 展示了钢的条带状组织。都具有黑白相间的条带状特征，如何识别其组织类型？在了解钢的化学成分后，接着需要明了其加工过程及工艺参数，才能识别其组织。

对于图 15-2(a)，有经验的学者，一看就知道是带状组织。对于不熟悉的人来说，则说不清是什么组织。有的书刊中将图 15-2(a) 说成是"流线"，这种说法不准确，没有触及本质。

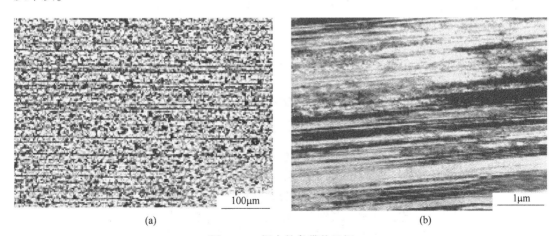

图 15-2 钢中的条带状组织

（a）带状组织；（b）电镜组织

对于图 15-2(b) 不是带状组织了，它是放大观察的电镜组织，是孪晶片条。辨识这类组织需要弄清楚钢的成分、加工过程和工艺参数，才能识别其组织类型。

图 15-2(a) 是 16Mn2VNb 热轧空冷后，"流线"形貌，实际上是带状组织，白色区域是贫碳带，黑色区域是富碳、富含合金元素的区域，珠光体组织较多，是枝晶偏析造成的。

图 15-2(b) 是 Fe-Mn-Si-Al 合金（TWIP 钢）的孪晶组织，是挤压成型过程中形成的形变孪晶。

15.3.3　选择检测设备

依据检测要求，预测试样将得到的组织类型，选择检测设备。如预测组织粗大，可选择光学显微镜（OM）、激光共聚焦显微镜（LSCM）进行观察。有时先进行 OM 观察，再进行 LSCM 观察，需要观察更细的组织结构时，则用扫描电镜（SEM）或透射电镜（TEM）观察。检测者最好熟悉多种设备的使用方法。

若要求观察断口形貌，则当然需采用扫描电镜（SEM）来观察了。若欲观察试样表面的浮凸及其尺寸，则需要采用扫描隧道显微镜（STM）、原子力显微镜（AFM）等。

15.3.4　建立和应用相变知识程序

由于金属显微组织是相变的产物，因此洞悉金属固态相变理论，掌握钢的五大转变规律，熟悉在不同实验条件下发生的组织转变类型、相变过程以及组织形貌的变化规律是至关重要的。需要明了钢的临界点、相图、动力学曲线（TTT 图、CCT 图）等参数。将这些理论和数据整合后"安装"在脑海里，形成一个相变知识系统，我们称其为"智能软件"，是装在自己脑海里的"程序"，供随时调用，这"软件或程序"对于分析判断、识别组织是极为重要的。

欲在脑海里创立一套"智能软件"，不是一件容易的事。需要认真读书，学习相变理论。习近平说："读书可以让人保持思想活力，让人得到智慧启发，让人滋养浩然之气。"固态相变理论书刊较多，洞悉固态相变原理，是正确识别显微组织的钥匙。有了这把钥匙，就易于建立识别组织的"智能软件"。

P91 钢，P92 钢的淬火组织识别，需要应用"智能软件"。图 15-3 是 P91 钢的光学金相照片。问：这是什么组织？

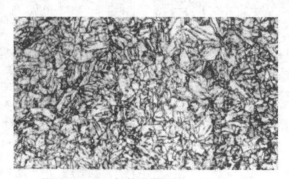

图 15-3　P91 钢的显微组织，OM，400×

如何正确识别该组织？需要调用"智能软件"：

（1）明了 P91 钢的成分。低碳高合金钢源于美国，按照我国钢的牌号方法，相当于 10Cr9MoVNb。

（2）查找物理参数。临界点：$A_{c_1}=810℃$，$M_s=400℃$，P91 钢的 CCT 图。

（3）热处理工艺。加热到 1050℃ 淬火，再 760℃ 回火，后空冷。

按照该热处理工艺处理后，应当得到回火托氏体组织，个别书刊中将此组织说成是"回火板条状马氏体"，这种识别是不正确的，属于概念性错误。

从动力学图可见，P91 钢淬火将得到板条状马氏体组织。760℃ 高温回火，马氏体中将析出碳化物，基体变为体心立方的铁素体组织，由于该钢是高合金钢，在 760℃ 回火保温，铁素体难以发生再结晶，故仍然保持原来马氏体的板条状形貌，这种马氏体的回火产物称为回火托氏体。而不能称回火板条状马氏体。要熟悉掌握以下基本概念[5-7]。

（1）低温回火得到的 α 相+η-Fe_2C(或 ε) 等相组成的整合组织，称为回火马氏体。

（2）中温回火得到的尚保留着马氏体形貌特征的铁素体和片状（或细小颗粒）渗碳体的整合组织，称为回火托氏体。以往文献中称其为回火屈氏体。如果贝氏体回火时也得到这些相和具有同样的形貌特征，也称为回火托氏体。

（3）高温回火得到的等轴状铁素体+较大颗粒状（或球状）的碳化物的整合组织，称为回火索氏体。回火索氏体中的铁素体已经完成再结晶，失去了马氏体和贝氏体的条片状特征。

可知，回火托氏体与回火马氏体、淬火马氏体等组织在本质上存在重要区别。在低倍下观察，尽管金相形貌相同，但其亚结构、相组成等是不同的。

复习思考题

15-1　材料科学的中心内容是什么？

15-2　简述学习目的和学习方法。

15-3　简述显微组织辨识的重要性及辨识程序。

参 考 文 献

[1] 肖纪美. 材料学方法论的应用 [M]. 北京：冶金工业出版社，2000.

[2] 肖纪美. 材料的应用及发展 [M]. 北京：宇航出版社，1988.

[3] 宋维锡. 金属学 [M]. 北京：冶金工业出版社，1980.

[4] 陈昌曙. 自然辩证法概论新编 [M]. 沈阳：东北大学出版社，2001.

[5] 钢铁研究总院结构材料研究所，先进钢铁材料技术国家工程研究中心，中国金属学会特殊钢分会. 钢的微观组织图像精选 [M]. 北京：冶金工业出版社，2009.

[6] 贺信莱，尚成嘉，杨善武，等. 高性能低碳贝氏体钢 [M]. 北京：冶金工业出版社，2008.

[7] 束国刚，刘江南，石崇哲，等. 超临界锅炉用 T/P91 钢的组织性能与工程应用 [M]. 西安：陕西科学技术出版社，2006.

附　录

国内外各类钢的临界点

钢种	钢号	$A_{c_1}/℃$	$A_{r_1}/℃$	$A_{c_3}/℃$	$A_{r_3}/℃$	$M_s/℃$
碳素 结构钢	08	732	680	874	854	480
	10	730	682	876	850	
	15	735	685	863	840	450
	20	735	680	855	865	
	25	735	680	840	824	380
	30	732	677	813	796	380
	35	720	680	800	774	350
	40	724	680	790	760	360
	45	724	682	780	751	350
	50	725	690	760	720	320
	55	727	690	774	755	290
	60	727	690	766	743	270
	65	727	696	752	730	265
	70	730	695	737	727	240
	75	725	740	690	727	230
	80	725	730	690	727	230
	85	723	690	737	695	220
	15Mn	735	685	863	840	
	16Mn	736	682	850	835	410
	20Mn	725	682	840	835	420
	25Mn	735	682	830	800	
	30Mn	734	675	812	796	355
	35Mn	730	680	800	770	—
	40Mn	726	689	790	768	—
	Y40Mn	731		807		280
	45Mn	726	689	770	768	
	50Mn	720	660	760	—	320
	60Mn	727	689	765	741	280
	65Mn	720	689	765	741	270
	70Mn	723	680	740		
合金 结构钢	10Mn2	720	613	830	710	—
	20Mn2	725	610	840	740	400

钢种	钢号	A_{c_1}/℃	A_{r_1}/℃	A_{c_3}/℃	A_{r_3}/℃	M_s/℃
合金 结构钢	30Mn2	700	627	815	727	380
	35Mn2	713	630	793	710	325
	40Mn2	713	627	766	704	340
	45Mn2	715	640	770	720	320
	44Mn2Si	730	—	810	—	285
	50Mn2	710	650	760	680	325
	08Mn2Si	735		905		300
	15Mn2SiCrMo	725		855		380
	20Cr	766	702	835	799	390
	30Cr	775	670	810	—	350
	35Cr	745	—	795		360
	40Cr	743	693	782	730	355
	45Cr	745	660	790	693	355
	50Cr	735	—	780	—	—
	60Cr	740	—	760	—	—
	38CrA	740	693	780	730	250
	45Cr3	780	—	820	—	330
	16CrSiNi	745		845		390
	30CrSiMo	780	—	860	—	350
	40CrSi2Ni2MoA	748		802		290
	35CrSi	755	715	830		340
	38CrSi	763	680	810	755	330
	40CrSi	760	—	815	—	325
	30Ni	690	—	810	—	365
	40Ni	715	—	770	—	330
	50Ni	725	—	755	—	320
	10Ni2	710	—	820	—	425
	12Ni3	685	—	810	—	450
	25Ni3	690	—	760	—	340
	30Ni3	670	—	750	—	310
	35Ni3	670	—	750	—	310
	40Ni3	665	—	740	—	310
	60Ni4	650	—	720	—	—
	10Ni5	615	—	775	—	—
	12Ni5	610	—	775	—	—
	13Ni5	610	—	765	—	350

续表

钢种	钢号	A_{c_1}/℃	A_{r_1}/℃	A_{c_3}/℃	A_{r_3}/℃	M_s/℃
	15NiMo	725	650	800	750	330
	40Ni5	650	—	710	—	260
	50Ni5	650	—	—	—	240
	10Ni9	—	—	700	700	—
	20SiMn	732		840		
	27SiMn	750	—	880	750	355
	35SiMn	735	690	795	—	330
	42SiMn	740	645	800	715	330
	50SiMn	710	636	797	703	305
	42SiMnMoV	755		870		295
	20MnMo	730	—	845		380
	30MnMo	715	—	815	—	—
	38MnMo	720	—	820	—	—
	45MnMo	725	—	790	800	400
	15MnTi	734	615	865	779	390
	25Mn2V	724	620	839	710	365
	35Mn2V	715		770		320
合金结构钢	42Mn2V	725		770		310
	15MnVB	730	635	840	770	430
	20MnTiB	726	610	840	753	410
	20Mn2TiB	715	625	843	795	
	20MnVB	720	—	840	—	—
	25MnTiBRE	708	605	810	705	391
	45Mn2V	725		770		310
	09MnVRE	640	—	800	730	320
	14MnVTiRE	725	—	885	—	—
	35Mn2V	715		770	—	320
	42Mn2V	725	—	770	—	310
	45Mn2Si	760	—	815	—	290
	45MnSiV	735	642	805	718	295
	38CrSi	740	—	810	—	330
	40CrSi	760	—	815	—	325
	15MnNi	707		858		—
	15CrMn	750	—	845	—	400
	20CrMn	750	—	845	—	400
	40CrMn	740	—	775	—	350

钢种	钢号	$A_{c_1}/℃$	$A_{r_1}/℃$	$A_{c_3}/℃$	$A_{r_3}/℃$	$M_s/℃$
合金结构钢	50CrMn	740	—	785	—	300
	35CrMn2	730	630	775	680	300
	50CrMn2	730	—	760	—	290
	25CrMnV	735		820		420
	18CrMnTi	740	650	825	730	365
	20CrMnTi	745	665	830	730	424
	30CrMnTi	765	660	790	740	—
	40CrMnTi	765	640	820	680	310
	20CrMnSiA	755	690	840		—
	15CrMn2SiMoA	732	389	805	478	360
	14CrMnSiNi2Mo	724	607	805	690	364
	25CrMnSiA	760	680	880		305
	30CrMnSiA	760	670	830	705	352
	35CrMnSiA	775	700	830	755	330
	45CrMnSiA	790		880		295
	50CrMnSiMo	790		815		275
	40CrMnSiMoVA	780		830		288
	30CrMnSiNi2A	760		805~830		315
	15CrMo	720	—	880	—	—
	15CrV	755	—	870	—	435
	16Mo	735	610	875~900	830	420
	20Mo	726		845		420
	30Mo	724		825		390
	12CrMo	720	695	880	790	
	12Cr1Mo	790		900		380
	15CrMo	745	695	845	790	435
	20CrMo	755	—	840	—	380
	25CrMo	750	—	830	—	365
	30CrMo	757	693	807	763	345
	35CrMo	755	695	800	750	271
	38CrMo	760	—	780	—	320
	42CrMo	730	—	780	—	—
	45CrMo	730	—	800	—	310
	50CrMo	725	—	760	—	290
	38CrMoAl	800	—	940	—	290
	25Cr3Mo	770		835		360

续表

钢种	钢号	A_{c_1}/℃	A_{r_1}/℃	A_{c_3}/℃	A_{r_3}/℃	M_s/℃
合金结构钢	30Cr3MoA	765		810		335
	15CrMnMo	710	620	830	740	
	15CrMnMoVA	770	674	870	780	376
	20CrMnMo	710	620	830	740	
	30CrMnMo	730	680	795		385
	30CrMnMoTiA	755		830		350
	30CrMnWMoNbV	720	515	825		355
	40CrMnMo	735		780		
	20Cr2Mn2MoA	761	655	825	735	310
	12Cr1Mo	790	—	900	—	380
	12Cr1MoV	774~803	761~787	882~914	830~895	400
	12CrMoV	790	774	900	865	
	17CrMo1V	783~803	741~785	885~922	811~838	
	20Cr1Mo1VNbB	827	793	909	862	
	25Cr3Mo	770	—	835	—	360
	20Cr3MoWV	820	690	930	790	330
	20CrMoWV	800		930		330
	24CrMoV	790	680	840	790	
	25Cr2MoV	770	690	840	780	340
	25Cr2Mo1VA	780	700	870	790	
	30Cr2MoV	781	711	833	747	330
	35CrMoVA	755	600	835		356
	35Cr1Mo2V	770		895		270
	38Cr2Mo2VA(超高强度钢)	780		850		320
	45CrMoV	750		830		320
	55CrMoV	755	680	790	715	265
	15CrV	755	770	870		435
	20CrV	766	704	840	782	435
	30CrV	765	—	820	—	355
	40CrV	765	—	840	—	340
	45CrV	735	—	780	—	315
	50CrV	752	688	780	746	270
	35CrW	750		810		370
	35Cr2V	760	—	820	—	310
	30CrAl	780	—	865	—	360
	12CrNi	715	670	830		

钢种	钢号	A_{c_1}/℃	A_{r_1}/℃	A_{c_3}/℃	A_{r_3}/℃	M_s/℃
	20CrNi	720	680	800	790	410
	40CrNi	720	660	770	702	340
	50CrNi	735	680	755	—	300
	12CrNi2A	715	670	830	768	405
	12CrNi3A	735	671	850	763	405
	20CrNi2	740	—	820	—	375
	20CrNi3	715	—	790	—	300
	30CrNi3	720	—	765	—	320
	37CrNi3	720	640	770	—	270
	20Cr2Ni2V	720	—	795	—	390
	12Cr2Ni4A	670	605	780	675	390
	18CrNi4A	705	570	780	670	360
	12Cr2Ni2	735	—	820	—	440
	15Cr2Ni2	730	—	790	—	450
合金	20Cr2Ni2	720	—	780	—	330
结构钢	12Cr2Ni4	670	—	780	—	400
	20Cr2Ni4	705	—	770	660	330
	35Cr2Ni4	685	—	760	—	265
	40Cr2Ni4	680	—	750	—	240
	18CrNiWA	695		800		310
	30CrNiWA	720		800		350
	30CrNi2WVA	706		785		320
	12CrNi4Mo	690		790		370
	12Cr2Ni3Mo	710		800		385
	16Cr2Ni3MoA	695		770		320
	18Cr2Ni4Mo	700		810		370
	20Cr2Ni4Mo	715		820		390
	18Cr2Ni4WA	695	350	810	400	310
	25Cr2Ni4WA	685	300	770		290
	35Cr2Ni4W	660		760		300
	30CrNi4MoA	700		740		325
	35CrNi4Mo	700		750		270
	35Cr2NiMo	730		780		320
	20CrNiMo	725		810		396
	30CrNiMo	730		775		340
	30Cr2Ni2Mo	740		780		350

钢种	钢号	A_{c_1}/℃	A_{r_1}/℃	A_{c_3}/℃	A_{r_3}/℃	M_s/℃
合金结构钢	30CrNi2MoVA	725	650	780		275
	35CrNiMo	730		770		320
	35Cr2Ni2Mo	750		790		355
	40CrNiMoA	720	680	790		320
	45CrNiMoV	720	650	790		275
	27SiMn2Mo	745	—	820	—	340
	30CrMnSi	760	670	830	705	365
	45CrMnSi	790	—	880	—	295
	65MnSiV	755	675	802	705	255
	45MnSiV	735	642	805	718	295
	30CrMnMo	730	—	795	—	385
	40B	730	690	790	727	
	45B	725	690	770	720	280
	50BA	740	670	790	719	280
	60B	740		745		270
	15MnB	720		847		410
	20Mn2B	730	613	853	736	
	30Mn2B	726		786		
	40MnB	730	650	780	700	325
	40MnBRE	725		805		340
	45MnB	727	—	780	—	
	60MnB	710	—	740	—	280
	20Mn2B	730	613	853	736	—
	40CrB	687	—	800	—	—
	40MnWB	736	630	800	695	320
	12MoVWBSiRE	835	804	940	880	
	14MnMoVBRE	757	700	900	773	
	12WMoVSiRE	835	804	940	880	380
	20MnMoB	740	690	850	750	
	40MnMoB	724	652	805	737	
	40CrMnB	729	676	785	740	—
	18CrMnMoB	740	—	840		—
	20SiMnVB	726	699	866	779	—
	22CrMnWMoTiB	744	450	862	513	267
	20CrMnMoVB	—	675	850	780	—
	25MnTiBRE	720	665	845	765	395

钢种	钢号	$A_{c_1}/℃$	$A_{r_1}/℃$	$A_{c_3}/℃$	$A_{r_3}/℃$	$M_s/℃$
合金结构钢	30Mn2MoTiB	733	640	814	698	
	12Cr1MoV	780	—	825	—	400
	35CrMoV	784	—	820	—	356
	45CrMoV	750	—	830	—	320
	25Cr2MoVA	760	685	840	775	340
	25CrMnV	735	—	820	—	420
	15CrMn2SiMo	732	—	805	—	359
	20CrMnNiMo	710	—	830	—	410
	35CrMnMoWV	730		820	490	320
	40CrMnNiMo	390		780		290
	17CrNi2Mo	690		810		
	30CrNi2Mo	695		785		350
	35CrNi2Mo	695		780		310
	40CrNi2Mo	680		775		300
	30CrNi2MoV	716	—	796	—	300
	30CrNi3MoV	740	—	790	—	320
	35CrNi3MoV	725		780		320
	30CrMnMoTiA	755		830		350
	32CrNi2MoTiA（防弹钢）	725		774		318
	30CrMn2MoNb	765	—	—	401	305
	35MnMoWV	740	—	—	—	290
	40CrMnSiMoNi	695		800		330
	35CrMn2MoNb	725	—	780	—	320
	35CrMnMoWV	730	—	820	490	320
	15SiMn3MoA	680	327	860	396	290
	15SiMn3MoWVA	685	345	830	415	360
	27Si2Mn2Mo	745		820		340
	30SiMn2MoVA	725	630	845	725	310
	32Si2Mn2MoA	727	620	891	774	315
	30Si2Mn2MoWV	739		798		310
	37SiMn2MoV	729	—	823	—	314
	37SiMn2MoWV	720	350	835	510	290
	20SiMn2MoV	727	640	877	816	330
	25SiMn2MoV	727	640	866	785	319
	35SiMn2MoV	735		780		306
	40SiMn2MoWV	722		836		290

钢种	钢号	A_{c_1}/℃	A_{r_1}/℃	A_{c_3}/℃	A_{r_3}/℃	M_s/℃
合金结构钢	40CrMnNiMo	690	—	780	—	290
	30CrMnWMoNbV	720	(515)	825	—	355
	12WMoVSiRE	835	804	940	880	380
弹簧钢	55CrMnVA	750	686	787	745	275
	55SiMnMoV	745	610	815	690	280
	55SiMnMoVNb	730	610	765	660	292
	60SiMnMo	700	—	760	—	264
	60Si2Mo	740	—	790	—	260
	60Si2	775	—	830	—	300
	55Si2Mn	775	690	840		300
	55Si2MnB	770	690	825	745	289
	55SiMnB	740	648	780	680	240
	60SiMnMo	700		760		264
	60Si2Mn	755	700	810	770	305
	70Si3MnA	780	700	810		290
	60Si2CrA	765	700	780		
	60Si2CrVA	770	710	780		
	65Si2MnWA	765	700	780		
	50CrV	740~752	688	788~810	746	300
	50CrMnV	720	—	770	—	290
	60CrMnMoA	700	655	805		255
	60CrMnSiVA	745		800		370
	60CrMnA	735		765		260
非调质钢	LF10MnSiTi	795	696	862		
	LF10Mn2VTiB	654	623	840	714	405
	LF20Mn2V	715		845		394
	F40MnV	746	667	796	755	
	F40MnVTi	728	632	815	694	405
	F45V	749	680	800	747	310
	YF40MnV	725	619	800	714	320
	YF45MnV	740		790		260
	GF30Mn2SiV	720	608	798	702	
	GF32Mn2SiV	720		798		343
	YF35MnV	715		800		350
	YF35MnVN	735	639	818	731	296
	YF35MnV	708		798		351

钢种	钢号	$A_{c_1}/℃$	$A_{r_1}/℃$	$A_{c_3}/℃$	$A_{r_3}/℃$	$M_s/℃$
轴承钢	Cr4Mo4V	726	720	840	778	130
	Cr14Mo4V	875	745	925	800	
	GCr6	727	—	760	—	192
	GCr9	730	690	887	721	205
	GCr15	745	700	900	—	245
	GCr15SiMn	740	708	872	—	205
	G15SiMo	750	695	785		210
	G8Cr15	752	684	824	780	230
	GCrSiMoV	765	692	810		200
	G20Cr2Ni4	685	585	775	630	305
	G20CrMo	750	680	825	775	
	G55SiMoV	765	687	858	759	304
	G20CrNiMo	730	669	830	770	395
工具钢	Cr5Mo1V(A2)	785	705	835	750	180
	1Ni3Mn2MoCuAl	675	382	821	517	270
	2Cr3Mo2NiVSi	776	672	851		
	Y20CrNi3MnMoAl(P21)	740		780		290
	3Cr2MoWVNi	816		833		268
	3Cr2MnNiMo	715		770		280
	3Cr2Mo(P20)	770	640	825	760	335
	3Cr3Mo3VNb	825	734	920	810	355
	3Cr3Mo3W2V	840	786	922	836	373
	T8	730	700	740	—	245
	T10	730	700	800	—	175~210
	T9	730	—	—	—	190~230
	T11	730	—	—	—	170~195
	T12	735	—	—	—	190~200
	T13	720	700	740	—	90~190
	T10Mn2	710	—	850	—	125
	3Cr2W4V	820	—	—	—	310
	3Cr2W8V	820~925	—	—	—	420
	5CrMnMo	710	650	760	680	225
	5CrNiMo	710	680	770	—	215
	5CrNiW	730	—	820	—	205
	5CrMnMoV	730	—	735	—	—
	5SiMn	755	690	790		

钢种	钢号	A_{c_1}/℃	A_{r_1}/℃	A_{c_3}/℃	A_{r_3}/℃	M_s/℃
	5SiMnMoV(S2)	764		788		300
	5CrMnSiMoV	710	650	760		215
	5CrNiMoV	720	660	790		270
	Cr2	745	700	900	—	240
	8Cr3	785	750	830	770	370
	8CrV	740	700	761		215
	9Cr1	740	—	—	—	230
	5CrNiMnMoVSCa	695	305	735	378	220
	5Cr2NiMoVSi	750	625	874	751	243
	5Cr4Mo2W2VSi	810	700	885	785	290
	5Cr4Mo2W5V	836	744	893	816	250
	6CrNiMnMoVSi	705	580	740	605	174
	6Cr4Ni2Mo3WV	737	650	822		180
	6Cr4W3Ni2VNb	820		750		220
	9Cr2Mo	755		850	—	190
	9V	725	—	—	—	—
	VTi	740	670	760	680	250
	V	730	700	770	—	200
工具钢	9SiCr	770	730	870	—	170
	W2	740	710	820	—	—
	W1	740	710	820	—	—
	CrMnSi	730	700	930	—	—
	8MnSi	760	708	865		240
	9Mn2V	736	652	765	688	125
	CrW3	760	—	—	—	205
	CrW5	760	725	—	—	—
	9CrWMn	760	—	—	—	205
	MnCrWV	750	655	780		190
	SiMn	760	708	865	—	240
	CrWMn	750	710	940	—	245
	CrMn	740	—	980	—	110
	CrWV	815	625	—	—	180
	Cr5MoV	790	—	—	—	180
	Cr8Mo2SiV(DC53)	845	715	905		115
	Cr12	810	760	1200	—	180
	Cr12Mo	810	760	—	—	—

钢种	钢号	A_{c_1}/℃	A_{r_1}/℃	A_{c_3}/℃	A_{r_3}/℃	M_s/℃
工具钢	Cr12MoV	830	—	855	—	185
	Cr12Mo1V1（D2）	810	750	875		190
	Cr12V	810		760		180
	60CrMnMo	700	655	805		
	4Cr5MoVSi（H11）	840~920	720	912	773	270
	4Cr5MoWVSi	835	740	920	825	290
	4Cr5MoV1Si（H13）	860	775	915	815	340
	4Cr5Mo2MnVSi	815		893		271
	4Cr5W2VSi	875	730	915	840	275
	CrMn	740	700	980	—	245
	4Cr3Mo3VSi（H10）	810	750	910		360
	4Cr3Mo3W2V	850	735	930	825	400
	4Cr3Mo3W4VTiNb	821	752	880	850	
	4Cr4Mo2WVSi	830	670	910	750	255
	4Cr3Mo2MnVB	801	680	874	759	342
	4CrW2Si	780	735	840		315
	4CrMnSiMoV	792	660	655	770	290
	9Cr2	730	700	860	—	270
	3Cr2W4V	820	690	840		400
	4CrW2Si	780	—	840	—	315
	5CrW2Si	775	—	860	—	295
	6CrW2Si	775	—	810	—	280
	Cr6WV	815	625	845	775	150
	9Mn2	720~750	650	—	680	—
	Cr4W2MoV	795	760	900	—	142
	6W6Mo5Cr4V	820	730	—	—	240
	Cr2Mn2WMoV	770	640	—	—	190
	4CrVSi	765	725	830	—	330
	5SiMnMoV	764	—	788	—	—
	4Cr5W2VSi	875	730	915	840	275
	SiMnMo	735	676	770	720	—
	SiMnWVNb	750		785		130
	7Cr4W3Mo2VNb	810~830	740~760	—	—	220
	7Cr7Mo2VV2Si	856	720	915	806	105
	7CrSiMnMoV	776	694	834	732	211
	4Cr4Mo2WVSi	830	670	910	750	255

续表

钢种	钢号	$A_{c_1}/℃$	$A_{r_1}/℃$	$A_{c_3}/℃$	$A_{r_3}/℃$	$M_s/℃$
工具钢	5Cr4Mo2W5V	836	744	893	816	—
	5Cr4Mo2W2VSi	810	700	885	785	290
	4Cr3Mo3W2V	850	735	930	825	400
	8Cr2MnMoWVS	770	660	820	718	185
	4Cr3Mo3W4VTiNb	821	752	880	850	—
	H13	835		895		305
	W350(DH350)	825		916		303
高速工具钢	W9Cr4V2	820	740	870	780	200
	W3Mo2Cr4VSi	815		865		140
	W2Mo9Cr4V	827				195
	W9Mo3Cr4V	830		875		195
	W12Cr4V2	825~890	—	—	—	210
	W18Cr4V	810~860	726	865	753	150~200
	9W18Cr4V	810		845		135
	W18Cr4VCo5	830	—	—	—	185
	W10Cr4V4Co5	820	—	—	—	170
	W12Cr4V	825~890				210
	W12Mo3Cr4V3N	825~850	740~760			125
	W6Mo5Cr4V2	835	770	885	820	—
	W6Mo5Cr4V2Co5	836~877	739~753			220
	W6Mo5Cr4V2Al	845		924		120
	W6Mo5Cr4V2Co5	820	—	—	—	180
	W10Mo4Cr4V3Al	830~860	—	890	—	115
	W8Mo5Cr4VCo3N	820				116
不锈钢、耐热钢	0Cr13	820	—	905	—	370
	1Cr13	825	700	850	820	340
	2Cr13	820	780	950	—	280
	2Cr13Ni2	706	—	780	—	320
	3Cr13	820	780	—	—	240
	3Cr13Si	830	—	—	—	270
	3Cr13Mo	840	750	890	780	
	4Cr13	820	780	1100	—	270
	Cr17	875	810	—	—	160
	1Cr17Ni2	727				143
	4Cr10Si2Mo	850	—	750	—	—
	2Cr17	706		780		320

钢种	钢号	A_{c_1}/℃	A_{r_1}/℃	A_{c_3}/℃	A_{r_3}/℃	M_s/℃
不锈钢、耐热钢	4Cr9Si2	865	805	935	830	190
	1Cr10Co6MoVNb	760		815		360
	1Cr11Ni2W2MoV	735~785		885~920		279~345
	1Cr12Ni3Mo2V	715		815		305
	1Cr12Ni2WMoVNb	760		810		290
	1Cr12WMoV	820	670	890	760	
	9Cr18	830	810	—	—	—
	25Cr2MoV	760	680	840	770	—
	25Cr2Mo1VA	780	700	870	790	—
	4Cr3Si4	832	769	892	821	—
	4Cr10Si2Mo	850	700	950	845	—
	11Cr17	815	740	840	765	145
	P91	810				350~400
	P92	845		945		330~440
	WB36	725		870		420
超马氏体不锈钢	04Cr13Ni5Mo	680		715		105
	022Cr13Ni6MoNb	650		765		153
	022Cr12Ni8Cu2TiNb	550		760		82
	022Cr12Ni8Cu2TiNb	550		760		96
	03Cr11Ni9Mo2TiAl	590		770		66
	015Cr12Ni10AlTi	530		765		98
	02Cr12Ni7MoAlCu	640		745		93
	008Cr12Ni6Mo3Ti	675		785		35
	015Cr12Ni5Mo2V(英钢联 12-5-2)	690		780		68
	022Cr12Ni9Mo2Si	618		775		17
	02Cr12Ni9Mo4Cu2Ti(瑞典 1RK91)	615		865		14
	015Cr12Ni7Mo3CuMn	645		720		98
	015Cr13Ni5Mo2Cu2(新日铁 CRS)	690		735		30
	015Cr12Ni5Mo2V	690		780		68
	022Cr15Ni6Ti	630		735		86
	015Cr12Ni11MoTi	607		708		107
	03Cr14Ni4Co13Mo3Ti	610		770		42